CONSIDERACIONES SOBRE LA INVESTIGACIÓN CIENTÍFICA

José Mª Albareda

Reedición a cargo del
Dr. Alfonso V. Carrascosa, científico del CSIC
Madrid, 2011 (Año de la Química)

EDITORIAL VITA BREVIS

CONSIDERACIONES SOBRE LA INVESTIGACIÓN CIENTÍFICA

José Mª Albareda

© Editorial Vita Brevis
http://www.vitabrevis.es
14, rue de Laning, 57660 Maxstadt, Francia

Quedan rigurosamente prohibidas, sin la autorización expresa de la editorial propietaria, bajo las sanciones establecidas en las leyes, la reproducción parcial o total de esta obra por cualquier medio o procedimiento, comprendidos la reprografía y el tratamiento informático, y la distribución de ejemplares de ella mediante alquiler o préstamo público.

Primera edición: Diciembre de 2011

Impreso en Estados Unidos

Fotos de portada: Archivo Personal de F. Pinto (APFP).

ISBN 978-1-4710-2604-1

Agradecimientos:

Agradecemos a la familia de José Mª Albareda, y en particular a sus sobrinas Dña. Mª Dolores, Dña. Mª Pilar y Dña. Ana Chiquinquirá Albareda Díaz, hijas de don Manuel Albareda Herrera, hermano del autor, su autorización para publicar la presente obra.

Asimismo, nuestro más sincero agradecimiento a D. Manuel Losada Villasante, discípulo de Albareda, además de primer Premio Príncipe de Asturias de Ciencias, por su permiso para incluir en este volumen el texto que escribió con ocasión del Homenaje a Albareda en el centenario de su nacimiento.

*Al Cardenal Rouco, católico
y científico: por valiente.*

PREÁMBULO DEL EDITOR

En la Clausura del Concilio Ecuménico Vaticano II, el Papa Pablo VI dirigió un mensaje a los intelectuales y a los hombres de ciencia, el 8 de diciembre de 1965, en el que dijo:

> "Un saludo especial para vosotros, los buscadores de la verdad, a vosotros los hombres del pensamiento y de la ciencia, los exploradores del hombre, del universo y de la historia; a todos vosotros, los peregrinos en marcha hacia la luz, y a todos aquellos que se han parado en el camino, fatigados y decepcionados por una vana búsqueda.
>
> ¿Por qué un saludo especial para vosotros? Porque todos nosotros aquí, Obispos, Padres conciliares, nosotros estamos a la escucha de la verdad. Nuestros esfuerzos durante estos cuatro años, ¿qué ha sido sino una búsqueda más atenta y una profundización del mensaje de verdad confiado a la Iglesia y un esfuerzo de docilidad más perfecto al espíritu de verdad?
>
> No podíamos, por tanto, dejar de encontraros. Vuestro camino es el nuestro. Vuestros senderos no son nunca extraños a los nuestros. Nosotros somos los amigos de vuestra vocación de investigadores, los aliados de vuestras fatigas, los admiradores de vuestras conquistas y, si es necesario, los consoladores de vuestros descorazonamientos y fracasos.
>
> También para vosotros tenemos un mensaje, y es éste: continuad, continuad buscando sin desesperar jamás de la verdad. Recordad la palabra de uno de vuestros grandes amigos, san Agustín: "Buscamos con el afán de encontrar y encontramos con el deseo de buscar aún

más". Felices los que poseyendo la verdad la buscan aún, con el fin de renovarla, profundizar en ella y ofrecerla a los demás. Felices los que no habiéndola encontrado caminan hacia ella con un corazón sincero; ellos buscan la luz de mañana con la luz de hoy, hasta la plenitud de la luz.

Pero no olvidéis: si pensar es una gran cosa, pensar, ante todo, es un deber; desdichado aquel que cierra voluntariamente los ojos a la luz. Pensar es también una responsabilidad: ¡Ay de aquellos que obscurecen el espíritu por miles de artificios que lo deprimen, lo enorgullecen, lo engañan, lo deforman! ¿Cuál es el principio básico para los hombres de ciencia sino esforzarse en pensar rectamente?

Por esto, sin turbar vuestros pasos, sin ofuscar vuestras miradas, queremos la luz de nuestra lámpara misteriosa: la fe. El que nos la confió es el Maestro soberano del pensamiento, del cual nosotros somos los humildes discípulos; el único que dijo y puedo decir: "Yo soy la luz del mundo, yo soy el Camino y la Verdad y la Vida".

Esta palabra os toca a vosotros. Nunca, quizá, gracias a Dios, ha parecido tan clara como hoy la posibilidad de un profundo acuerdo entre la verdadera ciencia y la verdadera fe, sirvientes una y otra de la única verdad. No impidáis este preciado encuentro. Tened confianza en la fe, esa gran amiga de la inteligencia. Alumbraos en su luz para descubrir la verdad, toda la verdad. Tal es el saludo, el ánimo, la esperanza que os expresan, antes de separarse, los Padres del mundo entero, reunidos en Roma en Concilio".

Seguramente, sorprenderá a muchos de los lectores que la Iglesia Católica se dirija directamente a intelectuales y hombres de ciencia, y que manifieste estar muy cerca de ellos, pero lo cierto es que es así, y que Iglesia y Ciencia se han dado cita en multitud de personas concretas a lo largo de la historia.

Este 2011, se cumplen 60 años de la publicación por el Consejo Superior de Investigaciones Científicas (C.S.I.C.) del libro

Consideraciones sobre la investigación científica, escrito por el entonces Secretario General de dicha institución, José Mª Albareda, que además de ser farmacéutico fue químico y obtuvo el doctorado en las dos licenciaturas. El año 1951 fue, además, el año en que José Ibáñez Martín, cofundador del CSIC con Albareda y primer presidente del mismo, dejó de ser Ministro de Educación y Ciencia -nombre que él mismo puso a dicho ministerio- si bien siguió siendo Presidente del C.S.I.C. Este turolense, y miembro de la Asociación Católica de Propagandistas, fundó con Albareda la mayor y más longeva institución científica española de todos los tiempos, precisamente el C.S.I.C.

Esta reedición de la obra de Albareda coincide asimismo con el Año Internacional de la Química, que se celebra este 2011 a propuesta de la ONU, en conmemoración del centenario de la concesión del Premio Nobel de Química a Marie Curie, del centenario de la fundación de la Asociación Internacional de Sociedades Químicas, precursora de la Unión Internacional de Química Pura y Aplicada, y del 350º aniversario de la publicación del libro The Sceptical Chymist de Robert Boyle, en 1661, que es considerado el origen de la Química como ciencia moderna. Robert Boyle fue un científico de muy arraigadas creencias religiosas, fervorosísimo cristiano, que escribió una muy abundante bibliografía teológica, lo cual es prácticamente desconocido para muchos de los que decimos tener fe, y no digamos para el resto de los mortales. Algo similar ocurre con otros famosos químicos, como Antonie de Lavoisier o el fundador de la microbiología, Louis Pasteur, ambos católicos practicantes. Esta coincidencia se dio también en multitud de químicos españoles del siglo XX, como Eduardo Vitoria, Ángel Santos, Manuel Lora Tamayo, Guillermo Tena, Segundo Jiménez, Alberto Sols, Ángel Santos, Guillermo García Ramos, Juan José García Domínguez, Josep Pascual Vila, Eduardo Primo Yúfera, Enrique Gutiérrez Ríos, Concha Llaguno, Antonio de Gregorio Rocasolano, Laura Iglesias, Olga Riquelme, Ofelia Nieto, José Carlos Díaz Masa y el propio Albareda, la mayor parte de ellos vinculados de uno u otro modo al CSIC y algunos de ellos todavía vivos e incluso en activo.

En este año de 2011, además, ha sido beatificado Juan Pablo II, que escribió la famosísima encíclica Fides et ratio en la que, al hilo de uno de principios enseñados de forma constante por el Magisterio de la Iglesia, nos presentaba una vez más la compatibilidad entre ciencia y religión, o razón y fe, algo que la actual mentalidad laicista no admite como cierto: "En efecto la Iglesia está convencida de que fe y razón "se ayudan mutuamente", ejerciendo recíprocamente una función tanto de examen crítico y purificador como de estímulo para progresar en la búsqueda y en la profundización" (FR, 100).

Juan Pablo II pronunció el 3 de noviembre de 1982, durante su visita apostólica a España, un discurso a los universitarios y a los hombres de la cultura, de la investigación y del pensamiento, en la Universidad Complutense de Madrid, en el que subrayaba la existencia de numerosos católicos y científicos, y proponía reflexionar sobre quienes habían cultivado en nuestro país la ciencia y la religión, la razón y la fe. Entre otras cosas, afirmaba: "Numerosos católicos realizan ya una función eminente en los diferentes sectores del mundo universitario y de la investigación. Su fe y su cultura les proporcionan fuertes motivaciones para continuar su tarea científica, humanística o literaria. Son un testimonio elocuente de la validez de la fe católica y del interés de la Iglesia en todo lo que atañe a la cultura y a la ciencia. [...] La Iglesia, que ha recibido la misión de enseñar a todas las gentes, no ha dejado de difundir la fe en Jesucristo y ha actuado como uno de los fermentos civilizadores más activos de la historia. [...] Vuestros intelectuales, escritores, humanistas, teólogos, moralistas y juristas han dejado huellas en la cultura universal y han servido a la Iglesia de manera eminente. ¿Cómo no evocar a este respecto la influencia excepcional de centros universitarios como Alcalá y Salamanca? Pienso sobre todo en esos grupos de investigadores que han contribuido admirablemente a la renovación de la teología y los estudios bíblicos; que han fundado sobre bases duraderas los principios del derecho internacional; que han sabido cultivar con tanto esplendor el humanismo, las letras, las lenguas antiguas; que han podido producir sumas, tratados, monumentos literarios, uno de cuyos símbolos más prestigiosos es la biblia Políglota Complutense. A la luz de esta noble tradición hemos de pensar en las condiciones permanentes de la creatividad intelectual. [...] Vuestros maestros y pensadores tenían también el sentimiento de servir al hombre integral, de responder a sus necesidades psíquicas, intelectuales, morales y espirituales. Nació así una ciencia del hombre, en la que colaboraban tanto los médicos como los filósofos, teólogos, moralistas y juristas".

Trataba el Papa de revitalizar y animar a quienes vivían ya en un ambiente de hostilidad que perseguía negar la compatibilidad de ambos ámbitos del saber, el de la razón y la fe. Llevaba a cabo así su ministerio de confirmar en la fe a sus hermanos. Ya el Concilio Vaticano II, en su constitución pastoral Gaudium et spes, había constatado que "la negación de Dios o de la religión no constituye, como en épocas pasadas, un hecho insólito e individual; hoy día, en efecto, se presenta no rara vez como exigencia del progreso científico y de un cierto humanismo nuevo. En muchas regiones esa negación se encuentra expresada no sólo en niveles filosóficos, sino que inspira ampliamente la literatura, el arte, la interpretación de las ciencias humanas y de la historia y la misma legislación civil. Es lo que explica la perturbación de muchos..." (GS 7).

Precisamente por esta perturbación de muchos, que desde entonces no ha hecho otra cosa que crecer, sobre todo en España, ha de considerarse más que afortunada la reciente propuesta pastoral de Benedicto XVI conocida como el Atrio de los Gentiles, que ha sido llevada a la práctica por el Pontificio Consejo para la Cultura, por medio de la cual el Papa nos insta a crear espacios religiosos dentro de los cuales quienes buscan a Dios aún sin saberlo puedan encontrarse con Él. Esta propuesta anima también la reedición de la obra de Albareda, ya que en ella se puede observar la armonía de razón y fe, o ciencia y religión, en un científico de gran talla, sin menoscabo alguno de su actividad científica, sino más bien todo lo contrario. Claro que esto ya estaba también incoado en el Concilio Vaticano II, que recogía en la misma constitución antes mencionada que "muchos de nuestros contemporáneos parecen temer que, por una excesivamente estrecha vinculación entre la actividad humana y la religión, sufra trabas la autonomía del hombre, de la sociedad o de la ciencia. [...] Por ello, la investigación metódica en todos los campos del saber, si está realizada de una forma auténticamente científica y conforme a las normas morales, nunca será en realidad contraria a la fe, porque las realidades profanas y las de la fe tienen su origen en un mismo Dios. Más aún, quien con perseverancia y humildad se esfuerza por penetrar en los secretos de la realidad, está llevado, aun sin saberlo, como por la mano de Dios, quien, sosteniendo todas las cosas, da a todas ellas el ser. Son, a este respecto, de deplorar ciertas actitudes que, por no comprender bien el sentido de la legítima autonomía de la ciencia, se han dado algunas veces entre los propios cristianos; actitudes que, seguidas de agrias polémicas, indujeron a muchos a establecer una oposición entre la ciencia y la fe" (GS 36). En el mismo sentido, Juan Pablo II comentó el 25 de mayo de 2000, en el Jubileo de los Científicos, que, "al respecto, este jubileo de los científicos constituye un aliciente y un apoyo para cuantos buscan sinceramente la verdad; manifiesta que los hombres pueden ser investigadores rigurosos en los diversos campos del saber y discípulos fieles del Evangelio. [...] Hombres de ciencia, sed constructores de esperanza para toda la humanidad. Que Dios os acompañe y haga fructificar vuestro esfuerzo al servicio del auténtico progreso del hombre. Os proteja María, Sede de la sabiduría. Intercedan por vosotros santo Tomás de Aquino y los demás santos y santas que, en diferentes campos del saber, dieron una notable contribución a la profundización del conocimiento de las realidades creadas a la luz del misterio divino".

Otro reciente eco de la iniciativa del Atrio de los Gentiles ha sido plasmado por Kiko Argüello, iniciador del Camino Neocatecumenal, en la composición de una obra sinfónica dedicada a la Virgen María y titulada "El sufrimiento de los inocentes" -sufrimiento en el que, según el autor, puede encontrarse una presencia actual de Jesucristo crucificado-. Esta sinfonía fue interpretada ante Benedicto XVI como obsequio al Papa, y, también, en varias ocasiones ya, en el contexto de una celebración de la Palabra de Dios denominada Celebración Sinfónico-Catequética ante judíos, católicos israelitas, ateos, etc., así como en la jornada vocacional que se celebró en Cibeles tras finalizar la JMJ 2011.

Precisamente, fue Juan Pablo II quien instituyó la Jornada Mundial de la Juventud. Yo tuve la suerte de participar en su primera edición, incluso cuando todavía no se llamaba así. Me refiero al Año Jubilar en conmemoración del 1950 aniversario de la Redención de Nuestro Señor Jesucristo, en 1983, que incluyó la celebración del Jubileo de los Jóvenes en Roma. Coincidencias de la vida: Albareda dedicó su obra a los jóvenes investigadores. Y este año 2011 se ha celebrado la Jornada Mundial de la Juventud, en Madrid, ciudad en la que Albareda publicó su libro, y donde tiene su sede la presidencia del C.S.I.C. Y por primera vez en un evento de este tipo, el Papa ha querido verse con los jóvenes profesores universitarios, en el Monasterio del Escorial, el 19 de agosto de 2011, donde entre otras cosas dijo: "En el lema de la presente Jornada Mundial de la Juventud: "Arraigados y edificados en Cristo, firmes en la fe" (cf. Col 2, 7), podéis también encontrar luz para comprender mejor vuestro ser y quehacer. En este sentido, y como ya escribí en el Mensaje a los jóvenes como preparación para estos días, los términos "arraigados, edificados y firmes" apuntan a fundamentos sólidos para la vida (cf. n. 2). [...] La juventud es tiempo privilegiado para la búsqueda y el encuentro con la verdad. Como ya dijo Platón: "Busca la verdad mientras eres joven, pues si no lo haces, después se te escapará de entre las manos" (Parménides, 135d). Esta alta aspiración es la más valiosa que podéis transmitir personal y vitalmente a vuestros estudiantes, y no simplemente unas técnicas instrumentales y anónimas, o unos datos fríos, usados sólo funcionalmente. Por tanto, os animo encarecidamente a no perder nunca dicha sensibilidad e ilusión por la verdad; a no olvidar que la enseñanza no es una escueta comunicación de contenidos, sino una formación de jóvenes a quienes habéis de comprender y querer, en quienes debéis suscitar esa sed de verdad que poseen en lo profundo y ese afán de superación. Sed para ellos estímulo y fortaleza".

Los ecos al mensaje del Concilio Vaticano II a los intelectuales y hombres de ciencia recogidos más arriba son evidentes. En ese contexto, rescatamos del olvido, en el presente libro, la que puede ser considerada la obra escrita más íntima, a la vez que más divulgativa, de Albareda: "Consideraciones sobre la investigación científica". En este año en que la Jornada Mundial de la Juventud 2011 se celebra en Madrid, donde Albareda desarrolló gran parte de su trayectoria profesional, no podemos olvidar que la obra original está dedicada a los jóvenes investigadores.

¿QUIÉN FUE JOSÉ MARÍA ALBAREDA?

La figura de José María Albareda Herrera crece con el paso del tiempo, en parte porque también lo hace el organismo público de investigación español más longevo y productivo de todos los tiempos, el CSIC, a cuya fundación en 1939 y posterior desarrollo contribuyó de modo determinante. Del mismo modo, crece también la importancia de las disciplinas científicas que él ayudó a institucionalizar en España, todas las cuales están relacionadas de algún modo con la vida. La información sobre la persona de este ilustre químico y farmacéutico aragonés se encuentra recogida en algunos libros de la época en la que vivió, además de otros más actuales, así como en artículos científicos y varias webs que le rinden homenaje.

Nació en Caspe (Zaragoza) el 15 de abril de 1902, siendo el tercero de sus hermanos. Comenzó el estudio del bachillerato en una academia privada en Caspe y, tras acabar segundo, se trasladó a Zaragoza, donde terminó el bachillerato en el Instituto General y Técnico en 1918 con premio extraordinario, además de conseguir a los 15 años el Premio Gracián. Sus padres fueron Teodoro Albareda, boticario de Caspe, dedicado también parcialmente a la agricultura, promotor de iniciativas como la histórica finca rural denominada "Ciudad del Compromiso" y dirigente del sindicato católico agrícola, así como militante de lo que terminaría siendo el movimiento demócrata cristiano, y Pilar Herrera, natural de Calanda. Siguiendo las recomendaciones de su padre, Albareda comenzó a estudiar Farmacia en Zaragoza, licenciándose en Madrid en 1922 y estudiando después, ya por afición, Química en Zaragoza (1922-1925). Se doctoró en ambas materias en Madrid, en 1927 y 1931.

José Mª Albareda fue un hombre sensible a las necesidades de una política científica descentralizadora. El presidente de la entonces más importante institución científica de la época, la Junta para Ampliación de Estudios e Investigaciones Científicas (JAE), el Premio Nobel español de Fisiología o Medicina, Santiago Ramón y Cajal, le había impreso un carácter muy centralista y madrileño a la JAE. Ya en 1923, en su libro "Biología política", Albareda, adelantándose verdaderamente a su tiempo, propugna el paso del centralismo a un regionalismo dinámico, en el que puede incluso llegar a verse claramente el germen de una realidad autonómica como la actual. Estuvo vinculado a movimientos aragonesistas y al primer partido demócrata cristiano español, el Partido Social Popular.

Comenzó su carrera docente como Catedrático de Agricultura en el Instituto de Enseñanza Media de Huesca, en 1928. En esta época, su carrera científica se benefició de una pensión para estudios de posgrado en el extranjero concedida por la Junta para la Ampliación de Estudios e Investigaciones Científicas (JAE). Después de pasar por el Instituto de Bioquímica del profesor Rocasolano y el laboratorio de Electroquímica del profesor Ríus Miró, en la Universidad de Zaragoza, trabajó de 1928 a 1929 pensionado por la JAE en el *Institut für Chemie der Land. Hochschule* de Bonn, con el profesor Kappen. Posteriormente, durante los años 1929 y 1930, estuvo en el *Agrikulturschemischen Laboratorium*, de la *Eidg. Tech. Hochschule*, con el profesor Wiegner, y en el *Pflanzenbau-Institut*, de la Universidad de Königsberg, con el profesor Mitscherich. Posteriormente, en 1932, por méritos propios fue nombrado becario de la Fundación Ramsay por la Real Academia de Ciencias, y pasó dos años trabajando en la *Rothamsted Experimental Station* (Inglaterra), en Bangor (Gales) y Aberdeen (Escocia).

De vuelta a España, se trasladó como catedrático al Instituto Velázquez, de Madrid. En 1934, año de la muerte de Cajal, Enrique Moles propuso a Albareda con carácter oficial establecer una cátedra de doctorado para que impartiera clases sobre la ciencia del suelo, la Edafología, no existiendo entonces más expertos que él en España sobre esta materia. En 1935, Castillejo, el secretario de la JAE, le ofreció dirigir unos laboratorios para desarrollar trabajos de investigación científica edafológica. Con el estallido de la Guerra Civil, el gobierno republicano nombró a Moles Director General de Explosivos del Ministerio de Guerra, y confiscó y destinó el Rockefeller (edificio donde se albergaban dependencias científicas, actualmente Instituto de Química-Física Antonio de Gregorio Rocasolano del CSIC) para industrias de guerra.

El estallido de la Guerra Civil recrudeció sobremanera la ya existente persecución religiosa y el padre y el hermano discapacitado intelectual de Albareda fueron asesinados en su pueblo. Ambos tienen en la actualidad causa de beatificación abierta, porque su asesinato se considera directamente relacionado con su condición de católicos.

Albareda protegió en su huida a través del bosque Rialp, en el Pirineo, al también aragonés san Josemaría Escrivá de Balaguer, porque le buscaban para asesinarle. Arriesgó así su vida propia, ya que entonces poco importaba para algunos ser científico reconocido internacionalmente si se pertenecía a la vez a la Iglesia Católica. La película precisamente estrenada en este 2011, "Encontrarás dragones", se aproxima un poco a lo que debió ser toda esta odisea.

Acabada la guerra en 1939, Albareda fue nombrado director del Instituto Ramiro de Maeztu. En cuanto a trabajo como docente, desde 1940 fue catedrático de Mineralogía y Zoología de la Facultad de Farmacia de la Universidad de Madrid, cátedra que en 1944 pasó a ser de Geología Aplicada.

El Prof. Albareda y el CSIC

Tal vez el episodio más fructífero de la vida profesional del Prof. Albareda fue su participación en la puesta en marcha del CSIC, actualmente el mayor organismo de investigación científica español. El más fiel colaborador del también aragonés Ibáñez-Martín -nacido en Valbona (Teruel)- en la redacción de los planes y el arranque de dicho organismo, aun sin experiencia política y de gestión y con una formación humanística muy inferior a éste último, fue nombrado secretario general de la nueva institución científica.

En la Memoria del CSIC de 1949, se recoge la celebración del 10º aniversario de la puesta en marcha de dicho organismo, para la que se congregó un elevado número de premios nobel y científicos de todo el mundo, los cuales elogiaron mucho el funcionamiento del CSIC. Ibáñez Martín denominó a la reunión el "Primer Congreso Universal", efeméride a la que contribuyó el Prof. Albareda.

El CSIC, siendo Albareda su secretario general, llevó a cabo la profesionalización de la investigación científica en una época extremadamente difícil y en un tiempo récord. Esta profesionalización se plasmó mediante la creación de las profesiones del colaborador científico (1945), investigador científico (1947) y profesor de investigación (1970), categorías vigentes hasta la actualidad. Curiosamente, fue también en una institución fundada por la Iglesia Católica, la Casa de Contratación de Sevilla, donde hay quien sostiene que se creó la primera profesión de científico, concretamente la de cosmógrafo. Además, Albareda promovió la descentralización de dicha actividad y su expansión por toda España y desarrolló una importante tarea de formación de científicos en el extranjero, que alcanzó cotas sin precedentes. Impulsó una investigación básica y aplicada, tanto en ciencias puras como en humanidades. En un afán de difundir los resultados de la investigación, en el CSIC se creó un servicio de publicaciones que llega hasta nuestros días, Este servicio de publicaciones realiza también hoy tareas de divulgación y cultura científica, pero el germen de todo lo que es en la actualidad ya estaba presente en su origen .

Como resultado de esta ardua actividad inicial y tal como se recoge en la actualidad en su página web, el CSIC hoy participa activamente en la política científica de todas las comunidades autónomas –algo ya en la mente de Albareda en 1923, como hemos comentado con anterioridad- a través de sus centros, actividad directamente derivada del artículo primero (título primero) de su Ley fundacional, donde se indicaba "...que tendrá por finalidad fomentar, orientar y coordinar la investigación científica a nivel nacional". De carácter multidisciplinar, abarca todos los campos del conocimiento, tanto técnicos como sociales, desde la investigación básica hasta los más avanzados desarrollos tecnológicos. Entre sus funciones se incluyen la investigación científica y técnica de carácter multidisciplinar, el asesoramiento científico y técnico, la transferencia de resultados al sector empresarial, la contribución a la creación de empresas de base tecnológica, la formación de personal especializado, la gestión de infraestructuras y grandes instalaciones y el fomento de la cultura de la ciencia. Se organiza en ocho Áreas Científico Técnicas, con 136 Centros, 128 de los cuales son institutos de investigación (de ellos 75 propios y 53 mixtos) distribuidos por todo el territorio nacional a excepción de uno situado en Roma, 150 Unidades Asociadas con Universidades y otras Instituciones, con un total de 14.144 trabajadores, 3.165 de los cuales son científicos, y 1.359 becarios, 921 millones de euros de presupuesto, el 45,60% de recursos propios. En cuanto a su Producción Científica y Tecnológica, el CSIC es el responsable del 20% de las publicaciones científicas internacionales de España, del 50% de las publicaciones del sector público español, aporta el 36% de patentes europeas del sector público en España (2,4% del total de España) y el 24,6% de las patentes españolas del sector público (que representa el 3% del total de España). El CSIC Colabora con Universidades, Organismos públicos de investigación, Empresas, Asociaciones profesionales, Fundaciones, Comunidades Autónomas, Ayuntamientos y Diputaciones.

El Prof. Albareda y la institucionalización de la ecología en el CSIC

Albareda promovió, dentro del CSIC y como nadie en la época, el estudio científico de la vida. Si el castellano-leonés Celso Arévalo ha sido propuesto como pionero de la Ecología española por su trabajo sobre hidrobiología, quien creó instituciones dedicadas al cultivo de la naciente disciplina científica no fue otro que el Prof. Albareda, tarea que gestionó magistralmente siendo Secretario General del CSIC, período durante el cual Celso Arévalo pasó a formar parte de dicha institución. Albareda intervino directamente en la fundación del primer centro de investigación dedicado a la entonces naciente ecología, el Instituto de Edafología, Ecología y Biología Vegetal (hoy Centro de Estudios Medioambientales). La disciplina considera la vida y su entorno como objeto de estudio.

Su interés por esta disciplina científica permitió la formación de quienes se dedicarían a la investigación ecológica, como el eminente experto en pastos Pedro Monserrat, que desarrolla su actividad en el Instituto Pirenaico de Ecología, donde también trabajó Enrique Balcells, a quien el propio Albareda encargaría la puesta en marcha del mencionado instituto, auténtico salvador de la extinción de la raza bovina pirenaica, o Fernando González Bernáldez ("hay que amar la naturaleza para entenderla", repetía sin cesar a sus alumnos) que ocupó una de las primeras cátedra de Ecología en España, la de la Universidad Autónoma de Madrid, todos ellos además fervientes católicos como Albareda. Éste intervino directamente en la adquisición y puesta en marcha del Parque Nacional de Doñana, con un gasto equivalente al del World Wildlife Fund (WWF), y de la Estación Experimental de Zonas Áridas del CSIC, de la que recientemente han partido 20 gacelas dorca, especie en extinción en Senegal, y donde se evitó la desaparición del antílope mohor de Marruecos.

El Dr. Albareda y la institucionalización de la microbiología: Lorenzo Vilas

El impulso dado por Albareda a las ciencias de la vida promovió también de manera determinante en el CSIC el desarrollo de la Microbiología, algo que no había hecho precisamente la JAE, como el propio Cajal llegó a dejar escrito. No sólo la creación del Instituto de Microbiología Jaime Ferrán, sino la adscripción y profesionalización de muchos microbiólogos a las plantillas de los centros del CSIC impulsó decididamente la actividad científica en esta disciplina. Hubo microbiólogos profundamente creyentes, como Lorenzo Vilas.

Vilás nació en Barcelona, el 10 de agosto de 1905, en una familia con nueve hermanos. Cursó primaria en los jesuitas de Sarriá (Barcelona) y en los de la C/ Caspe, donde estudiaría bachillerato. Allí conoció al Padre Longinos Navás, entomólogo de prestigio internacional experto en neurópteros. Para Lorenzo

Vilas fue crucial en su elección de estudiar ciencias, todo por una anécdota en la que en una excursión de campo, vació su fiambrera quedándose sin comida para guardar una culebra que los alumnos habían encontrado.

Cuando Vilás tenía quince años, su familia se trasladó a Zaragoza para que pudiera estudiar en su universidad, después de terminar bachillerato en el colegio de los jesuitas del Salvador. Comenzó la carrera de Ciencias Químicas en 1921, haciendo simultáneamente el servicio militar. En esta época conocería a José Mª Albareda, con quien estudió, entre otras cosas, alemán. Se licenció en 1925 y fue ayudante de prácticas en la Universidad de Zaragoza. De 1926 a 1928, trabajó con el Prof. Lucio Serrano, en el Laboratorio de Química y Biología de La Granja del Ministerio de Agricultura.

De 1929 a 1931, dirigió el Laboratorio de Química y Biología del Servicio Agronómico de la Confederación Hidrográfica del Ebro. Se inició en la docencia en 1932, ganando una oposición en el Instituto de Enseñanza Media de Tortosa, trabajando en él sólo un año. Conoció en un viaje a Lourdes a la que sería su mujer y con quien se acabaría casando en Madrid en 1933, María Minando Galardy, con quien tendría dos hijos. Hasta 1936, fue Catedrático de Química Agrícola en Logroño. En 1939, comenzó su etapa en el Instituto Ramiro de Maeztu de Madrid, en el que fue interventor, secretario y director, hasta 1944. Su interés por la formación laboral le llevaría con el tiempo a ser fundador del Instituto de Formación de Profesorado Laboral, que dirigió de 1950 a 1956. Fue nombrado Director General de Enseñanza Media en 1956 y consideraba este nivel de enseñanza como el "...nervio de la nación y hay que proporcionársela a todos los españoles".

Además, fue Vocal del Consejo Nacional de Educación (1940-44), Director del Centro de Orientación Didáctica de Enseñanza Media y de la Residencia de Estudiantes del CSIC, Presidente de la Sección IV del Consejo Nacional de Educación (1952-56), miembro de la Junta Técnica de Universidades Laborales (1953-62), miembro del Patronato Nacional de Enseñanza Laboral y fundador de la revista Enseñanza Media en 1957.

Comenzó en 1940 sus trabajos de investigación con Albareda, en el Instituto de Química del CSIC. Por ser catedrático de Química Agrícola, dirigió sus estudios hacia la agricultura y la edafología. Por su admiración a Albareda, se dedicó a la docencia y la investigación y se licenció en Farmacia por estos años. Por estos trabajos se doctoró en ciencias químicas con el estudio "Composición química y formación de las arcillas españolas", en 1943, estando en su tribunal Manuel Lora Tamayo. Dirigido por Remis de Prado y Salaya (1941-44), se doctoró en Farmacia tras hacer estudios en el Laboratorio de Municipal de Madrid sobre microbiología del agua del Canal de Isabel II, haciendo su primera colección de *Pseudomonas aeruginosa*. El 2 de julio de 1943, leyó su tesis, "Las especies y las familias de las plantas superiores ¿ejercen influencia sobre los microbios de su rizosfera?", estando Albareda en el tribunal, una tesis eminentemente ecológica. Albareda y Vilas formaron a un buen número de microbiólogos del CSIC.

El 12 de julio de 1944, ganó la cátedra de microbiología de la Facultad de Farmacia de la Universidad Complutense de Madrid, la primera de la especialidad de microbiología de la historia de España, que quedó libre en 1941 por la jubilación del primer catedrático, de Castro Pascual, presentando su trabajo sobre el virus vacunal, que había realizado en el Instituto Santiago Ramón y Cajal del CSIC. Se incorporó como profesor en el nuevo programa de Farmacia hecho por Albareda, diseñó los laboratorios e impartió las asignaturas de Microbiología Aplicada 1º y 2º.

Cercana ya su jubilación, elaboró los nuevos planes de estudio en 1973, editando unos "Apuntes de microbiología" en 1962. Fue fundador de la Sociedad Española de Traductores y Autores (SAETA), una importante editorial científica de la época. Siempre se interesó por los temas aplicados, y para él "los microorganismos son protagonistas de primera fuerza en las incidencias de la vida en nuestro planeta, en la naturaleza y en la historia de la humanidad". En 1952, visitó Roma y obtuvo una audiencia con Pío XII junto a Albareda y otros eminentes científicos católicos, como Julio Rodríguez Villanueva, Manuel Losada Villasante, etc.

Visitó también las industrias del vino de Oporto y Sacavem, Antibióticos de León, una cárnica en Lugo, múltiples excursiones, Escuela de la Vid, Destilerías DYC, El Águila, etc., dejando clara su vocación de buscar aplicaciones a la ciencia. Ocupó la cátedra durante 31 años. Impulsó las enseñanzas de posgrado organizando curso con el CSIC sobre Microbiología de Alimentos y Virología.

En 1946, creó el Instituto de Microbiología General y Aplicada, que se llamó Jaime Ferrán en 1949, siendo además socio fundador y primer secretario de la SEM (1946-67), participando también, en 1947, en la creación de la Revista SEM.

Fue vocal del CSIC y de la Junta del Patronato "Alonso Herrera", vicedirector del Instituto de Edafología y Fisiología Vegetal, y Director del Instituto de Microbiología "Jaime Ferrán" del CSIC (1957-75). Fue pensionado en 1942 en la Escuela Politécnica de Zúrich, y viajó mucho, siendo de los primeros microbiólogos españoles que presentó comunicaciones en congresos internacionales.

Llevó a cabo la primera traducción del Código Internacional de Nomenclatura Bacteriana. Era académico de número de la Real Academia de Farmacia. Recibió la Gran Cruz al Mérito Civil, la Encomienda de Isabel la Católica con placa de Alfonso X El Sabio y la Encomienda de la República Italiana y fue nombrado Oficial de la Orden de la Medahuía y Colegiado de Honor del Colegio de Farmacéuticos de Madrid.

En su jubilación, en 1975, diría: "Que profesores y alumnos cumplan con su obligación, por amor y con amor, porque son responsables ante Dios". Hizo entonces un último viaje a Upsala, donde visitó la casa de Linneo, eminente botánico y creador de la nomenclatura binomial mediante la cual todas las especies de seres vivos se designan con dos palabras en latín, que profesó profundísimas convicciones religiosas. Falleció en Madrid el 19 de noviembre de 1988.

En la apertura del curso 1966-67, leyó su discurso *"En las fronteras de la vida"*, e inauguró el curso académico de la academia con el discurso *"Anecdotario microbiano"*. En ambos, alude directamente a sus convicciones religiosas, de las que se deduce, al igual que en el caso de Albareda, la conexión que éstas tienen con la vida interior del investigador, como luego veremos que desarrolla Albareda en su libro.

Hablando de cómo la esperanza de vida media a principios del siglo XX era de 37 años y de que los microbios eran los principales causantes de esta brevedad, añadía: "En la actualidad, vencidos muchos de ellos, la vida media se ha prolongado, pero el número absoluto de los que hacen singladura no ha crecido con la arrolladora rapidez esperable en buena lógica, porque, parodiando grotescamente la conducta de aquellos héroes mitológicos que, al verse derrotados, volvían sus armas contra sí mismos, el hombre moderno, después de vencer a los microbios, ha inventado una serie de fármacos, dispositivos y manejos anticonceptivos y abortistas utilizados contra la conservación de la especie, en un alarde de criminal uso antinatural de la libertad que le ha sido concedida. Tampoco descartamos la posibilidad de ver pronto generalizada la eutanasia, resonancia del aborto y tan criminal como él. ¿Por qué querrá la humanidad anular el éxito de los microbiólogos ante la muerte, suscitando nuevos métodos de matar? La respuesta es tan fácil como penosa y triste: porque los microbios no discriminan sus víctimas y el aborto y la eutanasia van contra un prójimo determinado, con nombre o sin él, pero siempre distinto al ejecutor. Y el panorama es sombrío, porque el ataque social contra la familia bloque, la familia puerto de partida, arrastrará un mayor número de ejecuciones de los que estorban al principio y al final de la vida".

Realmente, por lo explícito de las alusiones a sus arraigadas creencias católicas y a su proximidad a lo que es el Magisterio de la Iglesia, el texto merece meditación y la consideración de que quien dice éstas cosas es un científico de primera línea en la época. Continúa en el mismo discurso sus valoraciones: "Cuando era niño, me impresionó una frase: "Los cielos relatan la gloria de Dios y el firmamento anuncia la obra de sus manos". Andando el tiempo me enteré que formaba parte del Salmo 18. No hace falta conocer la existencia de un Dios creador, porque el simple raciocinio humano puede deducirlo de la contemplación de Su obra...Volviendo a la frase antes citada, muchas veces he pensado que el salmista hubiera dicho cosas muy buenas de los microbios…Esas microimágenes del Universo que son los átomos y los maravillosos compendios de vida que son las bacterias, eran piezas de convicción reservadas a nuestra época, en la que algunos científicos aparentan ignorar que están descubriendo y utilizando lo que Dios creó…"

Los paralelos con el pensamiento de Albareda son más que evidentes. A continuación, pasa a comentar aspectos más íntimos de sus convicciones: "Si creo en los microbios, he de creer en Dios. Ya os decía al principio que la razón humana es suficiente para llegar al conocimiento de Dios. Es posible que alguno de vosotros esté pensando que no cree en la verdad del evangelio y que estoy hablando de cosas que no han pasado. Comprendo su situación y trataré de ayudarle, relatándole otro caso de supresión de microbios, inexplicable en buena ciencia… (pasa a relatar el Milagro de Calanda, 1640, Miguel Pellicer)… Fue lamentable que la primera mujer que se licenció en Farmacia e hizo las asignaturas de doctorado, Elvira Moragas, no hiciera la tesis, por ingresar en la orden carmelitana; el proceso informativo diocesano para su beatificación fue enviado al Vaticano en 1945…".

Lorenzo Vilas fue profesor de la mencionada Elvira Moragas, que murió mártir en la persecución religiosa de la Guerra Civil, hoy beata María Sagrario de san Luis Gonzaga. Hace a continuación mención, con admiración, de la obra del zimólogo Juan Marcilla y de Albareda como impulsor del CSIC, recordando que Ibáñez-Martín, Ministro de Educación Nacional y Presidente fundador del CSIC solía decir que Albareda no quería cobrar por trabajar como su secretario general, y que se hizo poner en el despacho una orla latina con la frase "Muéstrame tus sendas Señor, Señor enséñame". Finalmente, menciona aspectos de la bioética que estarían en consonancia en la actualidad con el pensamiento de Juan Pablo II y Benedicto XVI: "La ética ha de presidir siempre la actividad de los investigadores de esta rama, más si la ética es sólo un pálido reflejo de la moral y esta no se funda en una responsabilidad trascendente cierta, no nos hemos de hacer ilusiones humanistas y tras el actual fantasma de la destrucción nuclear puede venir el no despreciable de la teratología bioproyectada…Los microbios van a ser los grandes productores de medicamentos, de alimentos y, probablemente, de carburante para el automóvil, por transformación de productos vegetales. Estamos en camino de convencer a la humanidad de su error al calificar a los microbios como a enemigos suyos, porque, perdida la importancia de los patógenos, que secularmente la han aterrado, los conociera o no, los útiles serán los determinantes de su bienestar y los refutadores de las teorías neomaltusianas, justificadoras de la reducción de la natalidad por temor a una futura escasez de alimentos...desconfían de la ciencia y en particular de la microbiología, que cambiará el mundo de la alimentación. Los macroseres del salmista seguirán causando la admiración de la humanidad, pero los microseres habrán tomado el relevo en la conservación de la especie humana, lo que no es menos admirable. La microbiología tiene futuro". En este párrafo, además de las conexiones con la actualidad y con el pensamiento de Albareda, se pone de manifiesto la relación del pensamiento de Vilas con la postura católica actual en relación al maltusianismo.

Este planteamiento católico tiene nuevamente una expresión en el siguiente discurso, volviéndose a plantear la relación del modo de defender la vida con sus convicciones profundas: "...pero ¿qué es la vida? ¿por qué la tienen unos seres naturales y no todos? ¿De dónde viene la vida? ¿Dónde está el límite que separa lo vivo del resto de la naturaleza?...Gen 1,11 que cita por primera vez a los seres vivos en la "hierba verde"...(después de repasar coincidencias científicas y de la Creación)...No me causa sorpresa que hoy podamos dar esta interpretación al Génesis, acomodada a lo que la ciencia va descubriendo, ya que la Palabra de Dios no falla y la Biblia no es un mero símbolo...Dejar escrita en cifra la verdad de la Creación, tal como ahora la vemos, pero dicho en aquella época que los conocimientos humanos no podían ni remotamente sospechar el hallazgo de la clave, sólo puede hacerlo el Autor de la Creación...la primera célula viva. Ha surgido perfecta...Nadie sabe explicarlo, porque la explicación llevaría anejo el conocimiento de la naturaleza de la vida y aquí no ha llegado nadie. ¿Será este conocimiento de la vida el que Dios vedó al hombre, para que al dotarle de libertad no la emplease en alterar el curso previsto para la evolución de los seres vivos?...Me atrevo a definir al ser vivo como una heterogeneidad química regida en su actividad por leyes físicas y dotada de un carácter de unidad (individuo) y de reproductividad (especie) solamente posibles por la posesión de una forma diferente y superior de energía que llamamos vida...Para mí hay tres actos creacionales indispensables: la aparición del Universo...la creación de la vida...y la creación del alma humana...Dios creó al hombre infundiéndole el alma a su imagen y semejanza...Repito que los hitos de la Creación, para los que no veo más explicación que la voluntad expresa del Creador, no la voluntad potencial implícita en la evolución, son la materia, la vida y el hombre...Sigo creyendo en la necesidad de un acto expreso creacional para el origen de la vida...y si se lograse dar vida a una célula primaria...alabaría aún más la sabiduría de Dios, que en el hidrógeno primitivo ya puso la capacidad de aparición en un momento determinado de esa energía especial llamada vida, cuya captación y manejo también había dejado a la inteligencia del hombre, único escrutador del enigma del mundo, con esa llave maestra de superior condición que llamamos alma...".

El Profesor Albareda, la Bioquímica y la Biología Molecular en el CSIC

Siendo Albareda Secretario General del CSIC, España dio sus primeros pasos en la investigación científica de la Bioquímica y la Biología Molecular gracias al CSIC. Desde su cátedra de Farmacia, reclutaba a jóvenes dispuestos y capacitados para la investigación científica para que formaran parte del club juvenil que fundó, el Club Edafos. También fue determinante el papel de Ibáñez Martín como presidente del CSIC en la institucionalización de la biología molecular, creando el Centro de Investigaciones Biológicas del CSIC, en el que trabajarían católicos y bioquímicos como Alberto Sols, primer Premio Príncipe de Asturias a la Investigación Científica y Técnica en 1981; o formando directamente al también católico y bioquímico y Premio Príncipe de Asturias a la Investigación Científica y Técnica en 1995, Manuel Losada; o comenzando las gestiones que harían volver a Severo Ochoa a España. En el CSIC se gestionó la vuelta de Severo Ochoa, ya premio Nobel, a España, y la creación de la Sociedad Española de Bioquímica, disciplina impulsada también por el anteriormente mencionado Ángel Santos, de profundas creencias religiosas. Precisamente, con Severo Ochoa se formaron o colaboraron en el Centro de Investigaciones Biológicas (CSIC) algunos de los más eminentes biólogos españoles del siglo XX, entre los que se encuentran Margarita Salas, Eladio Viñuela, David Vázquez, Julio Rodríguez Villanueva en estancias del CSIC. Del laboratorio de éste último han salido más del 50% de los actuales catedráticos de microbiología de España. Del conjunto de escuelas originadas también descienden Federico Mayor Zaragoza, que fue presidente de la UNESCO, o Mariano Barbacid, actual director del Centro Nacional de Investigaciones Oncológicas.

Cargos y nombramientos del Profesor Albareda

La dimensión nacional e internacional del Profesor Albareda queda patente si se enumeran sus múltiples nombramientos y cargos. Académico titular desde 1941 de la Real Academia de Ciencias Matemáticas, Físicas y Naturales, y de la Real Academia de Farmacia de Madrid, desde 1948 académico de la Academia Pontificia de Roma, académico correspondiente de la Real Academia de Ciencias de Barcelona y de la Academia de Ciencias Matemáticas y Físico-Químicas de Zaragoza, también fue académico titular de la Real Academia de Medicina de Madrid.

En cuanto al ámbito internacional, fue miembro colaborador del Instituto Internacional de Ciencias Políticas y Sociales aplicadas a países de civilizaciones diferentes (I.N.C.I.D.I), de Bélgica. Miembro correspondiente del *Forschungsanstalt für Landwirtschaft*, en Braunschweig. Miembro colaborador del Instituto de Antropología de la Universidad Nacional de Tucumán (Argentina). Miembro del *Ingeniörs Vetenskaps Alcademien*, de Estocolmo. Miembro correspondiente de la *Arbeitsgemeinschaft für Forschung*. Miembro de la Orden de Santiago de la Espada, de Portugal; gran cruz de la Orden de Alfonso X el Sabio. Miembro correspondiente de la *Braunschweigische Wissenachaftliche Gesellchaft*. Presidente español del primer Congreso de Estudios Pirenaicos y presidente español de la Unión Internacional respectiva. Presidente del V Congreso internacional del I.N.Q.U.A. Procurador en Cortes, Comendador de la Orden de Orange-Nassau, de Holanda. Se le concedió también la encomienda de Isabel la Católica de la gran cruz del Mérito Militar. Formó parte de la Comisión Nacional de Cooperación con la UNESCO. Perteneciente al Instituto secular *Opus Dei*, en 1959 fue ordenado sacerdote y desde 1960 hasta su fallecimiento en Madrid el 26 de febrero de 1966, fue rector del Estudio General de Navarra, primera universidad privada moderna española.

VALORACIÓN DE LA FIGURA DE JOSÉ Mª ALBAREDA

De Albareda dijo un discípulo de González Bernáldez y presidente de la WWF (ADENA) en España, el catedrático de Ecología de la Universidad Complutense de Madrid, doctor Francisco Díaz-Pineda, al recibir el Premio FONDENA 2001 de manos del rey Juan Carlos: "Las raíces que yo pueda tener como posible aportación de la ciencia ecológica a la conservación de la naturaleza creo que habría que buscarlas precisamente en quien fuera secretario general de la institución en que nos encontramos hoy –el Consejo Superior de Investigaciones Científicas–, el profesor José María Albareda, como maestro de maestros. En la ciencia de laboratorio tuve la suerte de trabajar con el profesor Manuel Losada y en la ciencia de campo y laboratorio con el profesor Fernando González Bernáldez. Él y Losada fueron discípulos de Albareda y en aquellos primeros laboratorios de Edafología, hoy de Recursos Naturales, se generaron importantes bases del conocimiento científico que debe aportarse a la conservación de la naturaleza".

El propio Severo Ochoa, premio nobel de medicina -que sobre su exilio del Madrid republicano durante la Guerra Civil –ante la inseguridad y la detención sistemática de todo posible "burgués", futuro integrante de lo que se denominó "quinta columna" de Franco- diría años más tarde que "...no había aun sin guerra, en la España de entonces, la posibilidad de hacer la clase de ciencia que yo soñaba hacer. Hubiésemos terminado yéndonos de todos modos"- diría del CSIC y de su primer secretario general, el Prof. Dr. José Mª Albareda, en la Conferencia de clausura del VI Congreso Nacional de Bioquímica, 1975: "La labor del CSIC, si bien es similar a la de la JAE, fue de mucha mayor envergadura, ya que edificó laboratorios para el cultivo de la ciencia pura y aplicada en diversas partes del país y sostuvo el mantenimiento de los mismos con dotaciones de equipo y personal. También extendió el Consejo considerablemente el programa de becas iniciado por la JAE. Quiero dedicar aquí un sentido recuerdo a la figura del padre José María Albareda, que durante muchos años fue el alma e inspiración del CSIC. Sin Albareda el CSIC tal vez no hubiese existido y sin él no hubiera llegado la biología, y dentro de ella la bioquímica española, a alcanzar el grado de desarrollo que tiene en el momento actual".

Gregorio Marañón decía del CSIC y de Albareda en el discurso de contestación pronunciado con motivo del ingreso de éste en la Real Academia de Medicina, en Mayo de 1952: "La obra del Consejo Superior de Investigaciones Científicas es uno de los acontecimientos fundamentales en la vida cultural de nuestro país...Como yo no estoy en el centro de la ortodoxia política a cuyo calor ha surgido la gran estructura del Consejo, creo que tengo autoridad para que mi elogio alcance el doble valor que la sinceridad rigurosa del espectador y colaborador, y no del fundador, añade a la estricta verdad...Y es lo cierto que en nuestro país no han tenido nunca los hombres de ciencia tantas posibilidades de trabajar y de ser ayudados por el Estado en sus afanes como bajo la tutela del Consejo...Y su ejecutor, incansable, y atendiendo todos los detalles, abierto a las sugestiones cualesquiera que fuesen, sobre todo lleno de un entusiasmo callado, discreto, pero sin desmayos, ha sido José María Albareda...Y aún hay en él otro aspecto que encomiar, y lo hago con especial fervor, porque voy a referirme a una virtud que es difícil de lograr en las horas actuales del mundo: una virtud que expresa, sin duda, la más noble condición de quien la siente y la practica. Me refiero a la generosidad sin perjuicios, a la intachable tolerancia, a la cordialidad absoluta con la que Albareda ha realizado su misión compleja y espinosa. Acaso porque su posición ideológica es rigurosa y firme, tiene la visión suya de los hombres esa amplitud cordial del que los ve desde arriba y no la del que los mira a ras de tierra, con la pasión del competidor o la gris benevolencia del escéptico".

César Nombela, también presidente del CSIC, formado con el Profesor Severo Ochoa, actual catedrático de Microbiología de la Facultad de Farmacia de la Universidad Complutense de Madrid, comentaba sobre el CSIC y sobre Albareda: "Quien se decida a indagar en el desarrollo del actual sistema científico español, y quiera conocer sus raíces más recientes, se encontrará sin duda con la figura de Albareda. Su actuación resultó decisiva en muchos aspectos y en numerosas circunstancias. Albareda no figura en la nómina de presidentes del CSIC, pero nadie le disputará el papel de promotor fundamental de esta institución, que surge y se desarrolla en circunstancias excepcionales...Nadie duda de que eran excepcionales las circunstancias que vivía nuestro país en los momentos iniciales de la posguerra, arrasado por una terrible guerra fratricida, depauperado hasta el extremo y dividido por las múltiples heridas sin cerrar que la contienda había generado. La creación de un organismo que concentrara los esfuerzos de investigación y los escasos recursos que se podían poner a contribución para el desarrollo tecnológico, me parece que era la única salida posible en orden al futuro desarrollo de España".

El también presidente del CSIC, Emilio Muñoz, alumno aventajado de Albareda que perteneció como tantos otros al Club Edafos en su época universitaria, científico que sería presidente del CSIC, a quien se le considera experto en temas de biotecnología y sociedad, diría de Albareda en un número especial de la revista Arbor (1990): "El CSIC fue construido alrededor de la figura de su fundador y primer secretario general, José María Albareda. ...Albareda era un buen conocedor de la dinámica internacional de la ciencia y trató de configurar al CSIC como una organización que respondiera a los patrones de esa dinámica, combinando las características de una institución como el Max Planck con las de las Academias de Ciencias de los países del Este europeo. El CSIC surge como una agencia híbrida destinada tanto al diseño y promoción de la política científica como a la ejecución de investigación a través de institutos propios. En su devenir ha contribuido decisivamente a la profesionalización de la actividad científica en España, y a la propuesta y puesta en práctica de organizaciones e instituciones innovadoras, en el marco español para la realización de la práctica científica".

Este aluvión de citas de personalidades científicas de talla internacional hacen completamente inexplicable y no atribuible al rigor científico el que se haya retirado la estatua de Albareda del lugar que ocupaba desde hace más de 35 años en la sede central del CSIC, y se haya sustituido por dos estatuas en homenaje a Cajal y Ochoa, científicos que no tuvieron nada que ver con la puesta en marcha del CSIC (el primero, por haber muerto años antes, y el segundo, por estar en los EEUU cuando el CSIC se fundó), suficientemente homenajeados por el organismo al existir sendos institutos de investigación con sus nombres. El gesto es fácilmente calificable como laicista.

FIDES ET RATIO EN "CONSIDERACIONES SOBRE LA INVESTIGACIÓN CIENTÍFICA"

Juan Pablo II comenzaba su encíclica *Fides et ratio* escribiendo: "La fe y la razón son como las dos alas con las cuales el espíritu humano se eleva hacia la contemplación de la verdad. Dios ha puesto en el corazón del hombre el deseo de conocer la verdad y, en definitiva, de conocerle a Él para que, conociéndolo y amándolo, pueda alcanzar también la plena verdad sobre sí mismo" (FR, Introducción). En la misma línea, afirmaba Juan Pablo II en el Jubileo del Mundo Científico, el 25 de mayo de 2000: "Los científicos, basándose en una atenta observación de la complejidad de los fenómenos terrestres, y siguiendo el objeto y el método propios de cada disciplina, descubren las leyes que gobiernan el universo, así como su interrelación. Contemplan con admiración y humildad el orden creado y se sienten atraídos por el amor del Autor de todas las cosas. La fe, por su parte, es capaz de integrar y asimilar cualquier tipo de investigación, porque todas las investigaciones, a través de una profunda comprensión de la realidad creada en toda su especificidad, dan al hombre la posibilidad de descubrir al Creador, fuente y fin de todas las cosas. "Porque lo invisible de Dios, desde la creación del mundo, se deja ver a la inteligencia a través de sus obras" (Rm 1, 20). 4. La Iglesia tiene gran estima por la investigación científica y técnica, pues "constituyen una expresión significativa del dominio del hombre sobre la creación" (Catecismo de la Iglesia católica, n. 2293) y un servicio a la verdad, al bien y a la belleza. De Copérnico a Mendel, de Alberto Magno a Pascal, de Galileo a Marconi la Historia de la Iglesia y la Historia de las Ciencias nos muestran claramente que hay una cultura científica enraizada en el cristianismo. En efecto, se puede decir que la investigación, al explorar tanto lo más grande como lo más pequeño, contribuye a la gloria de Dios que se refleja en cada parte del universo".

El propio Galileo Galilei, científico y fervorosísimo católico, llegaría a decir explícitamente que las dos verdades, la de la fe y la de la ciencia, no pueden contradecirse jamás: "La Escritura Santa y la naturaleza, al provenir ambas del Verbo divino, la primera en cuanto dictada por el Espíritu Santo, y la segunda en cuanto ejecutora fidelísima de las órdenes de Dios". Esto lo escribió en la carta a Benetto Castelli del 21 de diciembre de 1613. Hemos visto como algo muy similar dijo Pablo VI en su mensaje a los intelectuales y hombres de ciencia en 1965, al clausurar el Concilio Vaticano II.

En su libro "Consideraciones sobre la investigación científica", probablemente el más importante escrito por Albareda sobre su pensamiento y precisamente por ello reeditado en esta ocasión, se incluyen numerosas las alusiones a la investigación científica como algo vinculado tanto a su razón como a su fe. Inmediatamente después de la dedicatoria a los jóvenes investigadores, en el preámbulo, propone el libro como un objeto de meditación más que otra cosa, insistiendo en que: "...estas líneas van dedicadas a los que comienzan a trabajar en la investigación, a los que comienzan a hacer investigación...porque un investigador que se forma es una esperanza..."

La primera alusión a su fe la hace Albareda poco después, en el capítulo primero, en el que habla de "Diversidad y unidad de la investigación". En las primeras líneas, subraya, al hablar de lo que es la investigación: "...la mente limitada del hombre, situada en la divina Creación, ha de encontrar en todas direcciones nuevas rutas y posibilidades...la investigación no es monopolio de una ciencia..."

En cuanto a la motivación del investigador, la retrata con claridad cuando comenta: "...y como fondo, un ansia de dilatación, de conquista, servida por un pensar a un tiempo penetrante y ajustado, ansia de un más allá en el mundo de lo conocido, insatisfacción de lo ya dominado..." Es decir, algo muy próximo a lo que afirmó San Agustín: "...Señor, nos hiciste para Ti, y nuestro corazón no descansa hasta reposar en Ti..."

Poco más adelante, no duda en citar a Raimundo Pániker, que dice "...que el mundo es un cosmos, que el saber es sólo un descubrir...el buscar las huellas que son los peldaños que ha dispuesto Dios para que descubriéndolas vayamos ascendiendo hacia Él..." Al hablar del estudio, comenta: "...La Creación es pensamiento divino. La ciencia no es sino un intento de deletrear ese pensamiento. Es como una revelación natural. El estudio lleva a Dios...el estudio es camino hacia Dios..." que en último término surge del interior del científico que, como hombre, tiene necesidad de conocer a Dios: "...que te conozcan a ti, único dios verdadero, y a tu enviado Jesucristo..." Este conectar el estudio con la búsqueda de Dios es un comentario muy útil para hablar a nuestros hijos e incentivar en ellos el interés por la actividad intelectual, dándole un sentido profundo.

Otra curiosidad en el libro son las alusiones que Albareda hace a Cajal, dado que cierta historiografía ha intentado enfrentar a ambas figuras. Gregorio Marañón decía de Albareda, en su ya mencionado discurso de contestación pronunciado con motivo del ingreso de éste en la Real Academia de Medicina, en Mayo de 1952, que existió "una misteriosa pero evidente relación entre la vida y la obra de Albareda con la de Cajal". Tal vez no sería desacertado fundamentar al menos parte de esta relación en las creencias de ambos. Baste señalar que Cajal, en su discurso de ingreso en la Real Academia de Ciencias, al hablar de los "Fundamentos racionales y condiciones técnicas de la investigación biológica", dentro del apartado III sobre las "Cualidades de orden moral que debe poseer el investigador. c. Pasión por la gloria": "Y a los que te dicen que la Ciencia apaga toda poesía, secando las fuentes del sentimiento y el ansia de misterio que late en el fondo del alma humana, contéstales que a la vana poesía del vulgo, basada en una noción errónea del Universo, noción tan mezquina como pueril, tú sustituyes otra mucho más grandiosa y sublime, que es la poesía de la verdad, la incomparable belleza de la obra de Dios y de las leyes eternas por Él establecidas. Él acierta exclusivamente a comprender algo de ese lenguaje misterioso que Dios ha escrito en los fenómenos de la Naturaleza; y a él solamente le ha sido dado desentrañar la maravillosa obra de la Creación para rendir a la Divinidad uno de los cultos más gratos y aceptos a un Supremo entendimiento, el de estudiar sus portentosas obras, para en ellas y por ellas conocerle, admirarle y reverenciarle". Aunque ciertamente, como Cajal mismo reconocería más tarde, su enfermedad y otros avatares de la vida habían mermado su fe, terminaría escribiendo ya mayor: "Sólo la religión me hubiera consolado. Por desgracia mi fe había sufrido honda crisis con los libros de filosofía. Ciertamente del naufragio se habían salvado dos altos principios: la existencia de un alma inmortal y la de un Ser Supremo rector del mundo y de la vida." (Recuerdos de mi vida. Edic. 1923, p. 163). Dejaría también escrito: "No te burles de los creyentes fervorosos si eres escéptico. Ten piedad de tus antepasados que fueron cristianos sinceros numerosas centurias. Sería ingratitud imperdonable olvidar que tu corazón y tu cerebro están enraizados en un protoplasma milenariamente cristiano y espiritualista. Pecarás, por tanto, de sacrílego y descastado, mofándote de tus antepasados, a quienes debes la vida" (El mundo visto a los 80 años). Albareda profesaba por Cajal una admiración profunda, como no podía ser de otra manera tratándose de un científico de su talla, y por ello lo cita en la presente obra repetidas veces. En el apartado "Orientación", comenta Albareda hablando de cómo el investigador debe atender a los detalles más insignificantes en investigación: "como decía Cajal no hay cuestiones pequeñas; las que lo parecen son cuestiones grandes no comprendidas".

Más adelante, manifiesta Albareda nuevamente la unión que en su persona alcanzan fe y razón, investigación científica y convicciones religiosas, en el apartado "Comunicación y Reflexión: Empuje ascensional" al afirmar: La vida necesita ligar estos factores, sintetizar la comunicación y el aislamiento, abrirse al mundo, cerrarse a cuanto la dispersa y esteriliza. El señor es mi horizonte y me refugio. (Salmo 17, 2s). Esta eficaz conjunción de caracteres se da, inexcusablemente tiene que darse, en la investigación. Que investigar requiere tanto un pleno conocimiento bibliográfico del tema que se afronta como el desarrollo sobre el del pensamiento propio. Por eso la investigación, esencialmente, es vida científica, y su valor es claro: pasa de lo verbal a la realización; exige saber hacer a la par que saber decir lo que han hecho los demás. Refiere en este mismo apartado algo sobre lo que abundará en varios capítulos del libro: el origen de la investigación es el mundo de lo espiritual, ya que "en el mundo del espíritu hay algo más que estos juegos: hay producción, hay construcción, impulso creador en que el alma deja trascender lo divino de su origen. No hay desnivel fecundo y estable, porque el estar levantado en alto debe ser para atraer hacia sí todas las cosas…"

Nuevamente se manifiesta la complementariedad en él de la fe y la razón, que no son para el catolicismo en absoluto incompatibles ni contradictorias. Además, expresa su convicción de que lo exterior y la interioridad del científico están profundamente conectados. Juan Pablo II, siendo aún Karol Wojtyla, escribió el libro "Amor y responsabilidad", en el que daba cuenta de que lo que caracteriza la vida de la persona humana es su interioridad. Así, la defensa de la vida integral debería entenderse como la defensa de la vida exterior e interior. Es algo implícito en todo católico, pero en el caso de Albareda fue también explícito, tal y como se recoge en su libro. Precisamente al referirse en él al efecto de la actividad científica sobre la persona que la realiza comenta: "La investigación es educadora, fomenta la actitud humilde…el investigador, antes que investigador es hombre…por eso la investigación debe curar de esa actitud de suficiencia, torre de marfil, en que se encastilla la petulancia dominadora…" Desgraciadamente en muchos casos no es así, y los científicos se ensoberbecen, por volver su espalda a Dios. Benedicto XVI, en un discurso al visitar la Pontificia Universidad Gregoriana de Roma el 3 de noviembre pasado, afirmó: "Sin su referencia a Dios, el hombre no puede responder a los interrogantes fundamentales que agitan y agitarán siempre su corazón con respecto al fin y, por tanto, al sentido de su existencia. En consecuencia, tampoco es posible comunicar a la sociedad los valores éticos indispensables para garantizar una convivencia digna del hombre. El destino del hombre sin su referencia a Dios no puede menos de ser la desolación de la angustia que lleva a la desesperación. Sólo refiriéndose al Dios-Amor, que se reveló en Jesucristo, el hombre puede encontrar el sentido de su existencia y vivir en la esperanza, a pesar de experimentar los males que afligen su existencia personal y la sociedad en la que vive".

En "Producción crítica", Albareda vuelve a citar textualmente a Cajal: "Para justificar deserciones y desmayos, alegan algunos falta de capacidad para la ciencia. 'Yo tengo gusto para los trabajos de laboratorio –nos dicen-, pero no sirvo para inventar nada'....muchos toman por incapacidad la mera lentitud del concebir y del aprender..." Más adelante, en este mismo apartado, cita el Evangelio, aplicándolo a aquellos que siempre ven problemas para investigar, y no arrancan nunca: "Al escuchar estos juicios se recuerdan aquellas palabras del evangelio de san Mateo: 'Mas, a quién compararé yo esta raza de hombres? Es semejante a los muchachos sentados en la plaza, que dando voces a sus compañeros les dicen: Os hemos entonado cantares alegres y no habéis bailado; cantares lúgubres y no habéis llorado. Porque vino Juan, que casi no come, ni bebe, y dice: Está poseído del demonio. Ha venido el Hijo del Hombre, que come y bebe, y dicen: He aquí un glotón y un bebedor, amigo de publicanos y gentes de mala vida. Pero queda la divina sabiduría justificada por sus obras..." En este pasaje de su obra, utilizando un tono profético, Albareda hace uso de la Escritura para comprender el comportamiento humano de los científicos.

En el apartado "Medios y personas" vuelve a citar a un Cajal, en este caso al hermano del Premio Nobel, Pedro Ramón y Cajal, que pronunció un discurso en la inauguración del Museo Ramón y Cajal, cuya gestión correspondió a Albareda, siendo ello una prueba más del respeto y admiración que le profesaba. El mencionado Pedro Ramón y Cajal comentó: "¿Qué hubiera dicho mi hermano si hubiese conocido estos tiempos en que se premia toda iniciativa científica con un premio que hubieran considerado como mitológico nuestros antepasados?"

Más adelante, expresa nuevamente la importancia del mundo interior de la persona que investiga -vida interior de la que tanto hablaría y escribiría un auténtico maestro de la misma, san Josemaría Escrivá- en relación con la actividad científica, en el apartado "Objetividad y vida interior", en el que asocia a este mundo la objetividad científica: "La investigación es cultivo de lo interior…La investigación es lo interior de lo intelectual…La investigación es penetrante y realizadora, es interior, es vital. El mundo necesita de lo interior, en el sujeto y en el medio, en hombre y en edificaciones, casas adecuadas, calor de hogar, edificios estuche de funciones, espíritus que piensan, estudio que no desemboque en vano escaparate, vida que sea vida, porque hoy la vida tanto se ha agostado en exterioridad que para designarla hay que decir vida interior…muchas veces, estallidos de monumentalidad quieren ocultar debilidades interiores… efectismo con que se pinta la anemia, espectacularidad, todo eso, que es deficiencia de lo interior, falta de vida, es enemigo de la investigación; la investigación es la vida interior de la ciencia".

En el apartado "Funciones de la Universidad", al inicio del capítulo II, "Investigación y docencia", comenta que la universidad forma hombres y afirma que "por muchos otros caminos llega al universitario su formación humana, su formación trascendental: La palabra de Dios no está encadenada. Bien está la formación religiosa en la universidad, pero cuidando de que un entusiasmo religioso no lleve a una religión estática". Ahondando sobre este particular de la formación, el Papa Benedicto XVI decía en el Monasterio del Escorial a los jóvenes profesores universitarios en la Jornada Mundial de la Juventud de 2011, el pasado 19 de agosto: "He ahí vuestra importante y vital misión. Sois vosotros quienes tenéis el honor y la responsabilidad de transmitir ese ideal universitario: un ideal que habéis recibido de vuestros mayores, muchos de ellos humildes seguidores del Evangelio y que en cuanto tales se han convertido en gigantes del espíritu. Debemos sentirnos sus continuadores en una historia bien distinta de la suya, pero en la que las cuestiones esenciales del ser humano siguen reclamando nuestra atención e impulsándonos hacia adelante. Con ellos nos sentimos unidos a esa cadena de hombres y mujeres que se han entregado a proponer y acreditar la fe ante la inteligencia de los hombres. Y el modo de hacerlo no solo es enseñarlo, sino vivirlo, encarnarlo, como también el Logos se encarnó para poner su morada entre nosotros. En este sentido, los jóvenes necesitan auténticos maestros; personas abiertas a la verdad total en las diferentes ramas del saber, sabiendo escuchar y viviendo en su propio interior ese diálogo interdisciplinar; personas convencidas, sobre todo, de la capacidad humana de avanzar en el camino hacia la verdad".

Tal vez no esté de más recordar aquí que las primeras universidades fueron creadas por la Iglesia Católica. Las escuelas monásticas y episcopales, que nacen durante los siglos X al XII y sitúan a veces sus sedes en las catedrales, son el germen de las universidades que comienzan a fundar los papas más tarde. El *Studium generale* (Estudio general), que acogía a alumnos de cualquier comarca y nacionalidad, va poco a poco siendo denominado Universidad. La primera de ellas fue la de Bolonia (1158). Después vendrían París (1200), Oxford (1254) y un largo etcétera. En España, sería la de Palencia (1208) la primera en ver la luz. La seguirían las de Salamanca (1219), Lérida (1300), Valladolid (1346), etc. Esta tradición católica de fundar universidades, que comenzó a asumir en Francia el estado, en pleno absolutismo napoleónico, se fue extendiendo por Europa y América, y por todo el mundo poco a poco. En España, la Iglesia Católica fundó en 1886, a través de los jesuitas, la Universidad de Deusto (Bilbao), siendo ésta la primera universidad católica española de la era contemporánea, y en 1892, a través de los agustinos, la Universidad de María Cristina, precisamente en El Escorial. Ya en el siglo XX, y también regentada por los jesuitas, vería la luz la Universidad Pontificia de Comillas (Salamanca, 1904), que se trasladaría a Madrid en 1968 y absorbería en 1978 al Instituto Católico de Artes e Industrias (ICAI), también fundado por los jesuitas en 1908, habiendo sido por ello el primer centro difusor e investigador español dedicado a las aplicaciones de la ciencia, y el Instituto Católico de Administración y Dirección de Empresas

(ICADE, 1978). En 1960 el Opus Dei, fundó la Universidad de Navarra. Al hilo de todo esto, Benedicto XVI continuaba diciendo a los jóvenes profesores universitarios en la JMJ 2011 el 19 de agosto: "la Universidad ha sido, y está llamada a ser siempre, la casa donde se busca la verdad propia de la persona humana. Por ello, no es casualidad que fuera la Iglesia quien promoviera la institución universitaria, pues la fe cristiana nos habla de Cristo como el Logos por quien todo fue hecho (cf. Jn 1,3), y del ser humano creado a imagen y semejanza de Dios. Esta buena noticia descubre una racionalidad en todo lo creado y contempla al hombre como una criatura que participa y puede llegar a reconocer esa racionalidad. La Universidad encarna, pues, un ideal que no debe desvirtuarse ni por ideologías cerradas al diálogo racional, ni por servilismos a una lógica utilitarista de simple mercado, que ve al hombre como mero consumidor".

Refiere Albareda, un poco más adelante, tras hablar de los "Límites de la investigación", algo tan católico como lo siguiente: "La limitación es carácter esencial de lo humano…La investigación se nutre de esta fuerza estudiosa personal que es vida interior…"

Algo realmente imprescindible hoy en día, y que Benedicto XVI recordó en el encuentro con jóvenes profesores universitarios en El Escorial, en su visita del pasado mes de agosto, es que el profesor universitario antes de científico, en el sentido de priorizar la investigación, es profesor. Albareda hace un comentario muy relacionado con este tema: "Hay que enseñar para formar profesionales excelentes…la investigación universitaria ha de ser un rebasamiento, nunca una desviación…" Benedicto XVI dijo el pasado 19 de agosto en el Monasterio del Escorial… la verdad misma siempre va a estar más allá de nuestro alcance. Podemos buscarla y acercarnos a ella, pero no podemos poseerla del todo: más bien, es ella la que nos posee a nosotros y la que nos motiva. En el ejercicio intelectual y docente, la humildad es asimismo una virtud indispensable, que protege de la vanidad que cierra el acceso a la verdad. No debemos atraer a los estudiantes a nosotros mismos, sino encaminarlos hacia esa verdad que todos buscamos. A esto os ayudará el Señor, que os propone ser sencillos y eficaces como la sal, o como la lámpara, que da luz sin hacer ruido (cf. Mt 5,13-15).

Particularmente interesante en la obra de Albareda resulta el apartado "La Universidad y la Investigación", en el que, después de resaltar cómo el CSIC permitió la apertura de centros de investigación, y de mencionar la Ley de 1943 mediante la cual se pasaba a poder doctorarse en lugares que no fueran la Universidad de Madrid, algo que había sido imposible durante toda la II República, introduce el apartado "Desarrollo de la investigación fuera de la Universidad". En este apartado, tras dejar claro que "la investigación tiene exigencias a las que no se puede llegar contando sólo con el cuadro docente", repasa la situación de los centros de investigación no universitarios en los países más avanzados del momento como Alemania, Francia, Inglaterra, Estados Unidos, Rusia, constituyendo este apartado un documento de enorme interés para los interesados en la historia de la ciencia europea.

Más adelante, en el capítulo III "Valor formativo de la Investigación", comienza haciendo hincapié en la "Amplitud de lo formativo", y afirma algo que manifiesta de nuevo sus creencias: "todo lo que existe tiene una razón de ser y es apto para ejercitar el raciocinio". A continuación, insiste en la misma dirección mediante una cita: "hablando de Dios, la cosa más pequeña ya se le parece; la mayor no se le aproxima todavía. Su nombre está escrito sobre cada brizna de hierba y sobre cada esfera celeste". Continúa añadiendo de su cosecha propia, sobre el modo en el que él se acercaba a la realidad y el sentido de la misma, algo que a todos puede ayudarnos, y que tiene un fuerte contenido católico: "Todas las cosas responden a un plan: la creación realiza un pensamiento divino. Por eso la consideración de las cosas posee energía formadora. La contemplación del cielo estrellado inspiró a fray Luis de León una de las más bellas páginas que jamás se haya escrito sobre la paz. Contemplar la naturaleza tiene valor formativo -¿no lo tiene una obra de arte?- y penetra en el conocimiento de la naturaleza aumenta y dilata ese valor".

Poco más adelante se pregunta "¿Qué es lo formativo?" y, tras comentar cómo todas las disciplinas del saber pueden contribuir a la formación humana, a dar forma al ser humano, a hacerlo imagen de Dios, termina aseverando algo acerca de lo que en su opinión puede dar sentido a todo el saber: "Y todo eso, separado o junto, me da – del mundo y de mi vivir- una imagen sin médula y sin finalidad...Después de todo eso no se acaba de entender para qué sirve el triste o el leproso. Toda ciencia humana, todo tipo de humanismo, aisladamente, nos deja fríos, opacos, indiferentes...La vida sólo tiene sentido y valor, luz y vibración, cuando en lo humano incide un rayo de lo divino".

Resulta de sumo interés la reflexión que hace en el apartado "La actividad investigadora y la formación" al advertir cómo, siendo la investigación científica algo tan sumamente contrario al enciclopedismo, es decir, algo tan sumamente especializado, y tras abundar en la limitación del saber humano, comenta: "Asombra el desparpajo con que gentes, incluso de formación científica, manejan la inexactitud y la tergiversación en materias, desde luego, que no tienen nada que ver con la investigación; son infiltraciones del apasionamiento que llegan a corroer la sensatez y a invadir la chabacanería. La investigación es un cultivo de verdades y el hombre alcanza las verdades con trabajosa dificultad". Más adelante, en "Valor humano de la investigación", comenta de nuevo que "el carácter limitado de la Ciencia y del conocimiento trae el fracaso de todas las utopías de grandeza totalitaria y de perfección integral basadas en la sola actividad intelectual", en clara alusión a los totalitarismos ateos causantes de la 2ª Guerra Mundial, afirmación del tipo de las que sólo hacen o suelen hacer científicos católicos, o al menos humildes.

Benedicto XVI, en el discurso que dirigió el lunes, 28 de enero de 2008, a los participantes en el congreso interacadémico sobre el tema "La identidad cambiante del individuo", organizado, entre otras instituciones, por la Academia de las Ciencias de París y por la Academia Pontificia de las Ciencias, afirmó: "En el momento en el que las ciencias exactas, naturales y humanas han alcanzado prodigiosos avances en el conocimiento del ser humano y de su universo, la tentación consiste en querer circunscribir totalmente la identidad del ser humano y de encerrarle en el saber que podemos tener. Para evitar este peligro, es necesario dejar espacio a la investigación antropológica, a la filosofía y a la teología, que permiten mostrar y mantener el misterio propio del hombre, pues una ciencia no puede decir quién es el hombre, de dónde viene o adónde va. La ciencia del hombre se convierte, por tanto, en la más necesaria de todas las ciencias... El hombre constituye algo que va más allá de lo que se puede ver o de lo que se puede percibir por la experiencia. Descuidar la cuestión sobre el ser humano lleva inevitablemente a negar la búsqueda de la verdad objetiva sobre el ser en su integridad y, de este modo, a la incapacidad para reconocer el fundamento sobre el que se apoya la dignidad del hombre, de todo hombre, desde su fase embrionaria hasta su muerte natural".

En el mismo apartado, un poco más adelante, cita Albareda a Schrödinger, premio Nobel de física en 1933, quien en su libro "What is life?" escribió: "Las piececillas del organismo animal en nada se parecen a los toscos artificios con que el hombre construye sus máquinas: están hechas por Dios nuestro Señor de acuerdo con su mecánica ondulatoria".

También recuerda Albareda una convicción profunda que constituye un principio esencial para todo investigador: "Trabajo serio, continuo y entusiasta forman como las condiciones personales del investigador; pero además de nuestro yo, hemos de pensar en nuestra relación con el mundo y con lo que está sobre el mundo: el hombre, los demás hombres y Dios". Un poco más adelante abunda en lo mismo con una cita de Otero Navascués - científico católico del CSIC que introdujo a España en el mundo de la energía nuclear-, que decía en un discurso: "He tratado de afirmar la naturaleza psicofísica del fenómeno luminoso...sin esta interdependencia de la luz y el alma...como dijo Goethe...es preciso que Dios aliente en nosotros. El investigador quizá fabrica en su mente la construcción mental previamente; hace lo que se llama hipótesis de trabajo. Pero cuando llega el control de la experimentación, del laboratorio, ha de ver lo que hay, no lo que quiere que haya; ha de poseer una diafanidad de juicio, una objetividad, que llegue a ser pasión de la verdad. Y esta pasión de la verdad es un reconocimiento al Creador, porque es la certeza de que lo más bello, lo más hondo y excelso, lo que más puede atraer la mente y deleitar el entendimiento no es en definitiva lo que cada uno quiere encontrar, sino lo que realmente hay, la verdad, porque esa es la obra divina. No hay belleza como la verdad...".

Para explicar lo que supone perder de vista la interioridad, pero sobre todo la interioridad religiosa del científico, al final del capítulo, pone el siguiente ejemplo: "Hay muchos católicos, turistas y eruditos que, al recorrer el recinto de la catedral, se detienen ante este capitel o aquel retablo, o llevan su vista desde la policromía de las vidrieras hasta la suave luz del ábside, analizan una figura y observan aquella bóveda mientras pasan y traspasan las naves... Y no han visto dónde está el sagrario. Antípodas del santo de Asís: Dios mío y todas mis cosas. Investigar no puede ser perderse en las ramas".

Ya hemos comentado que Albareda perdió a su padre y a su hermano, discapacitado intelectual, que fueron vilmente asesinados y que hoy están en causa de beatificación. Por ello, sorprende lo contenido y respetuoso del siguiente párrafo al comienzo del capítulo IV, al referirse a los causantes de dichas muertes en "La investigación y las profesiones": "Hemos presenciado la absurda anti-España marxista; república de los trabajadores en la que todo sobraba: sobraban el clero y los militares, y el cincuenta por ciento de los funcionarios, abogados y médicos, y eran conflictos los sobrantes eventuales de la producción agrícola. Es muy fácil comprender alardear de talento cuando antes se recorta el objeto a la medida de la mente propia". Un análisis de un hecho dolorosísimo de su vida, en el que no deja traslucir odio o revanchismo.

Posteriormente, en el apartado de "La investigación como profesión", menciona bien a las claras algo que ocurre históricamente en el CSIC como novedad absoluta en el siglo XX, en relación con la profesión investigadora: "Ciertamente en el CSIC existen colaboradores e investigadores científicos que en número creciente señalan una profesionalización del trabajo investigador". Precisamente, en los apartados siguientes "Adecuación de la profesión", "Investigación y agricultura", "Eficiencia" y "Difusión", valora la profesionalización de la ciencia en países del entorno, y la dedicación de al menos parte de esta profesionalización a la agricultura y problemas agronómicos, dando nuevamente cuenta de su profundo conocimiento de todo lo científico, y de su habilidad para detectar necesidades nacionales que la investigación científica podía venir a paliar en la época.

En el capítulo V, dedicado a "La investigación científica como profesión", en el apartado "La investigación y la sociedad" señala el sentido profundo de la investigación: "La investigación ha de servir; lo que no sirve a nada no sirve para nada...La investigación ha de dirigirse hacia el servicio austero y cordial de la verdad, del país, de todos los hombres". Presenta así la actividad científica básicamente como un servicio a la sociedad, porque lo es a la verdad. A continuación, en el apartado "La ciencia como profesión: vocación, organización, retribución", dice: "La investigación brota inicialmente como avidez espiritual...La impulsa un natural deseo de conocer". Así señala, como ya hemos comentado anteriormente en varias ocasiones, la raíz espiritual de la actividad científica. Siguiendo en el análisis, y dando nuevamente muestra de su amplitud intelectual, lejos de la estrechez en la que se le ha querido encasillar, comenta refiriéndose a unas palabras de Castillejo, secretario de la Junta para la Ampliación de Estudios (JAE): "La llamada investigación pura, la investigación sin objetivos prácticos inmediatos, creció en las universidades, pero desbordando sus cuadros, constituyó instituciones exclusivamente investigadoras...Castillejo expresó esta bifurcación de situaciones al pensar en núcleos de investigación científica y de formación personal emancipados de la reglamentación académica..." Cierta historiografía enfrenta Albareda a Castillejo: citas como la anterior muestran que éste era admirado por aquel, entre otras cosas porque fue secretario de la JAE, mientras que Albareda recibió su formación científica en el extranjero precisamente gracias a becas concedidas por la JAE, si bien esta situación de promover las aplicaciones de la ciencia, fue, finalmente, algo que se hizo realidad en el CSIC y no en la JAE.

Albareda hace un maravilloso estudio del estado mundial de la investigación en el apartado "El desarrollo mundial de la investigación", donde habla sobre la misma en Alemania, Inglaterra, Francia, e incluso sobre la investigación soviética, en la que se puede apreciar la relación socialismo-ciencia en su más pura esencia, para terminar en España, haciendo un repaso exhaustivo de la legislación y su evolución en los finales del XIX y principios del XX, tras hacer sucinta historia de personalidades científicas españolas anteriores, muchas de las cuales dieron nombre a estructuras científicas españolas de la época. Acaba mencionando la vocación industrial de la actividad del CSIC, lo que muestra el objetivo de incidir en la economía, algo que todavía hoy conserva dicha institución.

Sin duda, es el capítulo VI el que mayor número de expresiones explícitas contiene en torno a la catolicidad de Albareda, en sus dos vertientes: comunión con la Palabra y con el Magisterio. Al abordar en el primer epígrafe la "Situación de la ciencia en el mundo moderno", comenta cosas como: "Lo que persiguen las ciencias no es, fundamentalmente, otra cosa que la búsqueda de verdad. En último análisis, todas las actividades del hombre están subordinadas a lo que suceda en su espíritu porque ¿qué aprovecha el hombre si gana el mundo y pierde su alma?". Benedicto XVI decía algo similar en su discurso a los jóvenes profesores universitarios, en el Monasterio del Escorial, el 19 de agosto de 2011, en plena JMJ 2011: "Por tanto, os animo encarecidamente a no perder nunca dicha sensibilidad e ilusión por la verdad; a no olvidar que la enseñanza no es una escueta comunicación de contenidos, sino una formación de jóvenes a quienes habéis de comprender y querer, en quienes debéis suscitar esa sed de verdad que poseen en lo profundo y ese afán de superación. Sed para ellos estímulo y fortaleza".

También en la misma línea, recuerda Albareda a renglón seguido cómo Ibáñez Martín, primer presidente del CSIC, enunciaba en el discurso inaugural de dicho organismo que la ciencia se entendía como aspiración a Dios, de ahí precisamente, comenta más adelante, la construcción del templo del Espíritu Santo. Abundando en la relación entre la ciencia y la investigación científica y en la importancia relativa de lo científico frente a lo humano, contrariamente a lo que hoy se piensa en la sociedad, en la que vivimos un auténtico absolutismo de lo científico que cada vez más se aleja de la *fides*, perdiendo así interioridad y por ello objetividad, comenta: "La investigación es la vida de la ciencia. Pero en el mundo hay otras cosas y otros valores que no son la ciencia: por encima de la vida de la ciencia está la ciencia de la vida. Por encima de la diversidad profesional y de la diversidad investigadora está la unidad de lo humano, el investigador, antes que investigador, es hombre. La ciencia de la vida tiene sus problemas hondos. Quizá tengan superficial solución temporal en días de euforia y de brisas halagüeñas; pero hay que pensar con universalidad y con permanencia. Ninguna investigación ha podido extirpar de la tierra la universalidad del dolor; ninguna fórmula científica puede explicarnos la finalidad del dolor. No sale de los libros algo que nos explique para qué sirve el desgraciado, el enfermo incurable. Y en vano podrán llegar a reducirse esta o aquella lepra o desgracia material; la realidad es que la cantidad de sufrimiento que lleva consigo la humanidad no disminuye con la civilización…"

A este respecto, dijo Benedicto XVI en su encíclica *Deus Caritas est* sobre el amor cristiano (5 de diciembre de 2005), hablando de "Las múltiples estructuras de servicio caritativo en el contexto social actual": "Antes de intentar definir el perfil específico de la actividad eclesial al servicio del hombre, quisiera considerar ahora la situación general del compromiso por la justicia y el amor en el mundo actual. a) Los medios de comunicación de masas han como empequeñecido hoy nuestro planeta, acercando rápidamente a hombres y culturas muy diferentes. Si bien este "estar juntos" suscita a veces incomprensiones y tensiones, el hecho de que ahora se conozcan de manera mucho más inmediata las necesidades de los hombres es también una llamada sobre todo a compartir situaciones y dificultades. Vemos cada día lo mucho que se sufre en el mundo a causa de tantas formas de miseria material o espiritual, no obstante los grandes progresos en el campo de la ciencia y de la técnica. Así pues, el momento actual requiere una nueva disponibilidad para socorrer al prójimo necesitado. El Concilio Vaticano II lo ha subrayado con palabras muy claras: "Al ser más rápidos los medios de comunicación, se ha acortado en cierto modo la distancia entre los hombres y todos los habitantes del mundo […]. La acción caritativa puede y debe abarcar hoy a todos los hombres y todas sus necesidades".

Continúa Albareda comentando en el capítulo VI de su obra: "La investigación tiene importancia; pero hay otras muchas cosas en qué pensar y en que actuar. El mundo necesita algo más que saber: necesita alegría, alegría honda, capaz de superar todas las crisis y todas las angustias, superior a la enfermedad y a la muerte, efluvio de alegría jugosa que es don divino traído a los hombres de buena voluntad en la noche de Belén. La investigación es anhelo de un más allá, insatisfacción de lo conocido y de lo dominado, deseo de caminar buscando verdades. Y las verdades son caminos para la Verdad. Como a los Magos de oriente, la luz lleva a la Luz". Hablando precisamente de los Magos, decía Benedicto XVI el 6 de enero, en la solemnidad de la Epifanía del Señor, en la basílica de San Pedro del Vaticano: "Así pues, ¿quiénes son los "Magos" de hoy, y en qué punto está su "viaje" y nuestro "viaje"? Volvamos, queridos hermanos y hermanas, a aquel momento de especial gracia que fue la conclusión del concilio Vaticano II, el 8 de diciembre de 1965, cuando los padres conciliares dirigieron a toda la humanidad algunos "Mensajes". El primero estaba dirigido "a los gobernantes"; el segundo, "a los hombres del pensamiento y de la ciencia". Son dos categorías de personas que, en cierto modo, podemos ver representadas en los personajes evangélicos de los Magos… "Hemos visto su estrella en oriente y venimos a adorarlo" (Aleluya, cf. Mt 2, 2). Lo que nos maravilla siempre, al escuchar estas palabras de los Magos, es que se postraron en adoración ante un simple niño en brazos de su madre, no en el marco de un palacio real, sino en la pobreza de una cabaña en Belén (cf. Mt 2, 11). ¿Cómo fue posible? ¿Qué convenció a los Magos de que aquel niño era "el rey de los judíos" y el rey de los pueblos? Ciertamente los persuadió la señal de la estrella, que habían visto "al salir", y que se había parado precisamente encima de donde estaba el Niño (cf. Mt 2, 9). Pero tampoco habría bastado la estrella, si los Magos no hubieran sido personas íntimamente abiertas a la verdad. A diferencia del rey Herodes, obsesionado por sus deseos de poder y riqueza, los Magos se pusieron en camino hacia la meta de su búsqueda, y cuando la encontraron, aunque eran hombres cultos, se comportaron como los pastores de Belén: reconocieron la señal y adoraron al Niño, ofreciéndole los dones preciosos y simbólicos que habían llevado consigo".

Albareda termina el apartado mencionado anteriormente describiendo algo que continúa vigente: cómo el cientificismo creciente ha terminado por ridiculizar todo lo religioso, no obstante lo cual "...la humanidad no se siente feliz; no sólo eso, se siente defraudada...a la ilustración ha seguido el oscurecimiento...¿dónde está la organización del bien que haga de cada hombre una buena persona? Y no hablemos de situaciones morales más altas: el heroísmo, la santidad, pasaron también a ser conceptos que la ciencia discutía y definía, pero no producía. Sólo había un mal: el oscurantismo. Y un bien: la ilustración".

El Cardenal Rouco, en su obra "España y la Iglesia Católica", sitúa el origen del actual laicismo precisamente en la Ilustración. En el apartado "El laicismo: el retorno intelectual y cultural de una vieja categoría política. Reflexión crítica a partir de la doctrina social de la Iglesia", define al laicismo primeramente como "una forma de total separación de la Iglesia y el Estado, algo distinto a lo que ha llegado realmente a ser y que define a continuación como ...el apoyo intelectual último que recibe este laicismo político y jurídico radical de corrientes de pensamiento que tienen una proveniencia común: el mundo ideológico de la Ilustración; coincidentes en una tesis básica, compartida por todos: la negación teórica y/o práctica de la existencia de Dios o de su no relevancia para la existencia del mundo y la ordenación social de la vida humana; o expresado con otras palabras, la tesis de la no trascendencia de los fundamentos de orden político y, consiguientemente, de su carácter *completamente inmanente*". Ya Juan Pablo II, en la Audiencia general del 14 de enero de 2005, en el contexto de la Visita *ad limina* de obispos españoles a la Santa Sede, decía: "En el ámbito social se va difundiendo también una mentalidad inspirada en el laicismo, ideología que lleva gradualmente, de forma más o menos consciente, a la restricción de la libertad religiosa hasta promover un desprecio o ignorancia hacia lo religioso, relegando la fe a la esfera de lo privado y oponiéndose a su expresión pública. Esto no forma parte de la tradición española más noble, pues la impronta que la fe católica ha dejado en la vida y la cultura de los españoles es muy profunda para que se ceda a la tentación de silenciarla".

El siguiente apartado de la obra de Albareda, "Orden físico: desorden moral", continúa el análisis en la misma línea: "Se ha erguido un mundo intelectual y se ha desquiciado el mundo moral".

Tal situación llega claramente hasta nuestros días. Más adelante, como científico católico sin prejuicios hacia el magisterio de la Iglesia, se hace eco de unas palabras del papa Pío XII, cuyos escritos releía y citaba con frecuencia, en las que el papa advertía del peligro de la extralimitación de la ciencia, palabras que tienen una enorme actualidad: "Pío XII ha expuesto el contraste con lucidez lacónica y efusión paternal: Vuestra ciencia ¿no es un brillante reflejo de la ciencia divina escondida, que habla y resuena desde el seno de las cosas? Y, sin embargo, en manos de los hombres, la ciencia puede cambiarse en hierro de dos filos...Vosotros contempláis tal orden universal, lo medís, lo estudiáis, y veis que no puede ser fruto de ciega y absoluta necesidad, y tampoco del azar o de la fortuna; el azar es un parto de la fantasía; la fortuna es un sueño de la humana ignorancia".

También se hace eco de citas variadas de Goethe, en las que comenta aquello que al hombre le hace presentir su semejanza con Dios, o mencionando cómo lo imperceptible de Dios se hace perceptible a través de la Creación, al tiempo que vuelve a presentar que es en el interior del hombre donde nacen la confusión y el error, que sólo en sus obras encuentra su expresión (Por sus frutos los conoceréis, marca la relación entre los planes, los pensamientos y las obras, lo interior y lo exterior): "las estructuras que descubrimos en la naturaleza son la obra de Dios, en la que refulge juntamente su omnipotencia y su omnisciencia, y en estos intentos de las estructuras sociales entra esta voluntad humana, que arrastrada por la pasión embravece las naciones y hace que los pueblos maquinen vanos proyectos (Sal 2,1)".

En definitiva, con éstas y otras alusiones, va haciendo profesión de su fe un científico de su categoría, probablemente el más importante gestor de la ciencia del siglo XX español. En el siguiente apartado de este capítulo, "La crisis del cientificismo", comienza diciendo: "La quiebra íntima y anárquica a que nos llevó todo el moderno proceso, corrosivo del orden cristiano..." Sitúa, pues, ahí precisamente, como sigue haciéndolo el Magisterio de la Iglesia en Juan Pablo II y en Benedicto XVI, el verdadero origen de muchas de las actuales tendencias cientificistas: la pérdida de Dios y de la vida que de Él proviene, por el pecado. Ya en época de Albareda se llegaba a creer *a pies juntillas* que el porvenir y el bienestar de la humanidad provendrían exclusivamente de la ciencia, aunque lamentablemente comenta el autor en su obra que al progreso científico no ha correspondido un progreso moral. Así, por ejemplo, para las guerras que surgían periódicamente, los propios científicos desarrollaban armas biológicas. Junto al progreso científico, la tragedia y el dolor humanos.

En el siguiente apartado, "El papel de la inteligencia", Albareda continúa afirmando que la clase que ya entonces se denominaba intelectual había sido impotente frente a la guerra, porque la sociedad había dejado a merced de las pasiones la mayor parte de sus decisiones importantes, habiendo ya entonces y con claridad renunciado a cuestiones de finalidad, a la filosofía, a la religión. Todo ello, en el fondo, debido a la soberbia por los logros alcanzados. Citando de nuevo a Pío XII, escribía: "Vuestra cultura, por alta que sea, no os hace por sí misma mejores que vuestros hermanos que veis en oficios más modestos".

Albareda comenta más adelante: "La ciencia ha sido llevada por rutas de desorientación y también convertida, a veces, en parapeto de sectarismo". En esta línea de querer explicar la pérdida de objetividad de la ciencia, su sometimiento al mundo ideológico, su soberbia implicación en el odio destructivo de las guerras mundiales contemporáneas a la escritura del libro y, finalmente, su relación con el daño que el hombre sufre en lo más íntimo de su corazón, continúa Albareda argumentando: "La misma ciencia, al ser cultivo de la verdad, se ha ido encargando de romper los mitos edificados a su costa y a aquella cultura general, vaga, amorfa, difusa, que erigió los ateneos y formó los profesores engreídos y los rotundos oradores retóricos, siguió, en nuestro siglo, la concienzuda y dispersa especialización que trabaja con denuedo y esfuerzo y empuje y medios e inteligencias incomparables, y, con todo, no llega a descifrar la intimidad de un átomo o de un cromosoma. Fracasó el enciclopedismo aparatoso y le siguió un especialísimo humillador y modesto. Pero este especialismo disperso necesitaba convergencias, objetivos trascendentales, móviles altos. Necesitaba substancia religiosa. Si no, la inteligencia, perdido el norte de su finalidad más alta, cambia el estudio que lleva a Dios por el que lleva a endiosarse; cambia la técnica que puede derramarse en vías de caridad entre los hombres, por la que hace de los hombres máquinas que un día chocan y se aniquilan. Soberbia y odio". Sólo unos años más tarde, el Concilio Vaticano II en su constitución pastoral *Gaudium et Spes* señalaría: "Es cierto que el progreso actual de las ciencias y de la técnica, las cuales, debido a su método, no pueden penetrar hasta las íntimas esencias de las cosas, puede favorecer cierto fenomenismo y agnosticismo cuando el método de investigación usado por estas disciplinas se considera sin razón como la regla suprema para hallar toda la verdad. Es más, hay el peligro de que el hombre, confiado con exceso en los inventos actuales, crea que se basta a sí mismo y deje de buscar ya cosas más altas. Son, a este respecto, de deplorar ciertas actitudes que, por no comprender bien el sentido de la legítima autonomía de la ciencia, se han dado algunas veces entre los propios cristianos; actitudes que, seguidas de agrias polémicas, indujeron a muchos a establecer una oposición entre la ciencia y la fe" (GS 56). También en la misma línea, Benedicto XVI les dijo a los jóvenes profesores universitarios en el Monasterio del Escorial, el pasado 19 de agosto, en la JMJ 2011: "Sabemos que cuando la sola utilidad y el pragmatismo inmediato se erigen como criterio principal, las pérdidas pueden ser dramáticas: desde los abusos de una ciencia sin límites, más allá de ella misma, hasta el totalitarismo político que se aviva fácilmente cuando se elimina toda referencia superior al mero cálculo de poder. En cambio, la genuina idea de Universidad es precisamente lo que nos preserva de esa visión reduccionista y sesgada de lo humano".

El último apartado del libro se titula "La ciencia, el poder, la caridad". El proceso al que Albareda ya asiste como testigo presencial, y que hoy se encuentra en un momento ulterior y totalmente desbordado –el de la separación de Dios y la ciencia, de la *fides* y la *ratio*- , tiene para Albareda un origen claro, que marca la distancia enorme que se aprecia, por ejemplo, en cuanto la defensa de la vida se refiere, incluso entre científicos que, por ser humanos, no están exentos de error: "*La ciencia se ha desconectado de la finalidad esencial. Dios es caridad, y en* él la órbita geocéntrica, el bien es el valor decisivo, la caridad...no pasa jamás...es la más excelente de las virtudes culminantes (1 Cor 13, 8.13). Los científicos se han desentendido de sus deberes para con Dios y para con los hombres; han llegado a constituir la seudociencia atea y, despreocupados del bienestar colectivo, aislados en torres de marfil, han hecho no pocas veces del trabajo investigador un medio de cultivo de la soberbia y el egoísmo. Han querido desconectar la ciencia, dejarla al margen de las necesidades y de los dolores de los pueblos. Como dice el cardenal Mercier considerando la Creación, atribuimos su primer origen al poder del Padre, el orden a la Sabiduría del verbo, y las bellezas a la Bondad del Espíritu Santo. Poder, Sabiduría, Amor. Poder que engendra Sabiduría; Poder y Sabiduría, de los que brota el Amor. Se desgarró la cristiandad unida con un solo Pastor (CISMA DE OCCIDENTE) y ya hemos visto el proceso de rebeldía. Libre examen para la religión divina y ciega aceptación para la política humana. Era preciso poder interpretar libremente la Biblia, la divina Revelación, para acabar aceptando con fanatismos mitos de la voluntad o del fatalismo, libros de combate, armas de lucha política. Y así esa posición hegemónica de una ciencia independiente está siendo batida. El curso de las ideas y de las realizaciones culturales, al apartarse de Dios, sufre un replegamiento egoísta y suicida. En cuanto al pensamiento se dirige hacia antropocentrismo, se entroniza la diosa razón. El saber ha creído que podía desentenderse de ser tributario del bien: ha querido levantar su Babel, desligarse de toda dependencia y de todo reconocimiento divinos y de todo deber de caridad, y, de una parte, la humanidad entera sufre la tragedia esa crisis moral, pero, además, de otra parte, un saber que no ha querido servir, una altivez que no ha querido doblegarse ante Dios ni acercarse, amorosa, al prójimo ve derrumbarse su pretendida independencia. El hombre, desde la altura de la posición científica, desdeñó todo lo que fue su ordenación de la voluntad hacia el bien".

Benedicto XVI dirigió, el lunes 28 enero 2008, un discurso a los participantes en el congreso interacadémico sobre el tema "La identidad cambiante del individuo", organizado, entre otras instituciones, por la Academia de las Ciencias de París y por la Academia Pontificia de las Ciencias. En este congreso, en consonancia con el citado párrafo anterior de Albareda, decía el Papa que "todo progreso científico debe ser también un progreso de amor, llamado a ponerse al servicio del hombre y de la humanidad y de ofrecer su contribución a la edificación de la identidad de las personas. En efecto, como subrayaba en la encíclica *Deus caritas est*, "El amor engloba la existencia entera y en todas sus dimensiones, incluido también el tiempo... El amor es "éxtasis", pero no en el sentido de arrebato momentáneo, sino como camino permanente, como un salir del yo cerrado en sí mismo hacia su liberación en la entrega de sí y, precisamente de este modo, hacia el reencuentro consigo mismo" (n. 6)".

Albareda, citando a san Agustín, afirma que si la ciencia no se subordina a la Sabiduría Divina, acaba en la avaricia intelectual, algo que puede comprobarse en el panorama científico actual, y termina por introducir al científico, como a muchos les ocurre, en un camino equivocado, y por ello, cuanto más corren, más se apartan del verdadero fin. La ciencia en la que Albareda está pensando es la de la destrucción, que en definitiva dimana del corazón humano herido por haber negado a Dios. Es también la ciencia del poder desmedido, dañino, que lleva a los Estados a buscar hegemonías y primeros puestos en el ranking internacional.

Analizando una desviación del conocimiento científico en su época, que también podemos encontrar en la nuestra, comentaba Albareda: "La fe en lo sobrenatural era insoportable: la razón lo era todo; la Ciencia había de ser absolutamente libre...Y es la investigación capital problema político del continente nuevo y poderoso, convencido de que si con la Ciencia ganó la guerra, con la Ciencia ha de ganar la paz y las guerras futuras...se quiso erigir un trono a una verdad que, con alarde de independencia, cortados todos los vínculos, había desprestigiado a la caridad". Si actuales parecen las anteriores palabras, no digamos las siguientes, tomadas nuevamente de un discurso del papa Pío XII: "Pero esta ciencia, apóstata de la vida espiritual, que se hacía la ilusión de haber adquirido plena libertad y autonomía porque había renegado de Dios, se ve hoy castigada con la más humillante esclavitud, al haberse convertido en esclava y casi en automática ejecutora de criterios y órdenes para los cuales no tienen valor alguno los derechos de la verdad y de la persona humana".

Albareda mismo afirmaba también: "La inteligencia se ha erguido frente al amor, pero luego ha sido sojuzgada por el poder. En un primer período, la inteligencia se ha erguido como supremo valor independiente, ha despreciado el amor, ha negado el bien, ha excluido de sus horizontes aquel ideal de virtudes evangélicas que Pasteur proclamó en la academia de Ciencias de París. Pero en una segunda etapa, la inteligencia cae bajo la servidumbre del poder. El poder, la fuerza, ha uncido a su marcha a la Ciencia con desprecio de todo lo que significa misericordia. En la nueva apreciación de valores la debilidad es el defecto, y la fuerza, la perfección. El poder como tal, en sí mismo, sin idea de servicio, sin verterse y difundirse hacia la verdad y el bien, se constituye en término supremo al que ha de ser tributaria la ciencia. Una inquietud creciente corroe las entrañas del poder para asegurar la fidelidad de la inteligencia, instrumento de supremacía". La alusión que hace a Pasteur, un químico francés padre de la microbiología, es correcta aunque pueda parecer sorprendente: se trata de otro de tantos científicos cuyo catolicismo generalmente se ignora. Después de su célebre descubrimiento de los microbios y el enunciado de la teoría infecciosa de las enfermedades, que tantísimas vidas acabaría salvando desde entonces hasta la actualidad, pasó a formar parte de la prestigiosísima Academia de Ciencias de Francia, y en su discurso de toma de posesión de la condición de académico dijo cosas tales como: "En cuanto a mí, que juzgo que las palabras progreso e invención son sinónimos, me pregunto en nombre de qué descubrimiento nuevo, filosófico o científico, se pueden arrancar al alma humana estas altas preocupaciones [refiriéndose a la existencia de Dios, mencionada líneas atrás en dicho discurso]... Me parecen ser de esencia eterna, porque el misterio que envuelve el universo y del cual éstas emanan es él mismo eterno de naturaleza. Se cuenta que el ilustre físico inglés Faraday, en las lecciones que daba en la Institución real de Londres, nunca pronunciaba el nombre de Dios, aunque sea profundamente religioso. Un día, excepcionalmente, soltó este nombre y se manifestó de repente un movimiento de aprobación simpático. Faraday, percibiéndolo, interrumpió su lección con esas palabras: "acabo de sorprenderos al pronunciar aquí el nombre de Dios. Si nunca me sucedió antes, es que soy un representante de la ciencia experimental en estas lecciones. Pero la noción y el respeto de Dios llegan a mi mente por vías tan seguras como las que nos conducen a verdades de orden físico... El positivismo no peca sólo en un error de método. En la trama de sus propios razonamientos, en apariencia muy rigurosos aparece una considerable laguna... consiste en que, en esta concepción positivista del mundo, no toma en cuenta la más importante de las nociones positivistas, la del infinito... La grandeza de las acciones humanas se mide con la inspiración que les da a luz. Dichoso el que lleva en sí a un Dios, un ideal de belleza y que le obedece: ideal del Arte, ideal de la ciencia, ideal de la patria, ideal de las virtudes del Evangelio. Son aquí fuentes vivas de grandes pensamientos y de grandes acciones. Todas se aclaran con los reflejos de lo infinito". En la bóveda de su panteón están escritas algunas de estas últimas palabras. Su sobrina nieta Maurice Vallery Radot, escribió sobre las creencias de su tío-abuelo y recogió algunas cosas escritas por él, tales como: "Mi filosofía sale del corazón y no de la inteligencia; por eso digamos me rindo ante el sentimiento de Eternidad que brota espontáneamente a la cabecera de un hijo querido a punto de exhalar su último suspiro. En esos momentos supremos, en lo profundo de nuestra alma, presentimos que el mundo debe ser algo más que una mera combinación de sucesos debida a un equilibrio mecánico, surgido simplemente del caos de los elementos por una acción gradual de las fuerzas de la materia". Comentan que murió con un rosario en las manos.

Ya en 1951, cuando Albareda publica su libro, éste científico farmacéutico y químico aragonés exponía desde su catolicismo diagnósticos de la realidad tan claros como los siguientes: "El conocimiento es fuente de amor. Hay un conocer en el que consiste la Vida (Juan 17, 3)... La verdad es mucho más alta y optimista de lo que quieren enseñarnos los pobres sistemas antropocéntricos: la verdad, fundamento de nuestra indestructible esperanza, es que por encima de todo está la omnipotencia del bien infinito. Y sólo hay un poder sobre todo poder, el de quien es Verdad y Amor. Y nuestra pequeñez se engrandece y agiganta cuando nuestra inteligencia, lejos de encastillarse en la soberbia, negadora de la caridad, para caer en la servidumbre del poder, se rinde a ese amor que escapa de otorgarle verdadero poder sobrehumano". En consonancia con esto, Juan Pablo II decía a los participantes del Jubileo del Mundo Científico el 25 de mayo de 2000: "un gran reto que tenemos (...) es el de saber realizar el paso, tan necesario como urgente, del fenómeno al fundamento. No es posible detenerse en la sola experiencia; (...) es necesario que la reflexión especulativa llegue hasta su naturaleza espiritual y el fundamento en que se apoya" (*Fides et ratio*, 83). La investigación científica también se basa en la capacidad de la mente humana de descubrir lo que es universal. Esta apertura al conocimiento introduce en el sentido último y fundamental de la persona humana en el mundo" (cf. ib., 81). Abundando en el mismo sentido, Benedicto XVI decía a los jóvenes profesores universitarios en el Monasterio del Escorial, el pasado 19 de agosto, en la JMJ 2011 que "el camino hacia la verdad completa compromete también al ser humano por entero: es un camino de la inteligencia y del amor, de la razón y de la fe. No podemos avanzar en el conocimiento de algo si no nos mueve el amor; ni tampoco amar algo en lo que no vemos racionalidad: pues "no existe la inteligencia y después el amor: existe el amor rico en inteligencia y la inteligencia llena de amor" (*Caritas in veritate*, n. 30). Si verdad y bien están unidos, también lo están conocimiento y amor. De esta unidad deriva la coherencia de vida y pensamiento, la ejemplaridad que se exige a todo buen educador".

Albareda manifestó en muchas ocasiones sus convicciones religiosas en ámbitos científicos, además de en su obra ahora reeditada. A modo de colofón, por curioso y sorprendentemente actual, y por su conexión con el Magisterio de la Iglesia, concretamente con la *Humanae vitae*, incluimos el contenido del discurso que pronunció con motivo de la solemne sesión inaugural del curso 1957-58, el 12 de diciembre de 1957, en la Real Academia de Farmacia, titulado "Aumento de población y aumento de producción agrícola". En él quedaba bastante claro, como no podía ser de otra manera, que la solución al problema del hambre no pasaba por las prácticas de la anticoncepción o el aborto. Como científico católico y de acuerdo con el Magisterio de la Iglesia, la defensa de la vida humana –algo que a nivel social ya entonces comenzaba a cuestionarse seriamente en Occidente– presidió toda su alocución. En el discurso, comentaba las cifras sobre la población mundial y las diversas teorías demográficas, con datos que en la época resultaban muy polémicos entre los científicos, para señalar cuál sería una posible solución al problema de la falta de alimentos. En la comunidad científica, había quienes, como el Dr. Salter, afirmaban en 1949 que "todas las esperanzas sobre la liberación del hambre han de quedar enterradas bajo la lava del crecimiento de la población". Otros, sin embargo, como el propio Albareda, mantenían que las previsiones de Malthus y sus catástrofes no se habían cumplido porque el aumento de población había ido parejo a una mejora de la nutrición y a un desarrollo científico de la aplicación de la Biología y la Bioquímica a la agricultura, los métodos de producción con el uso de fertilizantes, la mejora de plantas, los avances en fitopatología y el incremento de regadíos, que ponían de manifiesto que la producción de alimentos no se iba a ver comprometida sino más bien al contrario. En este sentido, Albareda comentaba en el discurso citado el tema de la distribución de los alimentos: "El núcleo del problema no está sólo en la producción, sino en el equilibrio entre regiones de exceso y defectos de producción, en que los países ricos con su superabundancia puedan vender a los países pobres que padecen deficiencias...hay que evitar las consecuencias de una estructura de distribución imperfecta...Hay en el mundo un enorme problema de 'distribución de la población y de la producción'. Hace falta que no sólo individuos sino también las comunidades nacionales, superen el egoísmo y practiquen la justicia y colaboración cristianas".

El Cardenal Rouco, hablando de la relación que la Iglesia Católica y España han tenido a lo largo de los siglos en su libro "España y la Iglesia Católica", afirma que "de ese Evangelio debe renacer la conciencia de la responsabilidad de la Iglesia respecto al mundo del pensamiento, de la ciencia, del arte y de la cultura en general. Y lo que no dejará de hacer es rezar por España, para que conserve viva la herencia de la fe y el patrimonio de la cultura florecida en el tronco de la tradición cristiana".

Dr. Alfonso V. Carrascosa, científico del CSIC

Alfonso V. Carrascosa es doctor en Ciencias Biológicas por la Universidad Complutense de Madrid y científico del CSIC. Ha colaborado con importantes instituciones relacionadas con la seguridad alimentaria tales como ENAC o AENOR, así como con otras entidades dedicadas a la gestión de la investigación industrial como CDTI. Coautor de varias patentes transferidas a empresas y de un buen número de artículos científicos en prestigiosas revistas internacionales, recibió, junto a sus compañeros, la Medalla de Oro al Mérito de la Investigación Enológica 2007 y el Premio de la Real Academia Gallega de Ciencias 2009. Miembro de la Sociedad Española de Microbiología, en la que es coordinador del grupo "Historia de la Microbiología", realiza actividades de investigación y cultura científica (prensa, radio, televisión...) sobre la relación de la Iglesia Católica con la Ciencia.

BIBLIOGRAFIA:

Albareda, J.M. (1951). *Consideraciones sobre la investigación científica*. CSIC, Madrid,

Anónimo (1968). *Enciclopedia de la Cultura Española*. Editora Nacional, Madrid, tomo 5, página 738 [Suplemento]

Castillo Genzor, A. y Tomeo Lacrue, (1971). *Albareda fue así*. CSIC, Madrid.

de Felipe, M. R. (2003). *Homenaje a D. José María Albareda: en el centenario de su nacimiento*. Ed. Consejo Superior de Investigaciones Científicas, CSIC, Madrid

Gutiérrez Ríos, E. (1970). *José María Albareda una época de la cultura española*, Ed. Magisterio Español, Colección Novelas y Cuentos, Madrid

Losada-Villasante, M. (2011). *Albareda Herrera, José M^a*. En "Diccionario Biográfico". Ed. Real Academia de la Historia, Madrid. (En prensa).

Mosso Romeo, Mª A. (2000). *Un siglo de microbiología en la universidad española*. Dpto. Microbiología II, U.C.M., Madrid.

Ochoa, S. (1975). *Arbor* XCII, p. 356.

Pérez López, Pablo (2010). *José María Albareda. La ciencia al servicio de Dios. Nuestro tiempo* nº 52-57.

www.csic.es

www.filosofia.org

www.enciclonet.com

www.enciclopedia-aragonesa.com/voz.asp?voz_id=460

http://www.analesranf.com/index.php/especial/issue/view/317

http://www.rac.es/0/0_1.php

http://www.ccma.csic.es/

JOSÉ MARÍA ALBAREDA, UN GRAN HOMBRE APASIONADO POR LA NATURALEZA, LA INVESTIGACIÓN Y LA VIDA[1]

Fue don José María Albareda un hombre de ciencia de relieve universal que con excepcional capacidad y total dedicación consagró generosamente su intensa y fecunda vida a la búsqueda de la verdad y a la práctica del bien tanto en la enseñanza como en la investigación; primero como catedrático de instituto y de universidad y como investigador, y después como organizador de la docencia y de la investigación. Fue asimismo Albareda doctor en Farmacia y Ciencias Químicas, becario en Alemania, Suiza e Inglaterra, y secretario general del Consejo Superior de Investigaciones Científicas y rector de la Universidad de Navarra desde la fundación de estas instituciones en 1939 y 1960, respectivamente. Al final de su vida, después de un incansable peregrinar por las diversas regiones de la piel de toro hispana, por sus afortunadas y paradisiacas islas y por muchos países de la Tierra y en solidaridad con los hombres de todas las razas, se entregó por entero a los demás y a su obra y se ordenó sacerdote; se había dado cuenta de que la limitada ciencia humana, una vez desligada de sus ataduras terrenas y despojada de sus ansias de poder y gloria, podía mirar con confianza al cielo y ascender a las más altas cimas para inflamarse de amor y hacerse divina. En todas sus realizaciones fue don José María un creativo idealista, como don Quijote, y un consumado realista, como Sancho; un convencido y comprometido hombre de paz y un profundo y clarividente pensador para quien las consideraciones de causalidad y finalidad habrían de resultar decisivas en el planteamiento, ejecución y desenlace de su vida.

En 1923, sólo un año después de terminar la licenciatura de Farmacia en Madrid, publicó José María Albareda en Zaragoza un notable libro con el sugestivo título de Biología Política, en el que su legítimo cariño a Aragón, como hijo de la compromisoria

---

[1] Publicado por primera vez en: *Homenaje a D. José María Albareda en el Centenario de su nacimiento* (De Felipe, R., ed.) CSIC. pp. 37-54, 2002.

ciudad de Caspe, se desbordaba en ferviente defensa del regionalismo, poniéndose también de manifiesto el empuje y la capacidad organizativa del joven autor, que fraguarían a partir de los años cuarenta en el Consejo. Personalmente creo que, aunque no apareciera explícitamente la idea en el texto, su privilegiado cerebro, perfectamente estructurado, partía de la base de que los organismos vivos superiores, y especialmente el hombre, funcionan con la máxima eficacia porque sus miembros están maravillosamente organizados y gobernados. España, una Europa en pequeño, no es un artificio, sino una admirable, compleja y amplia realidad natural, un cambiante calidoscopio, un hermoso mosaico de comunidades dispares pero firmemente unidas por muy fuertes lazos culturales y por una fascinante historia, que todos deberíamos esforzarnos en conocer mejor y en no escarnecer. Ciertamente es mucho lo que nos une y muy poco lo que nos separa. La unidad y diversidad europea y española son pues virtudes sustanciales y no accidentales cada vez más obvias, y tanto el centralismo opresor como los regionalismos exacerbados, displicentes y excluyentes son levadura de separatismos nefastos y funestos. Ni amarras que inmovilicen ni ballenas que encorseten ni reinos de taifas que debiliten y disuelvan. Para que España, con Hispanoamérica detrás, sea un organismo sano, ágil y fuerte, de pujante vida activa, no infectado ni debilitado por la injusticia, la insolidaridad y el desgobierno ni aherrojado por la burocracia, necesita autonomía municipal, provincial, regional y nacional, pero sin que ninguna perjudique a otra, sino que todas se beneficien, autorregulen y potencien. Sólo hay progreso verdadero cuando se equilibran las fuerzas centrípeta y centrífuga y el ideal coincide con el bien. El acusado regionalismo y españolismo de Albareda pueden considerarse hoy día paradigmáticos ¡jamás hubiera don José María roto la unidad de España ni dañado o empobrecido a uno a costa del otro! y reflejan también con claridad su concepto ecuánime del tanto monta, monta tanto.

Tras la muerte de mi padre, que tanto me afectó y polarizó mi vida hacia el estudio, comencé mi carrera universitaria en 1946 como estudiante de Ciencias Químicas y del preparatorio de Farmacia en Sevilla y también como aprendiz de boticario en

Carmona. Siguiendo la tradición de los grandes farmacéuticos europeos fundadores de la Química —que se formaban o autoformaban en las oficinas de Farmacia, donde realizaban sus famosos descubrimientos— yo tuve la suerte de poder montar, aprovechando una serie de circunstancias curiosísimas y casi providenciales, un magnífico laboratorio químico-biológico bien dotado de aparatos y microscopio en la "casa de la esquina" aneja a la botica de mi tío Luis. Esta esbelta y graciosa casa-torre estaba y está asentada en un ángulo de la Plaza de Arriba, o de San Fernando, de la bellísima y monumental ciudad tarteso-cartago-romana de Carmona, brillante lucero de Andalucía a cuyas faldas se extiende como un mar inmenso la feracísima vega de tierras negras que tanto recreaba la mirada serena y limpia de don José María, hombre de horizontes abiertos y profundos. En este laboratorio, que colmaba mis sueños de alquimista y las fundadas esperanzas que mi padre había puesto en mí, pude, además de dedicarme a los análisis clínicos, hacer experimentos y prácticas de Biología y de Química Inorgánica y Orgánica y repetir una y otra vez la marcha analítica de aniones y cationes. Esta valiosa experiencia me ayudaría de forma impagable más tarde en el estudio de la asimilación fotosintética de los bioelementos primordiales por las algas y plantas superiores y en el análisis de los oligoelementos integrantes de los enzimas que catalizan estos procesos. Don José María, que, sin que yo lo supiera, fue a visitar la botica de mi tío en uno de sus innumerables viajes a Andalucía, disfrutaba mucho contando a sus amigos las andanzas y aventuras arqueológicas mías y de mis hermanos en pos de Julio César y de don Pedro el Cruel, que he relatado en otro lugar.

Al año siguiente me trasladé a la Universidad de Madrid para continuar mis estudios en su Facultad de Farmacia. Mi ida a la capital de España habría de ser decisiva para el rumbo de mi carrera científica, pues fue precisamente entonces cuando tuve la suerte de conocer y contar entre mis profesores a Albareda, a quien creo impresionó mucho desde el primer momento cotejar en el fichero personal de su cátedra mi expediente académico repleto de matrículas de honor y constatar mi iniciativa juvenil y experiencia autodidacta en un laboratorio farmacéutico rural.

A don José María le gustaba repetir que había que elevar la razón matemática saber hacer/saber decir, y coincidente con este lema yo había iniciado mi carrera.

Era don José María entusiasta, desinteresado y decidido buscador y promotor de investigadores científicos. El entresacó de nuestro curso a seis pipiolos — Avelino Pérez Geijo, Julio Rodríguez-Villanueva, Eugenio Laborda, Gonzalo Giménez, Manolo Ruiz-Amíl y yo mismo—, a quienes de inmediato y sin esperar a que se graduasen inició en la investigación en los laboratorios de su cátedra y del Instituto de Edafología y Biología Vegetal que él mismo dirigía en el Consejo. Avelino y yo pasamos escalonadamente por las diferentes secciones del Instituto y dedicamos muchas tardes en el laboratorio de Humus de Narcisa y Claver a medir pHs, hacer kjeldahls, determinar la razón C/N de los suelos, etc. Gonzalo y yo pasamos también muchas horas mirando por lo que Cajal llamaba "la ventana del ocular" en la vecina sección de Citogenética de María Dolores, y trabajamos durante un periodo en la estación de Aula Dei con Enrique Sánchez-Monge, Tjio y Cruz Rodríguez. Don José María fundó el "Club Edafos" con sus primeros alumnos, a los que envió más tarde al terminar la carrera para completar su formación a las universidades y centros de investigación de más prestigio de los países científicamente más adelantados de Europa y América. A este atractivo y privilegiado club de excelencia se incorporaría en cursos siguientes un plantel de distinguidos estudiantes de Farmacia (Isabel García Acha, Claudio Fernández Heredia, Paco Velasco, David Vázquez, José Luis Cánovas, Emilio Muñoz, Jorge Fernández López-Sáez y un largo etcétera), que también saldrían al extranjero e invadirían más tarde los centros de la Universidad y del Consejo esparcidos por España.

Al comenzar nuestros estudios de Facultad había un matiz que distinguía fundamentalmente a Albareda en su quehacer universitario y que ejercía irresistible atractivo y causaba enorme impacto en nuestro mundo estudiantil: su fervor por la investigación y su fe ilimitada, casi de apóstol, en la ciencia y en el potencial científico de España, especialmente en el de sus generaciones jóvenes. Albareda dedicó efectivamente con gran cariño sus mayores esfuerzos y sus mejores páginas a la juventud investigadora, a los jóvenes que comienzan a trabajar en la investigación, pero no sólo por afecto, sino por realismo. Su libro Consideraciones sobre la Investigación Científica impresiona por su formidable contenido y construcción y por estar escrito con lenguaje preciso y contundente y elegante estilo; a pesar de haber transcurrido medio siglo desde su publicación, sigue teniendo enorme actualidad y debería ser leído sin excepción por todos los investigadores españoles que hacen de la investigación su profesión, pues uno de los grandes logros de Albareda fue sin duda haber conseguido la profesionalización de la investigación.

Don José María era enemigo de la rutina, la vulgaridad y la ostentación, y sus explicaciones eran, como él, sobrias, desaliñadas y algo torpes en la forma, pero conceptualmente muy ricas y densas, muy excitantes y formativas, llenas de admiración y respeto por las maravillas de la naturaleza y por los grandes investigadores y los grandes descubrimientos de la ciencia: la teoría de la gravitación, la teoría cinético-molecular, la teoría electromagnética, la teoría de los cuanta... Para poner al alcance de todos sus alumnos esta revolucionaria teoría que había dado nacimiento a la era atómica solía decir, como analogía, que no se da cuerda a un reloj de manera continua, sino discontinua, a través de una rueda dentada, piñón a piñón; era su estilo, sencillo y pedagógico. Efectivamente, hablaba sin pedantería ni estridencias, con voz sosegada y melodiosa, con precisión y encanto, y sus lecciones adquirían especial relieve y vibraban con alta frecuencia cuando se adentraba en la descripción de los minerales, sus estructuras cristalinas, el análisis de las propiedades fisicoquímicas del suelo, la problemática de su origen y evolución, su función como soporte y sustento de la vida vegetal, temas que habían sido objeto de sus propias investigaciones en el extranjero y que habría de promover y desarrollar después ampliamente en España, publicando sobre ellos varios libros relevantes, como El suelo. Albareda fue en nuestra nación pionero y fundador de las Ciencias del Suelo y de la Biología Vegetal, bases de conocimientos científicos fundamentales y de la Agricultura moderna.

Si bien Albareda cumplió a lo largo de toda su vida con competencia y el máximo escrúpulo sus deberes académicos para con todos, no era hombre de masas, sino de minorías, de minorías selectas a las que dedicaba todo su afán. No atraía grandes auditorios, con los que jamás hubiera podido entrar en resonancia y, aunque abierto a todos, su atención se polarizaba hacia la juventud industriosa, capaz e idealista, a la que ganaba día a día, estimulándola a superarse, infundiéndole ansias de saber, abriéndole horizontes nuevos. En las clases de don José María había orden y armonía, familiaridad y diálogo. Con frecuencia interrumpía su charla para provocar con naturalidad la reacción espontánea y abierta de los alumnos y establecer con ellos mejor contacto.

Poseía Albareda un elevado sentido estético, una sensibilidad exquisita para el arte y para la belleza, grandiosidad y magnificencia de la naturaleza: El Coto de Doñana, El Guadarrama, Los Alpes, El Pirineo ¡sí hay Pirineos!, repetía con énfasis para ensalzar el esplendor y poderío de esta formidable cordillera, en contraste con los interesados en presentarla como barrera infranqueable que nos ha mantenido aislados de Europa durante siglos. Pocos maestros he conocido como él que disfrutaran tanto y tan noblemente trasmitiendo sus conocimientos y experiencias al mundo juvenil que él atraía y que a él se acercaba y al que sin regateos dedicaba todo su tiempo disponible, incluidos muchos fines de semana y días de vacación. Organizaba a menudo, con fines recreativos, culturales y científicos, en compañía de los alumnos que más se interesaban por las Ciencias Naturales, de colaboradores de su instituto y de algún profesor extranjero visitante, excursiones al campo y la montaña, a pantanos, ciudades, ermitas y aldeas. En estas salidas nunca faltaban los mapas, el martillo, la azada y los saquitos de lona para la toma de muestras de suelos. Era entonces —en el autobús, caminando por los roquedales o por la orilla de un lago, o durante la comida en una venta o al aire libre a la sombra de un pino o de una encina— cuando don José María tomaba contacto y se compenetraba mejor con sus discípulos, cuando ejercía más marcada y directamente su hábil y profundo magisterio, cuando forjaba planes a corto, medio y largo plazo.

Para mí, como para tantos otros jóvenes, el encuentro con don José María —en su triple faceta de catedrático, secretario general del Consejo y director de uno de sus institutos— habría de resultar determinante. Albareda creía, como San Ambrosio —el padre de la Iglesia y arzobispo de Milán que convirtió a San Agustín—, que "la naturaleza es la mayor maestra de la verdad". Con singular habilidad y pulso firme supo orientarnos y dirigirnos en su búsqueda por los apartados y arduos caminos de la investigación, aprovechando cuantas circunstancias se presentaban por inverosímiles que parecieran. Su preclara inteligencia, su prestigio científico, su fe de pionero, su insobornable honradez, su delicadeza extrema y su bondad de padre conquistarían desde el primer momento nuestra simpatía, admiración y afecto. Agrupados a su alrededor, le ayudamos a cultivar el árbol de la ciencia que él mismo estaba plantando y cuya sana y rica savia pronto daría abundante ramaje y sabroso y nutritivo fruto por toda la geografía española. A mí, particularmente, me tocó en suerte cultivar la parcela de la Biología Vegetal. Todavía no sé por qué extraño influjo suyo elaboré como tema para el cursillo de doctorado que él impartía "El ciclo de los bioelementos primordiales en la naturaleza", que sería el eje alrededor del cual giraría mi carrera investigadora.

Mi suerte estaba ya echada y había tenido como prólogo un viaje largo y feliz a Italia conducido por el propio don José María con el que se empezó a perfilar mi futuro. A propuesta del Club Edafos, nuestra promoción eligió entre sus profesores a Albareda para el viaje de fin de carrera que tuvo lugar en el verano de 1952. Creo que fue una de las mayores alegrías que tuvo en su vida, y qué decir de nosotros, sus alumnos, que en su mayoría salíamos por primera vez al extranjero en un autobús para nosotros solos en compañía del mejor y más entrañable guía, que se dedicaría en cuerpo y alma durante semanas a cultivarnos y abrirnos las puertas del mundo y del porvenir: Historia, Arte, Humanidades, Letras y Ciencias a raudales, multitud de anécdotas, cada cual más sabrosa y divertida, por las más hermosas, pequeñas y grandes ciudades de Italia, entre ellas la Milán ambrosiana y del "bel canto" y la Roma de los césares y papas, donde, después de darle un plantón involuntario, nos recibió amablemente Pío XII, con quien nos hicimos una foto que todos conservamos, y también visitas a algunas estaciones agrícolas del rico valle del Po, pues don José María, aunque con la mirada puesta en el cielo, tenía los pies muy en el suelo. A mi vuelta y desde que ingresé como becario en el Instituto de Edafología en 1953 hasta mi boda en 1963, residí, salvo los seis años que estuve en el extranjero, en la famosa Residencia de Estudiantes del Consejo, otra de las muchas vivencias que tanto y en tantos aspectos me enriquecerían y que también debo a don José María. No puedo olvidar la impresión que nos causaba a los jóvenes investigadores al regresar ocasionalmente a la Residencia a altas horas de la noche ver encendidas las luces en su despacho de la sede central del Consejo, donde él entregaba febrilmente al trabajo sus horas de descanso.

El profesor Albareda me envió en 1954 como becario predoctoral del Consejo al Instituto Botánico de la Universidad de Münster en Westfalia, Alemania, hermosa y monumental ciudad muy ligada a nuestra historia, para que trabajase directamente con su director, el profesor Strugger, y adquiriese una sólida base en la morfología y fisiología de la célula vegetal, con especial referencia a cloroplastos y mitocondrias. ¡Cómo preveía Albareda acontecimientos venideros y cómo me encauzaba desde el principio para que dominase los fundamentos estructurales y funcionales del proceso más fascinante de la naturaleza: la fotosíntesis! Don José María, que ya me había distinguido con su visita con algunos miembros jóvenes del Club Edafos en mi etapa de alférez de milicias universitarias en Ávila ¡cómo le atraían Santa Teresa y San Juan de la Cruz!, volvió a hacerlo durante mi estancia en Münster. En uno de estos encuentros tan llenos de cariño paternal, en que me dedicaba gran parte de su tiempo, le vi caer desmayado por el esfuerzo y la tensión ¡así era su entrega! después de pronunciar en alemán en el Aula Magna del Instituto, abarrotada de profesores y estudiantes, una conferencia ilustrada con bellísimos dibujos e imágenes sobre la influencia del entorno geológico en los materiales de construcción de edificios y viviendas del variadísimo solar hispano, tan lleno de contrastes. También recorrí con él, en compañía de Gonzalo y Manolo y bajo una lluvia implacable, algunos de los más representativos y frondosos bosques de hayas y coníferas de la gran nación germana y ciudades de rancio abolengo universitario como Gotinga, deteniéndonos con especial unción ante las estatuas de profesores de la talla de Planck y Nernst.

Mi segunda salida al extranjero, de nuevo con beca del Consejo, fue tan formativa y beneficiosa como la primera; de nuevo a Europa, pero esta vez más al norte, al Laboratorio Carlsberg de la pequeña y grande Dinamarca, para formarme en Genética-Bioquímica de levaduras. Es increíble la visión profética de Albareda para introducirme en un campo cuya trascendencia pocos vislumbraban entonces. Para mí eran apasionantes las jornadas pasadas ante el microscopio en silencio absoluto rompiendo ascas como si fueran cacahuetes con un micromanipulador e hibridando las ascosporas para seguir después de la fusión de las células haploides la segregación de los híbridos resultantes. La levadura, la célula eucariótica más mimada por los biólogos celulares y moleculares, ha sido desde entonces para mí objeto preferente de estudio. Yo escribía con frecuencia a Albareda dándole cuenta de mi vida y de mis impresiones e investigaciones, y él me contestaba siempre con gran percepción y satisfacción y a veces con patente emoción. Así fue cuando le conté la impresión que me producía todos los días contemplar al entrar en el Instituto Carlsberg los cuadros de dos de sus primeros directores, los famosos Sörensen y Kjeldahl, que tanto me recordaban mis inicios en su instituto de Madrid. ¡Quién me iba a decir entonces que mis investigaciones de más impacto en el futuro iban a versar sobre pH y nitrógeno! Los resultados de mis trabajos en el Carlsberg versaron sobre genes de glicosidasas y fueron presentados por su entonces director, profesor Winge, en una sesión de la Real Academia de Ciencias danesa presidida por el sabio atómico Niels Bohr, frente al cual tuve el honor de estar sentado como huésped invitado durante la cena que siguió a la sesión científica. Albareda no lo podía creer y mostró un gozo indecible al tener noticia del evento. Por cierto, mi trabajo con Winge en Dinamarca constituyó la base de mi tesis doctoral, apadrinada por don José María ¡siempre don José María! y leída en la Universidad Complutense en 1956. Incorporado de nuevo al

Instituto de Edafología y Biología vegetal, realicé en colaboración con Gonzalo el estudio citológico de la cebolla albarrana y con Alberto Sols y Manuel Rosell un estudio exploratorio de glicosidasas y enzimas fosforilantes de azúcares de diversas especies de levadura.

Albareda conocía bien la trascendencia de la fotosíntesis como proceso único sobre la Tierra de conversión de la energía de la luz solar en energía química (materia viva, alimentos, fibras, caucho, gas, petróleo, carbón y también oxígeno) por las algas y plantas verdes y que la Universidad de California era entonces el centro más importante del mundo en el que varios grupos pioneros estaban estudiando sus bases físicas, químicas y biológicas. A Berkeley me envió pues, ya como colaborador científico del Consejo, a comienzos de 1958 con una beca de la Junta de Energía Nuclear a trabajar con el profesor Arnon. Fue indudablemente la culminación de mi etapa científica y la que permitiría la fundación del Instituto de Bioquímica Vegetal y Fotosíntesis, que hoy ocupa un primer puesto en el concierto mundial. Con motivo de la celebración de las bodas de plata de la creación de este Instituto, el profesor Arnon, cuyos trabajos han trascendido con relevancia a los libros especializados y de texto, vino a Sevilla en 1992 para pronunciar una conferencia y ser investido doctor honoris causa. Las palabras que pronunció con tal motivo y que ahora reproduzco fueron un cálido homenaje a don José María y a su labor como científico y como gestor de la política científica de España: "My first visit to Spain was in 1956 on the invitation of the late Professor José María Albareda on behalf of the Consejo Superior de Investigaciones Científicas. Among other activities, this visit stands out in my memory because he introduced me to Manuel Losada, who Professor Albareda hoped would someday develop in Spain research in photosynthesis and plant biochemistry. Dr. Losada became one of my most valuable research associates in California for over three years, one whose experimental and conceptual contributions profoundly advanced our research effort. I am happy but not surprised that his outstanding talent received full recognition upon his return to Spain where he more than fulfilled the hopes placed in him decades ago by Professor Albareda. Had he lived, he would have been proud to celebrate with us this year the 25th anniversary of the Institute of Plant Biochemistry and Photosynthesis, the tangible expression of the new opportunities in Spain for students and investigators, opened by the work of Professor Losada, his colleagues and students."

Arnon, que ya el segundo año de mi estancia en la Universidad de California me había contratado como investigador científico, me hizo tentadoras ofertas para que me quedara en su Departamento, pero yo soñaba con regresar a España, pues allí había iniciado mi carrera científica de la mano de Albareda y tenía mucho que hacer. Frente al pesimista "aquí no hay nada que hacer" el ilusionado "aquí está todo por hacer". A mi vuelta a finales de 1961 tenía ya decidido —siguiendo el ejemplo de don José María— dedicarme por completo, con fe y esperanza, a la Universidad y al Consejo —nuestros grandes amores—, a la enseñanza y a la investigación, a la formación de la juventud y a la creación de escuela, tratando también —como él igualmente me enseñó— de buscar la verdad a toda costa y de practicar el bien por encima de todo, sin rehuir responsabilidades, esfuerzos ni sacrificios. El enorme poder de captación de don José María y su extraordinaria capacidad de planificación y organización lograron el milagro de que los cinco estudiantes del Club Edafos (Avelino, Julio, Gonzalo, Manolo y yo) que habíamos iniciado juntos nuestra carrera investigadora en su instituto volviéramos de nuevo a reunirnos en uno de los centros más emblemáticos que se estaban creando entonces en el Consejo, el Centro de Investigaciones Biológicas de la madrileña calle de Velázquez.

En el CIB y por impulso inicial de Albareda se había concentrado en las décadas de 1950 y 1960 un grupo heterogéneo de jóvenes y entusiastas biólogos de sólida formación y reconocida capacidad intelectual y de infinidad de orígenes. Con envidiable espíritu y tesón, todos a una se dedicaron al estudio de la vida en sus más diversas facetas, trabajando con virus, microorganismos, plantas, animales y humanos y llegando a alcanzar un nivel comparable al de los mejores centros extranjeros, si bien todavía con las deficiencias propias de la posguerra y con las consabidas trabas y dificultades administrativas y presupuestarias inherentes a un país de pobre tradición científica. Era indiscutible que en el centro de Velázquez se hacía y enseñaba la mejor ciencia, y que en un tiempo record se convirtió en un fecundo vivero del que saldría una pléyade de bioquímicos, biólogos moleculares y celulares, microbiólogos, citólogos, histólogos, fisiólogos, etc, que pronto irradiaría su poderosa influencia por toda nuestra patria. Allí se gestó en gran parte la revolución que ha experimentado la biología moderna en nuestras Universidades y Centros de Investigación.

El primer Instituto de Biología Celular que con este nombre hubo en España y del que tuve el honor de ser nombrado director nació en 1964 en el CIB, a instancias y con el apoyo inestimable de don José María, que desde que se lo propusimos comprendió su significación en la moderna biología. Nuestro instituto tuvo su origen en la fusión de las secciones de Citología, Microbiología y Fisiología Celular y Bioquímica, que, ya investigadores científicos los que éramos sus jefes, habíamos constituido Gonzalo y Jorge, Julio e Isabel y los dos Manolos y que, a pesar de las limitaciones de espacio, pronto crecieron como la espuma. Alma de nuestro instituto y de todo el centro fue Avelino, secretario general y una de las personas más queridas, operativas y diligentes en todos los sentidos. Avelino era de ascendencia asturiano-leonesa y cubana, y es posible que esta mezcla racial hubiera potenciado hasta grados inverosímiles su capacidad y aptitudes para imitar con especial gracia, desparpajo y extrema finura los ademanes y gestos de las personas de su entorno, sobre todo cuando se trataba de personas cercanas, queridas y admiradas, como don José María, que además se prestaba extraordinariamente a la mímica por sus frases cortas y visajes muy peculiares y expresivos en sus ingenuos aspavientos cuando se encontraba a gusto con quienes tenía confianza. Avelino había sido por lo demás durante varios años ayudante de cátedra de Albareda, junto con Emilio Fernández Galiano, también fenomenal imitador. Hoy, los que tuvimos el placer de disfrutar de las pantomimas de estos dos geniales actores, nos reímos a carcajadas con sólo recordar sus ocurrencias.

Pocos episodios reflejan quizás la naturalidad, sencillez y trasparencia del alma de don José María y su enorme gozo con cosas pequeñas como el que tuvo lugar, siendo ya sacerdote, en el "Chalet Suizo" en Madrid, en cuyo distinguido restaurante nos reunió una tarde para compartir una comida a los miembros del Club Edafos con objeto de estrechar nuestras relaciones y acercarnos a él. Habíamos charlado de lo lindo, nada o muy poco de política, mucho, muchísimo del futuro de España, del Consejo, de la Universidad, de las jóvenes generaciones, de ciencia, de su poder casi ilimitado como fuente de conocimiento, riqueza y bienestar entre las naciones si se cuidaba de que no rebasase sus propios límites y respetase la conciencia, de que no se ensoberbeciera y se olvidara del hombre y de la paz; también de infinidad de cosas intrascendentes, de las que llenan cada día la vida de la gente, de sus problemas, de sus sufrimientos, de nuestras familias y amigos, de nosotros mismos, de nuestros recuerdos de estudiantes, de nuestras estancias en el extranjero, y de nuestros trabajos y proyectos de investigación. Al final, cuando estábamos a punto de pedir los postres y el maitre se acercaba para facilitarnos la carta, don José María, vestido de cura de pueblo, con una sotana desgastada y desgarbada y las enormes botas de campo empolvadas y embarradas que usaba en su visita a las estaciones experimentales, se levantó con gran solemnidad y sin mediar palabra empezó a sacar de sus enormes faldriqueras y a repartírnoslas, una a una, con el gesto resplandeciente de felicidad y la sonrisa cándida que le era propia, preciosas y espléndidas manzanas rojas relucientes, como las de Blancanieves. Maitre, camareros y comensales vecinos contemplaban la escena boquiabiertos; como es natural pensaban que, para ahorrarse los postres, el cura se había traído del huerto de la parroquia de su aldea las exquisitas frutas con que obsequiaba a sus paisanos. Eran lógicamente fruto preciado de la investigación realizada en una granja agrícola del Consejo; de ahí el enorme orgullo y la exuberante alegría de don José María al ofrecerlas a sus jóvenes invitados, ponderando sus excelencias como si de un vendedor ambulante se tratara.

Algunas de las mayores emociones de mi vida tuvieron lugar en 1963, cuando don José María Albareda nos dijo a mi mujer, Antonia Friend, y a mí la misa de esponsales en la Iglesia del Espíritu Santo, y diez años más tarde, en 1973, cuando tuve el honor de pronunciar, en sesión solemne presidida por mi también querido y admirado don Manuel Lora-Tamayo, mi discurso de ingreso en la Real Academia de Ciencias —La Fotosíntesis del Nitrógeno Nítrico— para ocupar la vacante que él había dejado. Aunque Albareda murió relativamente joven, a la edad de 64 años, había luchado mucho y estaba avejentado, pero ya había sembrado en suelo fértil, y su semilla iba a producir abundante y rico fruto y no sólo en el campo de la ciencia sino en infinidad de aspectos.

Albareda fue ante todo y para todos un hombre bueno y digno, de trato afable y generosamente abierto a los demás, que empleó su portentoso talento entregándose sin reservas a elevar el nivel cultural, científico y moral de España. Su ecuanimidad y sensatez y su integridad y nobleza le granjearon la admiración y el respeto de cuantos le trataron. Albareda se exigió mucho a sí mismo, pero fue muy comprensivo e indulgente con las debilidades y exaltaciones de los demás que siempre perdonó, a pesar de que, a veces, las sufrió con mucho dolor en su propia carne. Su trato exquisito y su talante moderador salieron siempre triunfantes cuando fue necesario suavizar gestos duros, endulzar caras largas, limar aristas cortantes, amortiguar golpes adversos, resolver conflictos, conciliar posturas extremas. No fue nunca intransigente ni sectario, pero en los momentos difíciles supo aplicar su criterio con fortaleza y rectitud de conciencia, sin desmayos ni rendiciones, aunque su resistencia física se viese en ocasiones mermada por las dificultades y contratiempos. Yo le vi varias veces caer agotado y deshecho en el sofá de su despacho del Consejo, pero sin dar la batalla por perdida y sin que su temple de acero ni su voluntad indomable se doblegasen jamás por la adversidad o cedieran presa del desánimo. Por ello, cuando su corazón no pudo más, cayó fulminado por el rayo de la muerte y entregó confiado su alma a Dios, su más firme apoyo y su más deseado anhelo.

Albareda había soñado —con la ilusión y la fe de un gran patriota y la visión universal de un gran científico y organizador— con que la universidad española pudiera adquirir pronto la potencia y capacidad investigadora que caracterizaba e imprimía su sello a la universidad alemana y anglosajona, pero era consciente de que esta reforma no se podía hacer fácilmente desde dentro y con criterio igualitario. En relación con el papel investigador del profesor universitario,

Albareda escribió : "La Universidad ha puesto como remate de su labor formativa oficial la realización de una investigación estricta, trabajo que exige para otorgar el grado de doctor. Está claro que existe un periodo universitario eminentemente investigador: el doctorado. Las tesis doctorales son la más estricta labor investigadora de sus Universidades."

También era obvio para Albareda que, aunque la Universidad y las Escuelas Técnicas —forjadoras de la mejor juventud y proveedoras del mantenimiento y desarrollo del país— otorgaban los títulos de doctor, las cátedras universitarias investigadoras eran más bien la excepción y se creaban sin dotarlas de personal, laboratorios ni medios para la investigación. Además, tampoco le cabía duda de que la Universidad no podía erigirse con la exclusiva de la investigación, y de que era urgente la necesidad de crear centros de investigación técnica y de ciencia básica y aplicada al margen de la propia Universidad y de las Escuelas Técnicas. Todos estos fines podría cumplirlos un organismo que tuviera como finalidad fomentar, orientar y coordinar la investigación científica nacional. Albareda fue, en nuestra época, el inspirador y ejecutor del Consejo Superior de Investigaciones Científicas, como en la anterior lo habían sido Giner de los Ríos y Castillejo de la Junta para Ampliación de Estudios e Investigaciones Científicas.

En sus últimos días, Albareda repetía incesantemente que la Universidad y los Centros del Consejo debían solaparse e integrarse para potenciar sus esfuerzos y conseguir niveles de excelencia en la investigación y la docencia. A menudo entrelazaba los dedos de sus manos entremetiéndolos hasta el fondo como la mejor indicación de lo que pensaba a este respecto. En cualquier caso, las cosas estaban ya maduras en 1967 para un cambio en el Centro de Investigaciones Biológicas, que había alcanzado un estado de sobresaturación realmente agobiante. La deseable, aunque temida, diáspora empezó de una manera gradual pero implacable a partir de entonces. Julio y los Manolos se trasladaron con una pequeña fracción de sus grupos a las nuevas Facultades de Biología de las Universidades de Salamanca, Sevilla y Santiago, mientras que Gonzalo quedaba en el CIB. Otros grupos —como el de Sols y el de los

Escobar— se trasladarían pronto a la Universidad Autónoma de Madrid. La última emigración decisiva (David, Margarita y Eladio, Antonio, ...) sería en 1975 al recién fundado Centro de Biología Molecular Severo Ochoa, en cuya organización y promoción desempeñó un papel fundamental nuestro compañero de Facultad Federico Mayor. Las plántulas que estos jóvenes científicos trasplantaron desde el invernadero de Velázquez enraizarían rápidamente e iniciarían un poderoso crecimiento exponencial que se propagaría pronto a toda la nación, transmitiendo a las nuevas unidades docente-investigadoras las características originales del centro velazqueño.

Todos estos nuevos centros fueron "centros mixtos" de la Universidad y el Consejo, y todos nacieron con el impulso que el inolvidable farmacéutico-bioquímico Carlos Asensio, amigo entrañable y discípulo predilecto de Alberto Sols, llamó el "espíritu de Velázquez", es decir, una fuerza arrolladora que promocionaba la creación de instituciones donde se investigase al más alto nivel y se transmitiese la mejor docencia a las nuevas generaciones. En esta explosión científica jugó también un papel fundamental el ministro de Educación y Ciencia Lora-Tamayo, para el que fue indiscutible la conveniencia de aproximar al máximo las Escuelas Técnicas entre sí y a la Universidad, no para absorberlas sino para identificarlas en un mismo estilo de docencia y un mismo espíritu científico. Con acierto, Lora-Tamayo consideró también inseparables la docencia y la investigación, por ser ésta la que imprime categoría y da nivel a la institución universitaria. Estimó igualmente tarea de urgencia el fortalecimiento de los Centros del Consejo y de las Universidades de provincias, lo que le llevó a crear un gran número de Instituto, Facultades, Secciones y Escuelas de Ingenieros. El Consejo Superior de Investigaciones Científicas había sido creado para fomentar, orientar y coordinar la investigación científica. Sin embargo, la "coordinación" quedaba fuera de las posibilidades del Ministerio de Educación y Ciencia en que figuraba situado el Consejo. Por ello, a propuesta de Lora-Tamayo, se creó en 1958 la "Comisión Asesora de Investigación Científica y Técnica", de la que fue nombrado presidente. Esta Comisión desempeñó sin duda un papel clave en la promoción y desarrollo de los grupos de investigación de vanguardia y de la investigación en general.

Con visión y perspectiva de políticos-científicos de gran alcance, don José María Albareda y don Manuel Lora-Tamayo —maestros a imitar y a seguir, aunque inimitables e inalcanzables— enseñaron a varias generaciones de jóvenes investigadores y profesores el camino para entrar con entusiasmo y confianza en el tercer milenio. Estas jóvenes generaciones cuentan ya en sus filas, tanto en los centros propios del Consejo como en los centros mixtos Universidad-Consejo, en los de ciencia básica como en los de ciencia aplicada, en los de Artes y Humanidades como en los de Ciencia y Técnica, con una magnífica legión de científicos y están demostrando, para asombro del mundo y orgullo de nuestra patria, que ellas sí saben inventar y enseñar.

Quizás el mejor y más objetivo testimonio que pueda darse de la portentosa labor de Albareda se debe a don Gregorio Marañón, quien, en 1952, al contestar a su discurso de ingreso en la Real Academia de Medicina afirmó abiertamente y sin rodeos: "La obra del Consejo Superior de Investigaciones Científicas es uno de los acontecimientos fundamentales en la vida cultural de nuestro país... Como yo no estoy en el centro de la ortodoxia política a cuyo calor ha surgido la gran estructura del Consejo, creo que tengo autoridad para que mi elogio alcance el doble valor que la sinceridad rigurosa de espectador y colaborador, y no de fundador, añade a la estricta verdad... Y es lo cierto que en nuestro país no han tenido nunca los hombres de ciencia tantas posibilidades de trabajar y de ser ayudados por el Estado en sus afanes como bajo la tutela del Consejo... Y su ejecutor, incansable, atento a todos los detalles, abierto a las sugestiones cualesquiera que fuesen, sobre todo lleno de un entusiasmo callado, discreto, pero sin desmayos, ha sido don José María Albareda... Y aún hay en él otro aspecto que encomiar, y lo hago con especial fervor, porque voy a referirme a una virtud que es para mí la más difícil de lograr en las horas actuales del mundo, una virtud que expresa, sin duda, la más noble condición en quien la siente y la practica. Me refiero a la generosidad sin prejuicios, a la intachable tolerancia, a la cordialidad absoluta con que Albareda ha realizado su misión compleja y espinosa."

Años más tarde, en 1969, don Enrique Gutiérrez Ríos, compañero fiel y conocedor como pocos de la personalidad íntima de Albareda, hizo su semblanza, analizando con magistral pericia y cariño entrañable los aspectos más sobresalientes de su vida y obra, prototipo brillante de toda una época de la cultura española. La polifacética obra cultural de Albareda cristalizó sobre todo en la organización del Consejo, promoción de becarios y fundación perseverante y pujante de innumerables cátedras investigadoras, institutos y estaciones experimentales por toda España.

Don Severo Ochoa, cuya opinión es también especialmente valiosa por su indudable categoría científica y humana y por las circunstancias en que se desenvolvió su vida, dejó escrito para la posteridad en el discurso que pronunció en la sesión de clausura del VI Congreso de Bioquímica, que tuve el honor de organizar en Sevilla en 1975: "Quiero dedicar aquí un sentido recuerdo a la figura del padre José María Albareda, que durante muchos años, más aún que su secretario general, fue el alma y la inspiración del Consejo. Sin Albareda, el Consejo tal vez no hubiera existido y sin él no hubiera llegado la biología, y dentro de la biología la bioquímica española, a alcanzar el grado de desarrollo que tiene en la actualidad. Igualmente quiero recordar el valioso y decidido apoyo prestado al Consejo por don Manuel Lora-Tamayo. El nombre del Consejo está, sin duda, vinculado a muchas personas, pero está ciertamente indisolublemente unido al de estos dos hombres."

Ochoa, Lora y Albareda constituyen, sin duda, un trío de personalidades excepcionales de la ciencia española contemporánea, y ellos fueron indefectiblemente mis modelos y guías en la andadura químico-biológica que ha significado mi carrera docente e investigadora. Los tres fueron becarios de la Junta para Ampliación de Estudios; los tres fueron nombrados miembros de la Academia Pontificia de Ciencias, y los tres han constituido el recio y seguro trípode en que se ha asentado la acreditada ciencia española de nuestro siglo, fulgurante y rotunda como ninguna otra en nuestra historia. Ramón y Cajal, el gran patriota aragonés y el más grande científico que haya producido España, pensaba que al carro de la cultura española le faltaba la rueda de la ciencia. Y Ortega y Gasset, el profundo, sagaz y brillante pensador de la España moderna, proclamaba con pesadumbre que nuestra nación tenía una revolución pendiente: la revolución científica. Hoy podemos constatar con júbilo que al carro de la cultura española se le ha puesto ya la rueda de la ciencia que urgentemente precisaba para echar a andar con paso firme y decidido, y que nuestra historia ha añadido pacíficamente a sus revueltas y revoluciones la prometedora revolución de la ciencia, el más fiable y rentable de los saberes humanos si se rige por la conciencia y es impulsada por el amor.

Dr. Manuel Losada Villasante

[Conferencia cedida por su autor, Manuel Losada Villasante, Doctor en Farmacia y Premio Rey Jaime I de Investigación, Premio de Investigación Científica y Técnica Maimónides 1988 y Premio Príncipe de Asturias de Investigación Científica y Técnica 1995. Fue nombrado Hijo Predilecto de Andalucía en 1993 y recibió la Medalla de la Universidad de Sevilla en 1996, entre otras condecoraciones. Fue discípulo aventajado de Jose Mª Albareda y trabajó con el Premio Nobel español Severo Ochoa].

PREFACIO DEL AUTOR

A los jóvenes investigadores

AMABLES *invitaciones o cumplimiento de obligaciones académicas nos han dado ocasión de tratar, con alguna reiteración, el tema de la investigación científica. La diversidad de los motivos produjo una dispersión en los aspectos considerados y en la materialidad de las publicaciones inconexas. Unos discursos, inscritos en variedad de circunstancias, no debían reunirse sin más. Convenía llevar estos polígonos a un área conjunta, pues su limitación obedecía a su carácter incompleto, no a la perfección del contorno logrado; no estaban conclusos para sentencia; debían dilatarse, difundirse y cristalizar en sistema, en ordenación de aspectos. Distaban mucho de ese definitivo perfil escultórico que justifica la reimpresión conjunta de unos trabajos. Carecían, por otra parte, de trascendencia fijadora.*

Pero esto no quiere decir, de ningún modo, que estas páginas vayan a alcanzar un tono de elaboración magistral. Aquellas reflexiones han sido modestamente repasadas, prolongadas, ordenadas. Y ha salido un nuevo objeto de meditación. Está muy lejos de nuestra intención dar a estas líneas aspiraciones de adoctrinamiento. Lo que buscan es suscitar mayores dilataciones, enfoques más varios. Estas líneas desearían que algunos de sus lectores abriesen su amplitud y las continuasen para tratar otros veinte problemas concretos de la investigación: la investigación como espíritu de trabajo, como organización institucional, como elaboración científica, como servicio de los pueblos; la investigación en Filosofía y en técnica industrial y en Biología; en el campo y en el mar y en la empresa fabril.

La vida intelectual se desarrolla en dos grandes períodos, el de la formación escolar y el de la actividad profesional. En la investigación no hay madurez sin un continuo crecimiento, pero aun éste es de otro tipo que el del tiempo inicial de formación. Estudiante y profesional son dos estados de bien trazado perfil. En cada uno de ellos penetra la investigación y de cada una de esas situaciones puede recibir la investigación aportaciones variables. Por eso, al tratar de alinear estas consideraciones, se apunta, como introducción, la unidad y la diversidad de la investigación, para terminar con el examen de su finalidad, y entre ambas consideraciones se desarrolla este esquema: la investigación en la docencia, en los órganos modeladores de la formación científica en la Universidad; y la investigación, a su vez, como valor formativo. Y luego la investigación en las profesiones, y la investigación como profesión.

Pero toda reflexión se ha de asentar sobre la seriedad del trabajo. Toda reflexión fecunda servirá, a la vez, para elevar la mente y para perfeccionar el trabajo. De ningún modo interesa evadirse de la realización hacia el discurso. Pensar, sí, pero para reflejarse en un mejor hacer. Un pensar que germine en superación de tareas. Por eso estas líneas van dedicadas a los que comienzan a trabajar en la investigación, a los que comienzan a hacer investigación; más que a la juventud investigadora, a cada investigador en crecimiento. Porque son personas concretas más que conceptos colectivos quienes mueven estas estrechas consideraciones, surcadas por aquella conversación y esta carta; por la visita a la biblioteca y la convivencia en el laboratorio; por el trato diario, que es captación de entusiasmos, preocupaciones, iniciativas, dificultades, enhebrados en el vivir del investigador en formación.

Vivir estrecho, a veces muy estrecho: en lo material, porque un investigador que se forma es una esperanza, y una esperanza no acostumbra a ser lucrativa —el lucro revierte sobre lo inmediato—; en lo espiritual, porque investigar requiere adherirse fijamente a unos temas pare que allí germine la mente, en retiro y sosiego.

No es sólo afecto, sino realismo, el que estas páginas vayan dedicadas a vosotros, a los jóvenes investigadores. Muchas veces se concibe una amplia institución de investigación científica como una complicadísima máquina que exige un gobierno lleno de dificultades. Aparte de que no se repara en que las máquinas más difíciles lo son porque han simplificado su manejo, la visión tal vez sirva para esas magnas movilizaciones de personal dedicado a técnicas concretas, que forman grandes empresas muy centralizadas y rígidas, mecánicas como la máquina. Son organizaciones que exigen una gran cabeza, proporcionada a las numerosísimas manos de operarios. Pero todavía no se ha extinguido del mundo el valor de lo individual y siguen existiendo instituciones en las que se conoce libremente al individuo, sin tasarle la aportación de trabajo, de un trabajo por el que discurre una vida, y lo fragua y lo enraíza cada día más con la propia personalidad.

Con frecuencia es muy útil pensar cosas muy sencillas, y así hay que pensar qué sería de una institución investigadora sin investigadores. Leyes, organizaciones, juntas; todo es muy provechoso si atiende a su *fin, si sirve al trabajo científico. Trabajo científico que depende de una formación y de un calor personalísimo. Y nada como esa formación y ese calor pueden declararse acreedores a la dedicatoria de los afanes que estas líneas expresan.*

I. Diversidad y unidad de la investigación

Tipos de investigación

La palabra investigación es prestigiosa. Por ello, sin duda, oímos a veces cómo, celosos, dicen los investigadores: "en tal materia no cabe investigar"; en tanto que los afectados por la exclusión dicen: "porque aquí se investiga exactamente igual que en otras disciplinas". Si investigar es profundizar, desarrollar, buscar nuevas adquisiciones, la mente limitada del hombre, situada en la divina Creación, ha de encontrar en todas las direcciones nuevas rutas y posibilidades. La investigación no es monopolio de una ciencia. En todo se puede investigar. Pero el matemático, el jurista, el historiador, el químico, investigan de modo distinto. La simple observación del índice de necesidades que presenta cada investigador nos enseña que son distintos los caminos y los instrumentos de la investigación.

Hay una investigación documental o histórica que opera sobre los objetos, en la actitud receptiva del observador, que clasifica o cataloga hechos, seres, datos: tal es la sistemática de las ciencias naturales o el trabajo de archivos e inventarios. Otra investigación, la experimental o física, se apoya en hechos o fenómenos provocados, intencionadamente dispuestos: así opera el laboratorio. Y existe, finalmente, una investigación doctrinal o filosófica, en que el pensamiento puro busca la resolución de problemas que, aunque en último término tengan su punto de arranque en la experiencia, son en sí mismos de naturaleza supraempírica. Este esquema, sin pretensiones de clasificación, tiene una realidad relativa.

Las llamadas ciencias o ramas descriptivas abundan en la enumeración concreta de datos y hechos sobre los que un ajustado discurrir va trazando, en apretado forcejeo, inducciones generalizadoras o castillos de naipes cuando el entendimiento poco exigente se conforma con el vano cimiento de la arena movediza —hechos sin trabazón— y levanta pretenciosas edificaciones imaginativas. El desarrollo de nuestras ciencias ha consistido, en primer término, en un concienzudo acopio de materiales, y la construcción de cada ciencia se ha ido operando en la medida en que el perseverante pensar ha logrado disponer los hechos sin forzarlos ni deformarlos, en agrupaciones regulares o en coincidencias precisas. Parte descriptiva y parte de generalidades es la frecuente división que encontramos en nuestros programas y tratados.

Pero hay algo más. La sugestiva generalización descansa sobre la solidez de los hechos coincidentes.

Personas cargadas de suficiencia hablan a veces, con tono despectivo, del entomólogo que describe las particularidades que se reputan nimias, del historiador enfrascado en viejos papeles. Pero el sistemático de cualquier ciencia natural descriptiva ha de poseer un criterio estimativo, ha de establecer una valoración y una jerarquía de caracteres: junto a dotes de observación necesita espíritu crítico que distinga y afine. Los caracteres individuales, como los documentos, tienen un "peso" que hay que apreciar. El historiador no trata el archivo histórico como un archivo actual de correspondencia; sabe extraer, del fluir normal de los tiempos, los hechos significantes; sabe atender, a través de la diversidad vital, direcciones y tendencias. No hay solución de continuidad entre el conocimiento depurado del hecho y su interpretación. Hay un primer problema técnico, que es saber leer; pero en seguida viene el leer entre líneas, el leer lo que no está escrito. Y los incapaces de someterse a una disciplina mental, los fáciles sintetizadores y ensayistas, pretenden leer entre líneas sin leer las líneas, leer en blanco, discurrir sin que la inteligencia tenga que marchar entre los carriles de unas líneas por las que no saben circular. Hay, pues, dos factores comunes, apreciables y valiosos, en este cauce de la investigación. De una parte, la agudeza de observación, que ve donde el atolondrado nada ve; el investigador no percibe los hechos o caracteres en un mismo plano formando confuso mosaico; los ve en relieve. De otra parte, este resalte o relieve de apreciación, esta jerarquización de lo observado, llega a ser plasmada por el investigador en una suerte de sistemas orográficos, con cumbres trascendentales y llanadas de maciza monotonía. En esta investigación hay, pues, densa labor de inteligencia, tarea mental, obra doctrinal o filosófica.

La hay también en la investigación científica experimental, ya que en ella los fenómenos que se observan son intencionadamente provocados. Aquí la inteligencia toma no ya una posición receptiva y de interpretación, sino un papel activo previo, que abre vías de penetración a través de lo desconocido, que prevé y se anticipa al fenómeno. Frente a una incógnita compleja, el investigador analiza influencias; supera y fija unas variables para atender al influjo de otras; desenmaraña el conjunto inabarcable y lo destrenza en haces de más sencillas relaciones. Desde el bloque de lo conocido, la inteligencia investigadora lanza sondeos de exploración, emite supuestos que hay que retraer o confirmar; el trabajo experimental responde a un pensar previo que lo encauza y al que pide consolidaciones y certezas. A su vez estas contestaciones, que la experimentación ofrece, pueden ser no sólo afirmativas o negativas; frecuentemente abren otros derroteros, plantean otras cuestiones, complican y fortalecen el enraizamiento de la mente en los hechos. Como el suelo para las plantas, los hechos experimentales son soporte y nutrición del pensamiento investigador. "Tan perfecta como es el ala de un pájaro, y sin embargo éste no puede elevarse sin el apoyo del aire. Los hechos son el aire de un científico. Sin ellos nunca podría volar. Sin ellos, sus teorías son esfuerzos inútiles. Pero aprenda, experimente, observe, trate de no detenerse en la superficie de los hechos. No se convierta en archivero de estos hechos. Trate de penetrar en el secreto de sus realizaciones, investigue continuamente las leyes por las que éstas se rigen"[1].

Hay, finalmente, una investigación que no usa aparatos de laboratorio, ni colecciones de museo, ni archivo de documentos; investigación en la que la razón exige una arquitectura, sistema de fórmulas o cadena de juicios. Pero este tipo de investigación doctrinal o filosófica, este fluir abstracto del pensamiento, aunque a veces parezca cruzar un espacio desprovisto de objetos sensoriales, tiene arranque en los hechos; algo así como los rayos catódicos, que parten de un electrodo para atravesar los tubos vacíos. Ha sido la mecánica y la interpretación de sus hechos la que ha constituido los más abstractos capítulos de la Matemática. Ha sido el movimiento de los astros, el fluir de los ríos, el sucederse de los días y las noches, el cambio de las cosas, lo que ha originado la Filosofía.

Es, pues, cierto que instrumentalmente, en cuanto a los medios que requiere, hay tipos distintos de investigación; el pensamiento investigador puede ser espectador e intérprete del natural desfile de los hechos o de las cosas; puede asumir una función más activa, ser vanguardia promotora de hechos que él encauza y moviliza, o puede desprenderse de toda observación sensible para trazar nuevos esquemas mentales en el ámbito del puro raciocinio.

Estos tres aspectos de la investigación fluyen en la enseñanza. En líneas generales, la enseñanza transmite conocimientos integrados, en variable medida, por estos tres componentes: lo informativo, lo técnico, lo discursivo: datos y hechos, métodos de trabajo, razones y generalidades.

Pero, no obstante esa diversidad, algo hay común a todo esfuerzo investigador. En primera línea, un interrogante a que contestar, un vacío que llenar, y unos hechos cuya solidez precisa juzgar, criticar, consolidar; todo ello exige a la par una construcción que aspire a realizar esas finalidades. Y como fondo, un ansia de dilatación y de conquista, servida por un pensar a un tiempo penetrante y ajustado; ansia de un más allá en el mundo de lo conocido, insatisfacción de lo ya dominado, aguijoneamiento que no se rebaja con hinchazones enciclopédicas.

"Investigar —escribía Raimundo Paniker— es meterse a seguir los vestigios que algo existente, real, ha dejado a su paso. La investigación es la búsqueda de lo que es, de la esencia de las cosas a partir de sus huellas, de sus rastros...¡Cuántas suposiciones implica el hecho de que llamemos así, con esta palabra, a la investigación! Toda una concepción filosófica late en ella. Que el mundo es un cosmos; que el saber es sólo un descubrir —sin decir tanto que sea un descubrir interno, en nosotros mismos, o un mero recordar—, el buscar las huellas que son los peldaños que ha dispuesto Dios para que descubriéndolas vayamos ascendiendo hacia El..." [2].

Unidad del carácter investigador

La juventud estudiosa puede seguir con éxito diversos caminos, y uno es la investigación. Existen factores internos y condiciones externas que favorecen o perturban la formación investigadora. Aunque la investigación se difunda y lo que se consideraba especial y especialísimo, propio de unos pocos selectos, marche por el amplio camino de la profesionalización, la profesión investigadora —como otras— tiene sus exigencias específicas. El investigador ha de anteponer lo poco que somos capaces de hacer a lo mucho que somos capaces de recibir; va hacia la especialización científica, no hacia la amplitud cultural. El investigador ha de estudiar y estudiar mucho, pero ha de hacer; y al cultivo de su actividad minúscula ha de llegar el riego de su estudio orientado, sin que el ajeno caudal anegador inunde su capacidad receptiva dejando la planicie del enciclopedismo sin sendas ni rutas propias. Actividad personal, modesta, claro está, pero personal. Y esto exige ciertas cualidades de carácter: minuciosidad, fijeza, paciencia, voluntad; ese poder de resolución mediante el que el microscopio cala estructuras; ese arraigo por el que el vegetal se compenetra con el suelo; esa calma que hace y rehace y repite y no siente estímulos de velocidad; esa callada fortaleza actuante, fuerza de voluntad, que sintetiza y mueve lo demás: porque fija la mente y la hace llegar pacientemente al detalle. Porque el detalle es lo que ha escapado a la visión anterior, el campo que ofrecerá nuevos frutos. La brillantez complicadora, el vuelo de águila, la rapidez ligera, la visión lejana, el salto fácil, la dispersión inconstante, la curiosidad sin rumbo, la efervescencia inquieta, corroen el fraguado sólido del investigador. Alguien ha dicho que puede haber un exceso de conocimientos que dañe la investigación.

"En todos los tiempos ha habido una tendencia a considerar más la erudición que la capacidad para descubrir nuevos conocimientos y lograr una nueva comprensión de las cosas. Un hombre erudito estaba seguro de ser tenido en cuenta, pero un hombre con capacidad para descubrir nuevos conocimientos y lograr una nueva comprensión de las cosas, podía ganar el respeto de la sociedad y el reconocimiento de los círculos académicos solamente si era ya un hombre erudito o si sus descubrimientos alcanzaban un grado de importancia establecido que no se pudiera ignorar.

Sir Humphrey Davy reconoció el poder de Michael Faraday para descubrir nuevos conocimientos, cuando este último todavía estaba por adquirir su erudición. Pero este gesto de Davy no era tampoco característico de la sociedad o del mundo académico, cuya conducta normal está representada exactamente con la acogida dada a la teoría de la dinámica de los gases de Waterston y a los primeros descubrimientos de Pasteur"[3].

La investigación es una producción de la vitalidad científica y así requiere una relación y medida entre los factores de producción. Y puede ocurrir que una exuberancia de conocimientos ahogue o desdibuje la labor personal. No es muy raro el hombre que derrama su avidez intelectual por las más variadas latitudes sin lograr, en un punto, el empuje preciso para abrir surco. En la vida escolar, en la que dañarían especializaciones prematuras, se da también ese número uno en todo, que no encajará en la investigación si no logra canalizar su interés. Pero no se vaya a pensar que el investigador debe saber poco.

El pensamiento investigador se ha de nutrir de ideas, de hechos, de conocimientos; ha de ser amplio y estar abierto, pero requiere dirección, convergencia. No es la acumulación informe, la heterogeneidad del aluvión; es caudal que mueve turbina; tierra que permite germinación y vida; flujo capaz de tener foco. El mal no está en saber mucho, sino en saber sin eficacia, con desorden o amorfía. Esto de la eficacia de los conocimientos da que pensar. Porque está patente que se puede hacer mucho sabiendo poco y se puede hacer poco sabiendo mucho. El rendimiento científico que pueden dar los conocimientos es extremadamente diverso. Se da con demasiada frecuencia, entre nosotros, el hombre de conocimientos dilatadísimos y estériles. Nuestra formación tiende hacia una amplitud científica que puede llegar a ser desorientadora. La eficacia de las pocas cosas bien aprendidas tiende a difuminarse en expansiones enciclopédicas. El desarrollo de las carreras auxiliares ha sido nimio, entre nosotros, comparado con el que ha alcanzado el pluridimensional bachillerato general. A la extensión media se llega mucho más por lo ancho y corto —bachillerato general— que por lo estrecho y largo —carrera auxiliar—. Frecuentemente no hay relación entre el volumen de lo que se estudia y su aprovechamiento, vivido en realizaciones prácticas; lo que se estudia es retenido, pero no es dominado. Hay en ello mucho de yuxtaposición memorista y falta la asimilación plena por la mente. Este grado de incorporación, necesario para hacer algo, es necesario, claro está, para hacer investigación.

Pero el saber orientado, de ningún modo es obstáculo para la investigación. Porque la investigación no es simplemente un paseo a salto de mata, una divagación sobre lo que salga: tiene calidad. Y la división entre pura y aplicada no es la única posible. No basta que la investigación sea nimia e inútil para incluirla en un solo grupo trascendental de ciencia pura. Hay temas que bastan para redactar notas, presentar comunicaciones en congresos internacionales, mantener el diálogo con colegas de otros países, justificar bibliografías, pero para nada o poco más. La calidad de la investigación, su fecundidad en zonas puras o aplicadas, depende de la riqueza de la edificación científica que posee el investigador y del vigor de su pensamiento. Del hecho de que el caudal copioso se pueda derramar y llegue a anegar cauces inadecuados no sale una defensa del caudal raquítico. Pero la investigación tiene un cauce que se integra con una sucesión de itinerarios, y no hay que pensar que a cada paso se requieran cascadas majestuosas; bien están las cascadas cuando aparecen, pero la continuidad del curso que avanza sin precipitarse puede alcanzar la más valiosa calidad.

La investigación exige ese orden que resulta de una ponderación efectiva de los varios aspectos de las cosas. La extingue el aislamiento, pero la paraliza el turismo; la impulsan y fecundan las ideas, pero la destroza la construcción en el vacío, torres sobre arena; impone especialismo, pero con frecuencia requiere integrar y completar variados caudales de conocimientos, de mayor volumen y diversidad que muchos esfuerzos mentales derramados en efectismos unilaterales; pide estímulo orientador, pero puede perderse, no sólo por el silencio y la indiferencia que no valoran, sino también por el elogio y la publicidad desmedidos, prematuros, aparatosos, arbitrarios. La investigación es el triunfo de las cosas pequeñas: del pequeño germen fecundo inicial y de la continuidad, como seguida aportación de actividades pequeñas. Es interesante, intelectualmente, que la mente se vierta en cultivos anchos, en extensiones hemisféricas, pero no se puede negar el valor de los primores jardineros; tamaños, al parecer, pequeños, pero pluridimensionales: Holandas en las que pacientemente se compuso y se fijó y protegió el suelo; y se le da y quita el agua subterránea precisa con las nivelaciones centimétricas que pide cada planta, y se establece el clima conveniente mediante instalaciones de estufas enormes.

La investigación necesita agilidad, pero exige solidez. En el Instituto Pasteur, un científico de esta Institución nos hablaba, a visitantes españoles, de su entusiasmo por las corridas de toros de San Sebastián y comentaba: "Se trata de una verdadera ciencia; cada gesto tiene un valor". Pero esas "ciencias taurómacas" que resultan de asignar valores a los gestos tienen poco que ver con la investigación.

Por eso la investigación no es sistema para obtener máximos rendimientos de brillantez. Hay otras actividades que se ven más, y cuando a la investigación le acomete el prurito de ser vista, flaquea y degenera. La inteligencia que se aplica a la investigación necesita esas facetas: una minuciosidad que es costosa y lenta, opuesta a la ligereza; una fijeza, que no se asusta de la lentitud, vencedora del cansancio y de la monotonía, penetrante, activa; una paciencia perseverante, capaz de rebasar los pequeños fracasos aparentes —ilusiones secamente apartadas por los resultados—; el motor continuo de la voluntad. Decía el profesor Sousa da Cámara en una conferencia en el curso de auxiliares de investigación, que necesitaban paciencia, paciencia, paciencia [4].

Las mentes inclinadas al esfuerzo rotundo y decisivo no serán fecundas ni para realizar ni para fomentar la investigación. Trabajo febril que estalla en oposiciones triunfantes y paralizadoras; mecenazgo espléndido para levantar una construcción monumental sin dotación que la active; regalo generoso y aislado de libros o aparatos; culminaciones sueltas, no trabadas en sistema, sometidas al desgaste ininterrumpido del tiempo roedor: así no se produce la investigación.

La investigación es vida y la vida es crecimiento y fecundidad, y hasta cuando parece fijeza es equilibrio dinámico. Porque la investigación es vida, tiene un espíritu que alienta sus realizaciones en una diversidad multiforme. Y cuando ese espíritu decae, la investigación languidece y se anula.

Hay varios tipos de investigación, son innumerables las materias en que se puede investigar; pero todo investigador necesita reunir ciertas cualidades y cumplir ciertos requisitos, sin los cuales la investigación no es posible. Necesita, fundamentalmente, estudio, orientación, estímulo.

Hay jóvenes a quienes les gusta estudiar: estudiantes estudiosos. Todo estudiante debe ser estudioso, pero cuando el trabajo pasa de afición y deseo a profesión, se producen las quiebras. De los estudiantes estudiosos salen los profesores y los investigadores. Un profesor es un estudiante vitalicio. Y un investigador, un estudiante que a esta condición de continuidad —vitalicio— une otra: orientado, dirigido; es una fuerza vectorial. La investigación es laboriosidad orientada. Y aun se puede añadir un tercer carácter, un factor de estímulo. Si está satisfecho, si ha hecho bastante, puede servir para pasear o rodar confortablemente por las ostentosas vías de las exposiciones brillantes; pero no para inquirir huellas, para buscar vestigios, para investigar.

Un estudiante japonés preguntaba al profesor Ostwald, de parte del Ministro de Instrucción Pública de su país, en qué se podría conocer de antemano qué alumnos se distinguirían más adelante. Tal pregunta estimuló la curiosidad de Ostwald, quien, después de dedicarle prolongada atención, afirmó que los estudiantes particularmente dotados no están nunca satisfechos cuando les ofrecen la enseñanza ordinaria, y se les puede conocer precisamente por este carácter. La enseñanza ordinaria se dirige, en profundidad y superficie, a los valores medios, y si un escolar está dotado especialmente, encontrará que lo que recibe le es insuficiente cuantitativa y, sobre todo, cualitativamente; exigirá más.

Frente a la transmisión de una cultura estática, como un legado, aparece la investigación como un continuo adquirir, como una invasión permanente de nuevos dominios y conquistas. Sin investigación, unos tratados fijos cuentan a los estudiosos unas mismas cosas a lo largo de generaciones. Se da lo que se ha recibido. No hay crecimiento, no hay incorporación, es un dar y tomar mecánico, unas repeticiones, monolito clavado en la orilla, ante cuya inmovilidad desfila bulliciosa la corriente de las edades.

Hay, pues, una línea continua que une al estudiante con el profesor y el investigador. En su arranque y en su longitud, hay un fundamental deber de estudio.

Estudio

El deber del estudio para profesores y estudiantes va comprendido en el deber general del trabajo para los hombres. Cada hombre debe hacer algo, y ¿qué hace un profesor o un estudiante que no estudia? Ese deber individual va ligado a una necesidad de solidaridad social; llega a ser un deber de justicia social. Porque unos hombres hacen casas y otros libros, unos extraen carbón y otros levantan teorías, y todos aportan trabajo al mundo. Pero, ¿qué aporta un estudiante o un profesor que no estudia?

El estudio, como todo trabajo, es una justificación del vivir, una ejemplar cuenta de gastos de un tesoro, de una energía, la vida; y ello, no sólo en la sociedad actual, sino en relación con las pasadas. Porque el patriotismo se levanta pensando en las grandes obras pasadas; nuestros antecesores descubrieron mundos, fundaron ciudades, levantaron catedrales, escribieron novelas, dramas, obras místicas. Y nosotros, ¿qué hacemos? ¿Qué hacemos si somos estudiantes o profesores y no estudiamos?

Hacer es tener. Hacer es transformar la fluidez del tiempo que transcurre en obras que quedan. Es como un cambio de estado. Minutos, horas, años que se condensan en realidades. Una diaria aportación estudiosa va formando un haber. No hacer, es no tener. ¿Qué tiene el estudiante o profesor que no estudia?

Papeletas en blanco, repeticiones anticuadas, esperando el ingreso de valores que se han perdido y las aportaciones que no llegan.

Desde el egoísmo o desde el altruismo, para hacer por sí o por los demás, hay que estudiar. Pero aparte de toda consideración útil, provechosa para sí o para los demás, tiene todavía otras razones el estudio.

Poca amistad muestra quien deja la carta del amigo porque la letra es complicada.

La Creación es un pensamiento divino. La Ciencia no es sino un intento de deletrear ese pensamiento. Es como una revelación natural. El estudio lleva a Dios.

Los ignorantes iletrados ven en las primeras causas de los fenómenos el misterio, y creen. El estudio da a conocer primeras, segundas, terceras... causas de fenómenos, pero pronto se llega igualmente a las causas desconocidas, al misterio. Sólo la mediocridad enciclopedista puede alardear de suficiencia. Quien profundiza un punto, pronto encuentra el misterio.

De otra parte, la verdad no puede estar constituida por un enjambre disperso de especialismos; presiente conexiones y enlaces, anhela unidad, ve la pobreza de su saber. Todos son ciclos, curvas, períodos, movimientos, florecimientos, discursos que incitan a buscar algo fijo. Toda variable es una función de otra variable que se llama independiente, que lo será con relación a la anterior, pero que a su vez es función de otra, de otras. Es independiente, relativamente. Nada que varía puede ser independiente. Absolutamente habrá una causalidad final, independiente de verdad.

En el Paraninfo de la Universidad de Königsberg hay cuadros que simbolizan las distintas Ciencias y las Artes. Fluir variable y complejo de los conocimientos hacia algo fijo y definitivo. Los preside la Teología: San Pablo, en el Areópago de Atenas, está predicando a los sabios el Dios desconocido que adoraban.

Estudiar no tiene tan sólo una utilidad individual o colectiva, ni se contenta con un influjo nacional o un dominio ideológico. El estudioso posee un rico panorama mental... que no le satisface, y levanta el espíritu, busca las dimensiones del mundo y se convence de que son pequeñas. El estudio es camino hacia Dios.

Orientación

No basta trabajar; es preciso una ruta.

Hay mentes que se sienten atraídas por todos los problemas y desparraman su atención en un mundo de actividades diversas; como los radios de un centro, se dirigen en todas las direcciones y, al hacerlo por igual en todas ellas, resultan como superficies esféricas. La esfera es la imagen del hombre enciclopédico. Al querer caminar uno mismo en todos los sentidos se afirma una personalidad individualista, que quiere constituir un mundo cultural por sí mismo, que no busca enlaces ni se apoya en labores gemelas. Las esferas tienen sólo puntos tangenciales de contacto, no forman calzada ni sillería; resbalan y ruedan entre sí, sin conexión ni engarce; viven en egoísta concentración; tienen una mínima comunicación —superficie mínima— con el exterior: mínima y rebelde a la unión, a servir de apoyo o de enlace.

Hombres aislados y autónomos, concéntricos, quizá de un alto valor personal, son totalmente impropios para la investigación. Hombres que desprecian el detalle en su deseo de abarcarlo todo, sin ver, o sin querer ver, que —como decía Cajal— "no hay cuestiones pequeñas; las que lo parecen son cuestiones grandes no comprendidas. En vez de menudencias indignas de ser consideradas por el pensador, lo que hay es hombres cuya pequeñez intelectual no alcanza a penetrar la trascendencia de lo minúsculo. Constituye la Naturaleza un mecanismo armónico, donde todas las piezas, aun las que parecen desempeñar oficio accesorio, conspiran al conjunto funcional; al contemplar este mecanismo, el hombre ligero distingue arbitrariamente sus principales órganos en esenciales y secundarios; en cambio, el pensador discreto se contenta con clasificarlos, prescindiendo de tamaños y de sus efectos útiles inmediatos, en conocidos y poco conocidos" [5].

Pero cuando se toma una ruta se estrecha el frente de avance, se renuncia a la multiplicidad de direcciones, se recorre sólo una línea y en su estrechez se ve la necesidad de ligarse a otras líneas, de formar haz, de buscar la amplitud mediante la colaboración. Todo investigador aparece con una atención vectorial, dirigida, orientada. Aguzando la mente, penetra y se extiende en un sentido, y para realizar trabajo sólido busca el contacto que salve su limitación; otro empieza donde él acaba. Su imagen es un hilo que, suelto, no tiene sentido; pero es apto para formar tejido. Entonces hay avance, vida, actividad, fecundidad; iniciativas que crecen. Cada director resulta estado mayor de un ejército.

Mostremos, de pasada, la evidente desproporción que se da en nosotros entre el número de los que deben ser primera línea intelectual y el número de los que bajo ellos debían trabajar. Cada ingeniero, por ejemplo, debería ser cabeza de muchas manos (peritos, ayudantes: para ello necesitamos el crecimiento de las enseñanzas medias profesionales). Cada profesor, cerebro investigador de buen número de colaboradores. Precisa descubrirlos, formarlos, asociarlos.

La investigación requiere laboriosidad orientada. Sin fibras no hay cohesión —agujas de yeso, fibras de celulosa—, ni hay vida —fibras de músculos y de nervios—.

Orientación, dirección... ¿hacia dónde?

A la investigación se le señalan objetivos distintos. Hay, en primer término, un objetivo que podríamos llamar, metafóricamente, geográfico.

Una avidez cultural, un deseo de ver, una insatisfacción del panorama cotidiano, lanza al hombre a viajar. Ya, desde muy antiguo, el saber aparece unido a los viajes. En Herodoto, Creso dice a Solón: "Tenemos noticias tuyas, tanto referentes a tu sabiduría como a tus viajes, y de que, movido por el gusto de saber, has recorrido muchos países para examinarlos" [6]. Mas viajar puede tener móviles muy distintos. Se puede viajar con pura curiosidad de ver. Interesa todo. No hay predilección por los caminos o por la utilidad de las visitas. Interesa saber cómo es el mundo, y este interés, un poco frío e intelectual, llega a ver tanto lo árido como lo ameno; interesa enterarse de cómo es la superficie de la tierra. Una pura curiosidad de recorrer sendas y de ver lo que hay detrás de lo ya visto hace ir y venir por los caminos enmarañados del mundo. Pero esto, en cierto modo, cuando no se trata de un técnico de la Geografía, es un viajar de lujo. Y sobre la indiferenciada llanura de la pura curiosidad emergen atracciones, rutas dirigidas. Atrae la arquitectura de una época, la geología de una cordillera, el esplendor rebosante de un centro científico. Ya no se trata de recorrer el mundo, se va buscando algo en el mundo. Sería una locura tener necesidad de algo y no dirigirse concretamente a su encuentro, transitar sin norma por todas las rutas sabiendo que unas sí y otras no llevan a los objetivos necesarios de la vida. Tampoco sería recomendable suponer que todos los caminos están en el mapa, que todo se puede prever y dirigir, que no tiene interés salir de la senda y perderse un poco con intentos a los que no se ven objetivos inmediatos. Esto depende del sentido del viajero. Para muchos, salirse de la senda es perder el tiempo; para otros, puede ser descubrir tierras.

Así, el investigador ha de ser, en primer término, un trabajador decidido, pero además, dedicado. Ha de hincarse en el tema, y el hincamiento no permite saltar con ligereza de unas cosas a otras dispares. Sin trabajo concienzudo, prolongado, no hay investigación posible. "¿Puede usted mismo hacer estos análisis —preguntaba en julio de 1934, en Bangor de Gales, al profesor Gilbert Wooding Robinson—, o tiene otras tareas que se lo impiden?"; y este ilustre profesor, hondo amigo de España, me contestó: "Tengo como importantísima tarea evitar las tareas que me impidan realizar personalmente estos análisis."

La investigación no se presta a "cubrir el expediente", a realizar las cosas "por encima", obliga a terminarlas. Y terminar exige orden y dedicación, caminar por "pasos contados" y con perseverancia. Nada puede sustituir a la dedicación.

Un investigador ejemplar, en recomendaciones privadas a sus colaboradores, escribía: "No hay duda de que en los trabajos de laboratorio la primera condición de éxito es una cosa muy simple, extremadamente sencilla, pero que no siempre consiente la vida de cada uno: ESTAR."

El investigador necesita cerrarse a muchas sugestiones para poder seguir su ruta. Es lo mismo que necesita todo hombre que se propone seriamente hacer algo.

Laboriosidad y orientación no son una misma cosa; pero tampoco son totalmente independientes. Balmes habla del cambio frecuente de tareas como de una forma de pereza. Y es significativa la doble acepción de la palabra vago.

Estímulo

No basta la laboriosidad orientada. Ha de agregarse un anhelo de superación. En la historia de la investigación se repite este hecho: se introduce o se precisa una magnitud, se descubre una técnica nueva para determinarla. Durante este período inaugural de esa técnica vienen oleadas de investigaciones. Basta hacer desfilar casos y cosas ante este nuevo método. Pero a medida que pasa el desfile se empobrece y se va agotando el campo.

Investigar es, para algunos, haber aprendido una vez muy bien una técnica y pasarse la vida aplicándola. Y así la necesaria continuidad degenera en rutina. Mientras, surgen en el horizonte otros intentos, otros temas e inquietudes. Pero el investigador sin empuje continúa pasando y traspasando. En realidad ha dado ya cuanto podía dar, al no ser apto para tomar derroteros nuevos, y en su afán de supervivencia científica confunde el esfuerzo de la marcha con la indolencia del ir y venir por una misma calle. Confunde la ruta con la rutina.

Semejante anhelo de superación, esencial al investigador, no es sólo problema intelectual, de formación amplia, de capacidad aquilatada, de elasticidad mental; incluye, además, un especial factor moral de generosidad. Factor moral que establece la bifurcación entre la conducta del que, abroquelado en su posición de privilegio, evita el acceso de quien desea superarle y aleja la crítica, buscando el reducto aislado e indiscutible, y el proceder del que vive anheloso de colaboración y, aun más, de discípulos que le superen. Si se tratase del tema de la moral en la investigación, tendrían que surgir los problemas de honradez científica, laboriosidad y sinceridad, frente a los encendedores de fuegos fatuos y a los espejos de rayos ajenos; de sencillez, frente a los globos de vanidad —más altos cuanto menos densos—; de disciplina, frente a quienes buscan en la Ciencia una exención de deberes, un salvoconducto de contrabandos, un territorio sin ley. Pero no deberían tampoco olvidarse los ejemplos de generosidad de quienes piensan en la investigación más que en los investigadores, en la Ciencia más que en la organización de su cultivo, en la Patria más que en la profesión, en los discípulos más que en el autobombo.

La investigación necesita estímulo. El investigador solitario no sólo corre el riesgo de perderse si no posee una voluntad muy potente; se expone también a los riesgos de la deformación. El estímulo no es sólo un aliciente propulsor, sino una fecunda y amable crítica; se intersectan y compenetran las proyecciones de distintos pensamientos y esto aviva la producción y al mismo tiempo la afina. Calidad y cantidad salen ganando mediante este intercambio tan opuesto a la consideración del investigador maniático y aislado, ente raro casi excluido del conjunto social, porque va a lo suyo, y lo suyo nada tiene que ver con el conjunto humano, ya por tendencia aislante del propio investigador, ya porque el ambiente social juzga sin trascendencia aquel tema científico, mientras se apasiona por la última producción superflua y banal.

Yo no sé si en nuestra vida académica ha existido suficientemente el aleteo acariciante del estímulo. Sé de carreras torcidas por maestros faltos de fe, sobrados de descontento, sembradores de aquel nefasto: "y eso, ¿para qué sirve?", que, según exponía Rey Pastor, es la negación del espíritu investigador. Sé de centros, como aquella Facultad de que nos habla D. Eduardo Ibarra en *Meditemos*, en la que se frustraban y asfixiaban los anhelos de perseverancia en el estudio.

En la juventud, el trato alentador no es sólo impulso, sino además orientación. Puede apreciarse su mejor efecto fecundo cuando se ve que aun en la ancianidad hay quien recuerda y agradece la conversación serena y valoradora que hizo reanudar los estudios al tiempo en que la edad inclinaba a retirarse de la labor científica.

Si cada edificio es un contenido y un símbolo, podemos considerar las vidas humanas concentradas o estimuladas por construcciones distintas: la Catedral y la Universidad, como en tantas ciudades medievales; la Bolsa, el cinematógrafo, hoteles o almacenes, como en tantas ciudades modernas. Al investigador conviene la sombra bienhechora, el ambiente estimulante de un núcleo que reúna y compenetre; no simplemente de un núcleo que reúna, pero que en su superficialidad, ausente de ideales, sea incapaz de compenetrar nada.

Y ésta es la unidad de caracteres que requiere el investigador: laboriosidad, orientación, insatisfacción; es decir, solidez, dirección, anhelo. Como la pétrea aguja de la catedral gótica.

Comunicación y reflexión. Empuje ascensional

La investigación es vida, y la vida se integra conjugando un factor interno, de recogimiento y separación, con una corriente de comunicación continua con lo externo.

La vida material necesita membranas, tejidos aisladores, cubiertas, cortezas, epitelios; pero también necesita la continua corriente nutritiva que le viene de fuera. La vida de la inteligencia surge de la unión de la reflexión, que es aislamiento, con el estudio, que es comunicación. Esta vida, como la de los organismos, puede sufrir así por carencia como por hipertrofia. Lector que devora libros, pero que es incapaz de producir ideas, no asimila, no aísla, no incorpora. Mente ágil que no se somete a disciplina de estudios, devora la producción intelectual con acrobacias felices e ingeniosas; pero le falta instrucción adecuada para no caer en el raquitismo. Muchas inteligencias fuertes se han consumido en menguadas tareas porque no buscaron nutrición adecuada a su potencia asimiladora; no alcanzaron los problemas hondos y actuales; no se articularon con nadie; se contentaron con "pensar por cuenta propia" y prefirieron ser tenidos por originales a ser coartífices de ingentes capítulos de la Ciencia moderna. Mas son bien conocidos los casos opuestos: el del que habla mucho porque lee mucho y sabe repetir, o el del que lee y proyecta, malgastando en ello todas las fuerzas sin llegar a realización alguna. La vida necesita ligar estos factores, sintetizar la comunicación y el aislamiento, abrirse al mundo, cerrarse a cuanto la dispersa y esteriliza. "El Señor es mi horizonte y mi refugio"[7].

Esta eficaz conjunción de caracteres se da, inexcusablemente tiene que darse, en la investigación. Que investigar requiere tanto un pleno conocimiento bibliográfico del tema que se afronta como el desarrollo sobre él del pensamiento propio.

Por eso la investigación, esencialmente, es vida científica, y su valor es claro: pasa de lo verbal a la realización; exige saber hacer a la par que saber decir lo que han hecho los demás. La investigación es el desarrollo y el crecimiento de la ciencia; es esfuerzo, empuje ascensional. Dice Bragg: "somos como montañeros que se esfuerzan en escalar las cumbres más difíciles, y agradecen las más pequeñas hendiduras y salientes que ofrezcan un apoyo a la mano o al pie" [8].

Hay en el mundo una tendencia hacia la nivelación: inmensas honduras oceánicas, en las que se sepulta el material arrancado a las cumbres. En el mundo físico la Naturaleza se nivela rellenando valles y depresiones con los arrastres de la altura; en el mundo del espíritu, junto a la acción demoledora del chisme y la zancadilla, hay también nivelaciones ascendentes. El maestro levanta hacia sí a los discípulos, forma escuela: llanuras de elevación en las que, para seguir ejerciendo magisterio, precisa mantener un continuado esfuerzo ascensional. El mundo físico juega con un material constante, que levanta y derriba; lo que un día es bloque de la cumbre podrá ser luego triturado, corroído, deshecho, abatido hasta sedimento marino, y después, tras honda metamorfosis que vuelva a darle cohesión, puede subir de nuevo a las cumbres. Se opera con el mismo material, movido por empujes interiores o por arrastres de la intemperie.

Pero en el mundo del espíritu hay algo más que estos juegos: hay producción, hay construcción, impulso creador en que el alma deja trascender lo divino de su origen. No hay desnivel fecundo y estable, porque el estar levantado en alto debe ser "para atraer hacia sí todas las cosas"; para que otros trabajen y hagan lo mismo que quien está en la altura. La altura, en el mundo del espíritu, no es patente con derechos de autor o de inventor; es modelo que difundir. La fecundidad consiste en hacerse innecesario. La esterilidad, en procurar quedarse solo.

En las llanuras del saber, el empuje interno del investigador hondo yergue culminaciones, pequeñas elevaciones, vértices agudos o dilatadas cordilleras. Hombre generoso, entrega a sus discípulos la totalidad de su saber y el fruto maduro de su pensar; entonces esta cumbre científica influye en cuanto le rodea y le va levantando hasta su nivel propio; actuando sobre ese nivel, los discípulos de mayor empuje le rebabarán; se cumplirá aquella definición del buen profesor: el que saca discípulos que le superan.

Frente a esta posición queda el estático y enquistado egoísmo del que quiere hacer de una culminación inicial un privilegio vitalicio. Y como esto es difícil, porque el mundo está abierto y el viento sopla en todas partes, cuando lo que rodea al investigador se levanta hasta él mismo, a pesar suyo, reacciona en una grotesca indignación.

Que hay dos maneras de elevación. La que procede del empuje interior y la formada por proceso erosivo que derrumba cuanto hay en torno; esfuerzo propio o hundimiento de lo que rodea, como esos pobres cerros sedimentarios que parecen alturas y no son más que la posición fósil de un trozo de tierra que no fue arrastrado, como los contiguos, a sepultarse en lo hondo. Toda elevación verdadera necesita un empuje continuo; porque toda elevación verdadera debe ser a la vez elevadora de lo demás, aparte de que para mantenerse y no ser alcanzada necesita renovar su esfuerzo en la carrera a la altura. Subir para hacer subir, para derramar las energías de un hervor que levante los valles y ponga la pobre y abandonada partícula de la hondonada en la cumbre enhiesta. La culminación es esencialmente dinámica; no hay culminaciones estáticas, estables.

Continuidad

Sólo en la continuidad hay eficacia. Las obras valiosas no se hacen de un golpe, y sólo la continuidad operante logra realizarlas. De poco serviría hoy la más perfecta instalación científica, técnica, con los más costosos modelos, si no perdurase el esfuerzo, la continua renovación operante.

Empezar cada día, ganar cada día. Suprimid hoy todos los títulos de medicina, y mañana seguirán operando los cirujanos, y sólo ellos. Acción, no posición. Hechos legítimos, no derechos fósiles. No parcelar el patrimonio nacional para repartirlo en profesiones. Realidades, no títulos. Ansia de trabajo, no conquista de poltronas y vitrinas. Serenidad, no nerviosismo de breves y violentos ejercicios de acceso al refugio, en el que se puede pasar la vida viendo caer el polvo sobre las cosas. Quietud de las cosas cubiertas de polvo. Polvo y sequía. Exceso de sol y falta de agua. Luz sin vida. Falta de sazón y de jugo, de savia movilizadora. Marchitez, agostamiento. Potencial sin acción; posibilidades sin realización. Pararse o girar mecánicamente, con chirrido monótono, con uniformidad inerte. Ausencia de fuerza, ya que toda fuerza imprime una aceleración. Alejamiento de todo impulso investigador, predominio del "espíritu de cuerpo": espíritu que se ata al cuerpo, no cuerpo portador del espíritu. Desmedular la ciencia para hacerla administrativa. Panorama desolador, común a profesiones y enseñanzas anquilosadas.

Para llevar a cabo una empresa hay que tener grabadas unas cuantas ideas que, más que elementales, pertenecen a la zona de las perogrulladas; pero hay muchas actividades que quieren desarrollarse ignorándolas.

Cuando un joven de destacada capacidad triunfa en una profesión libre, en la cirugía o en el foro, y llega a sus manos un destacado paciente o un pleito de elevada cuantía, las gentes piensan que es el enfermo o el litigante quien tiene la suerte de encontrar, a su favor, un hombre de relevante empuje.

Cuando un joven de destacada capacidad triunfa en unas oposiciones a una corporación pública y es catedrático o canónigo, las gentes piensan que el agraciado por la suerte es el candidato.

No se valora por la capacidad actuante, sino por la posición alcanzada. Y si el cargo se plasma en forma que pierda su carácter activo, no hay nada a hacer. Con títulos no marchan las cosas. Un país avanzará con una verdadera aristocracia directiva, pero si cada grupo social o profesional se constituye en aristocracia que recaba privilegios y exclusivas, si se desarrolla el espíritu de castas, si los problemas no van a manos de quienes los resuelvan, sino a manos de quienes los monopolicen, si los temas y cuestiones se tratan con criterio de propiedad, no de trabajo, las cosas no pueden marchar.

La continuidad necesita el motor de un ideal profesional. Y cuando falta aquélla es porque no existe éste. Se despliega actividad y trabajo para alcanzar una posición, pero si realmente ésta era un deseo sentido con firmeza, al ocuparla se multiplicará la actividad y el trabajo. Una posición militar, en la guerra, es el cumplimiento de un plan y el comienzo de nuevos planes. Por éstos vale lo que vale; por éstos ha merecido el esfuerzo de la conquista. Montesquieu observaba que "conquistar es más fácil que conservar la conquista: para aquello se emplean todas las fuerzas; para esto, sólo una parte de ellas". ¿Cómo explicar, entonces, que en la vida profesional el triunfo sea tantas veces la paralización? Porque falta ideal profesional, porque lo que se buscaba no era la acción y la labor propias del puesto logrado, sino la vanidad o los ingresos inherentes a aquella posición. Y si una y otros se consiguen igual en la actividad que en la siesta, con independencia del trabajo realizado, no hay por qué molestarse. La profesión pasa a ser el título de nobleza que se adquirió por el heroísmo de la oposición o del ingreso, sin reparar en que "nobleza obliga" — "sólo consiste en obrar como caballero el serlo" — y que cuando ingresos y oposiciones se ven como categorías finales del esfuerzo humano, por altos que sean sus méritos, el tiempo irá desmoronando su eficacia si no se consolida por la continuidad del trabajo.

¡Tristes profesiones que mueren en el momento mismo en que nacen! La toma de posesión coincide con el cese de la actividad. Acabó la carrera en plena juventud y "ya lo tiene todo hecho". A eso se llama triunfar. Derecho a sueldo, percepciones y ascensos propios de la situación administrativa en activo, unida a la jubilación espiritual a los veintitantos años. Sobre las cenizas de esa vida científica no puede florecer la investigación.

Conservación y avance

La bifurcación entre conservar o transmitir y avanzar o adquirir, se ofrecerá muchas veces.

"Según Vandel, la vida tiene dos aspectos: uno por el que pertenece a la materia inerte y por consiguiente al mecanismo, el otro se dirige hacia la espontaneidad, la inventiva, la creación. Es en esta doble perspectiva en la que se obtiene una imagen proporcionada de la vida, lo cual permite una interpretación exacta de sus distintos y variados aspectos"[9].

En la vida pública, gestión y creación responden a esa divisoria. Vistas las cosas desde fuera, parece que no hay más tarea que la de rotundas creaciones inmediatas. Pero decía Claudio Bernard que la vida es la muerte, es decir, la vida subsiste mediante una continuada renovación celular, como la Historia se prolonga mediante una continuada renovación de las generaciones. Nada se hace solo; no hay una cosa que subsista por sí, y el hacer que las cosas sigan un curso exige esfuerzo. Un país, una sociedad, un individuo marcha mejor o peor, según la cantidad de trabajo oscuro, anónimo y silencioso que se entierra en una continuada gestión rectora; abandonadas a sí mismas las cosas, se descomponen o corrompen y la normalidad exige vigilante dedicación laboriosa. Igual que la enseñanza. Los que mueren no pueden legar directamente su ciencia a los que nacen, y hay que dedicar una enorme cantidad de trabajo a enseñar las primeras letras y los fundamentos y caminos trillados de las ciencias, y a ir elevando a los que crecen del fondo común de la ignorancia.

¡A cuántos serenó la experiencia del mando y les hizo ver cuán trabajoso es hacer marchar el carro que creyeron rodaba sólo! ¡Cuántos creyeron, engañándose, que la complicada realidad se deja suplantar por esbeltas figuras que tienen el valor de cosas sacadas de la cabeza! Pero la gestión, como la enseñanza, si en sus cimas no tiene hálito creador, superación, tirones del ideal hacia un más allá más alto, caen en rutina, en mecanismo, en monótona desilusión. Nada hay tan difícil en el mundo como la estricta horizontal. Porque el que no tiende hacia arriba no alcanza el nivel.

En el fondo del espíritu investigador hay algo que se rebela contra la sola tarea de ordenar, catalogar, juzgar, reunir o distribuir lo existente; quiere producir, crecer, dilatar. Hay un parentesco notorio entre el espíritu investigador y el que construye, coloniza o produce. Hacer lo que no está hecho, en vez de seguir la rutinaria senda del fácil, cómodo trabajo. Mirar hacia arriba. Conservar sin producir desemboca en la ruina.

Bien está que en todos los órdenes, frente a los bárbaros que talan, surja el criterio conservador; pero hay que renovar y repoblar; no podemos hincar la ilusión en reproducir estrictamente etapas históricas, de cuyo cuadro exacto el pintor elimina los colores que no le favorecen o los problemas que le dan carácter arcaico.

Vivir como si nuestra vida empezase hoy, como si no tuviésemos normas fijas, valores permanentes, caudales del pasado, es ignorancia y presunción ridícula, y lo es también pretender vivir como si todos los días y todos los años no se fuese deshojando y renovando, paso a paso, el calendario de este continuo mudar que es el tiempo.

Hay que procurar la curiosa y movida agilidad del pasar y traspasar, pero también hay que avanzar; hay que tra-ducir, pero también hay que pro-ducir.

La investigación es educadora, fomenta la actitud humilde, el ininterrumpido deseo del más allá, el incesante afán de saber más; descubre la pequeñez de lo alcanzable ante la inmensidad de lo desconocido. Además, el investigador, antes que investigador, es hombre; se da cuenta de cómo las inteligencias más aguzadas de la Humanidad, tras larguísima preparación y profundo pensar, llegan a pergeñar unas insuficientes explicaciones sobre lo que es un átomo o un corpúsculo celular. Son ésas las conquistas a que llega en su máximo empuje la Humanidad.

Por eso la investigación debe curar de esa actitud de suficiencia, torre de marfil en que se encastilla la petulancia dominadora. La petulancia está en razón inversa de la documentación; nadie se juzga tan alto como el hombre indocumentado: *"Ubi fuerit superbia, ibi erit et contumelia. Ubi autem est humilitas, ibi et sapientia"* [10].

No hay ángulo mental bastante abierto para abarcar seriamente el conjunto esencial del conocer humano. Reconocer la propia dimensión es más formador que forzar los lados.

La investigación comunica a la Ciencia su tono vital, su dinamismo y su inquietud. La formación del investigador es un continuo trasiego de cuestiones, una serie de problemas que hay que ir resolviendo a medida que se van planteando: acabar esto para comenzar lo siguiente.

El profesor Ríus Miró ha dicho: "Los hechos son las primeras materias de la Ciencia y, frecuentemente, al querer situar una nueva observación en una síntesis actual, surgen dificultades que sólo pueden ser vencidas modificando las viejas hipótesis. La Naturaleza, como escribió Pascal, es incansable produciendo y por esto la tarea de los hombres de Ciencia es inagotable. Afortunadamente, como ha dicho Luis de Broglie, 'el honor del intelecto humano está en que nunca se desalienta en presencia de dificultades, sin cesar renacientes y cada vez mayores, a medida que se afina la observación del mundo físico'. Modificando la frase de Pascal, se podría decir que si la Naturaleza nunca se cansa de producir, el espíritu humano, mientras brille en la superficie de la tierra, nunca se cansará de concebir"[11].

Producción y crítica

Pero no vaya a pensarse que estas cualidades que en gran parte parecen como una ordenación reglamentadora del carácter, eluden la condición fundamental de la inteligencia. La inteligencia es esencial y primordial, pero la abundancia de inteligencias estériles para la investigación hace valorar y destacar todas esas cualidades como precisas.

Cajal decía: "Para justificar deserciones y desmayos alegan algunos falta de capacidad para la ciencia. 'Yo tengo gusto para los trabajos de laboratorio —nos dicen—, pero no sirvo para inventar nada' Cierto que hay cabezas refractarias para la labor experimental, y entre ellas contamos todas las incapaces de atención prolongada y exentas de curiosidad y de admirabilidad por las obras de la Naturaleza. Pero la inmensa mayoría de los que se confiesan incapaces, ¿lo son positivamente? ¿No exageran tal vez las dificultades de la empresa y la penuria de sus aptitudes? Tal creemos, y añadiremos aún que muchos toman habitualmente por incapacidad la mera lentitud del concebir y del aprender, y, a veces, la propia pereza o la falta de alguna cualidad de orden secundario, como la paciencia, la minuciosidad, la constancia, atributos que se adquieren pronto con el hábito del trabajo y con la satisfacción del éxito" [12].

La inteligencia es un factor, pero no es el único; la obra investigadora no es proporcional al factor inteligencia. Esto, de una parte, previene contra los peligros de la sola inteligencia, que ha de moderar tendencias de rapidez dominadora y de brillantez expansiva para sujetarse a un cauce, y de otra, alienta a los entendimientos normales al mostrar que la investigación no exige únicamente genios, y que una buena inteligencia laboriosa, orientada, entusiasta, puede llevar a cabo una tarea considerable.

"Debo desvanecer la curiosa opinión de muchos de mis compañeros de que pueden hacerse descubrimientos casuales, por intuición o suerte. No se llega a hacer ninguna obra científica seria, ni descubrir nada, si no se trabaja intensa y prolongadamente. La suerte ayuda a los que la merecen por su preparación y su laboriosidad; las obras geniales son frecuentemente el resultado de una larga paciencia.

"Hay una errónea superstición sobre los prodigios de la inteligencia natural; pero la verdad es que ésta no produce frutos sin un trabajo intenso. Cuando oigo hablar de esos inteligentes que no trabajan, pienso que si no lo hacen es porque no son bastante inteligentes"[13].

Pero, claro está, que existe un umbral, y la fuerza del entusiasmo, plasmadora de empujes y hasta de abnegaciones, no puede suplir la deficiencia o la inadecuación intelectual. Sin una inteligencia penetrante, reflexiva, activa, se podrán realizar otras tareas, pero investigación, no. Primero, penetración, agudeza, claridad de visión; luego, capacidad reflexiva: reacciones, cotejos, enlaces, deducciones; en fin, actividad mental, impulso para arrancar y marchar adelante. Ver y ver bien, sin miopía y sin fantasía; ver todo lo que hay y sólo lo que hay.

Esta visión, si se llega a producir, no tendrá relieve ni significación en una mente pobre en conocimientos; no podrá entrar en juego, en comparación, en engarce, si no hay elementos con los que trabar estructura.

El investigador debe saber y saber mucho. Pero en ese juego de analizar, comparar, integrar, la investigación exige la actividad de la iniciativa; no basta la actitud pasiva de las grandes mentes receptivas; no basta el reflejo, ni la espléndida continuación de reflejos; hay que juzgar y producir, formarse idea y forjar ideas.

La investigación no se conforma con enjuiciar, exige producir, y es también producción frente a la hipercrítica demoledora, a eso que podríamos llamar "exceso de juicio". El mundo parece a veces dividido en dos grupos: los que producen y los que juzgan. Producir acertadamente exige juicio y crítica; además, la desgraciada amplitud de las deficiencias y desvíos humanos impone tareas juzgadoras.

Pero es más fecundo producir que dedicarse a juzgador espontáneo. Hay, además, que cuidar de que no se hipertrofie el área útil y necesaria del juicio, ni se consuma una parte excesiva del caudal de las humanas actividades en examinar, valorar, purificar, fiscalizar, tramitar. Ni en sustituir el trabajo concreto, ignorado, efectivo, por la brillante exposición de divagaciones, comentarios, generalizaciones. El mundo no puede dividirse en productores irresponsables y espectadores críticos. El que produce ha de tener un hondo sentido de responsabilidad y de autocrítica depuradora de cuanto va creando; el que juzga necesita un directo conocimiento de las realidades sobre las que opera y un vivo deseo constructivo en toda su actuación.

Ambas cualidades, producir y juzgar, se conjugan en la investigación. Ninguna investigación puede acometerse sin el juicio exacto de cuanto se ha hecho en la propia zona de conocimientos y sin una capacidad de superarlo, mediante aportaciones merecedoras de favorable valoración. Producción aquilatada y juicio constructivo.

Nuestro peligro, más que en el exceso de vana producción, está en el exceso de un juicio espectador o perturbador. En aquel 1930, lleno de posibilidades y crecimiento, hubo unos hombres para quienes España era sólo un problema jurídico; tan sólo precisaba dilucidar si se mantuvo la Constitución o se había faltado a ella; España no era un problema vivo: era simplemente un pleito.

Vimos luego plantear una reforma agraria, al margen de la extensión de los regadíos; no sólo al margen, sino cercenando su crecimiento, deteniendo el ritmo de su desarrollo. Más que crear riqueza interesaba distribuir, repartir, aunque fuese pobreza.

Muchos de nuestros ingenieros tienen que lamentar la absorción de la mayor parte de sus actividades por asuntos de derecho administrativo.

Asistimos a una inflación de nuestras Facultades más puramente científicas, las de Letras y de Ciencias, determinada, en gran parte, no por la producción científica y técnica, ni por el anhelo de vitalizar tantas y tan excelsas zonas científicas desiertas, sino por la difusión de una enseñanza media general, cuyo carácter —hasta estos días radicalmente uniforme— no es precisamente un estímulo de la producción.

Nuestras Universidades desean descargarse de un aluvión de ajenos exámenes, que perturban su vida esencial, docente y productiva.

Para abordar seriamente el problema de la producción se requiere una condición esencial: la sinceridad. Para abordar el problema de la investigación necesitamos no perdernos en actitudes, críticas o posturas; debemos marchar derechamente hacia los diversos factores de una realización. Porque no faltan "los que escriben siempre contra alguien y viven en acecho de algo que poder refutar. Distraen y malgastan su esfuerzo en una obra sin provecho en lugar de emplearla en hacer algo constructivo e importante" [14].

No todos lo ven así; no todos "van al grano"— complejidad, pequeñez, fecundidad—.

Las impresiones rápidas, la brillantez de las exposiciones ligeras, los juicios en los que importa más la elegancia formuladora o la erudición exhibida que la sujeción a la exactitud, no constituyen el mejor pasto para nutrir crecimientos efectivos.

Sobre cada problema pueden oírse los juicios más dispares y desorientadores.

—¿Tenemos hombres de buena voluntad, capaces y deseosos del trabajo científico, esterilizados por el aislamiento y el desamparo? Es entonces la vergüenza de un Estado y de una sociedad que se inhiben en esta materia trascendental. —¿Hay, por el contrario, organización, ayuda, entronque? Pues la organización es un esquema aparatoso y complicado; lo que es esencial es el hombre.

El que conoce deficientemente un idioma extranjero encuentra exceso de velocidad en los naturales del país que le hablan en ese idioma. El que "conoce" en tres días veinte instituciones diversas encuentra en ellas exceso de estructura y clasificaciones.

—¿Cómo se puede trabajar en estos rincones viejos, sombríos, polvorientos?

—¿Para qué sirven los edificios magníficos, los locales amplios, las instalaciones espléndidas? Fachada y fachada. (Naturalmente, el hombre de la calle ve la fachada; pero ¿se molestó alguna vez en penetrar tras la fachada? No parece que deba rechazarse todo libro por el hecho de que esté decorosamente encuadernado.)

—¿Adónde vamos con estas revistas-misceláneas que tratan de los más varios problemas científicos en esta época de especialización?

—¿Qué cambios bibliográficos, qué accesos en los centros investigadores especializados vamos a alcanzar así?

—¿Para qué multiplicar y especializar tanto las revistas?

—¿Para qué ese lujo de revistas cuya necesidad no se percibe? (El ambicioso saber enciclopédico no se resigna a que existan publicaciones que no puede entender y las juzga superfluas; pero el trabajo científico solvente sabe lo limitado de sus posibilidades, la eficacia de sus enfoques concretos).

Aunque parezca raro, es cierto que éstas y otras ligerezas no sólo fluyen de espectadores que tienen sitio y misión y honores en el escenario —estas figuras son comunes: "nadar y guardar la ropa", "repicar la campana y andar en la procesión" —, sino que pasan, a través de tales críticos, a la frivolidad de artículos de revistas extranjeras. Cualquier escritor fácil escribe de lo que no conoce para un público que tampoco lo conoce, con la confianza de que "el mentir de las estrellas...".

Al escuchar estos juicios se recuerdan aquellas palabras del Evangelio de San Mateo: "Mas, ¿a quién compararé yo esta raza de hombres? Es semejante a los muchachos sentados en la plaza, que dando voces a sus compañeros les dicen: Os hemos entonado cantares alegres y no habéis bailado; cantares lúgubres y no habéis llorado. Porque vino Juan, que casi no come, ni bebe, y dice: Está poseído del demonio. Ha venido el Hijo del Hombre, que come y bebe, y dicen: He aquí un glotón y un bebedor, amigo de publícanos y gentes de mala vida. Pero queda la divina sabiduría justificada por sus obras" [15].

El espíritu investigador es un espíritu de producción, de actividad, de iniciativa. Trasladado a la vida económica, tenderá a formar el hombre de empresa más que el hombre de escalafón. No queremos decir, de ningún modo, que la empresa económica, con su visión inmediata, con sus exigencias a plazo breve, con su rigidez de engranaje, sea más favorable a la investigación que la tranquilidad de la retribución fija. Lo que decimos es que el hombre que cuando trabaja en Ciencia tiene espíritu investigador, cuando trabaja en Economía tiene espíritu de empresa. Hacer o encontrar algo nuevo. Pero enfrente hay un panorama de aridez, surcado por vías de rutina, recorridas por crecientes ejércitos de burocracia. Más estado que situación, más fijeza que dinamismo. El Estado tiende a ser el paraíso del juicio, del control, de la fiscalización, del examen. Pero la investigación necesita agentes más que consejeros y aun éstos deben salir del campo activo de los que hacen. La puesta en marcha exige chispa, y la continuidad flujo de energía. Frente a estos valores individuales, que hay que fomentar, encauzar y no estorbar, se fragua el armatoste de la deliberación inacabable y esterilizadora, exceso de esqueleto y falta de órganos, traslado de papeles y quietud de hombres, fábrica de redes y alambradas que detienen los animales de labor, pero no ofrecen resistencia a los topos. La investigación, la empresa, la gestión, es obra personal, personalísima; pero la administración pública tiene el peligro contrario: diluir la personalidad, difuminar la responsabilidad, allanar la autoridad.

Espíritu realista

La investigación exige realizaciones, no programas llenos de excelencias y elogios de posibilidades. Un enemigo terrible de la investigación es el planteador de cuestiones previas, "Voy a hacer tal trabajo, pero para ello necesito tales instrumentos, tales desplazamientos, tales visitas"; un cúmulo de cosas inaccesibles. No quiere esto decir que se pueda trabajar sin medios. Pero quiere decir que el aprovechamiento que por personas distintas se saca a los medios de que se dispone es enormemente diferente. El planteador de cuestiones previas se ha especializado en no sacar rendimiento a aquello de que dispone, en contraste con el que, saltando dificultades, paso a paso, va realizando una labor que está justificada simplemente en cuanto supere el nivel de que parte, sin que haya que tener la vana pretensión de que sólo puede realizarse trabajo perfecto. Esa visión exhaustiva de la investigación que posee el planteador de cuestiones previas es profundamente esterilizadora. La investigación se pierde en los rodeos de tales cuestiones previas y no tiene otra táctica que la acción directa: se aprende a investigar, investigando. ¡Cuántos recorridos por introducciones, referencias, interpretaciones, sin poner en las manos, ante la vista, textos y hechos originales!

La labor investigadora no ha llegado todavía a roturar, para el cultivo científico, los cerros de Úbeda. Hay mentes que agotan su esfuerzo en un sistema de previsiones y no llegan a alcanzar la visión. La investigación es una vía en la que tiene valor cualquier trayecto que marque un avance, sin que haya que exigir continuamente la llegada a estaciones de término.

Otro tanto pasa en cuanto a las personas. Evidentemente que las personas que colaboren en la investigación han de tener condiciones muy precisas y destacadas, pero las cosas se hacen con hombres y los hombres son incompletos. Aquellos que sólo pueden actuar mediante colaboraciones a las que no falta nada, difícilmente podrán llevar a cabo ninguna empresa. La crítica es esencial en la investigación, pero la hipercrítica es la asfixia de la investigación. Sin personas formadas y sin instrumentos adecuados no cabe hacer nada; lo que se haga estará en relación con el grado de perfección de esas personas y de esos instrumentos. Pero la labor se perfecciona con la acción, y paralizar el trabajo por las deficiencias con que hay que llevarlo a cabo, es echar marcha atrás y poder hacer cada día menos. Las deficiencias se ablandan por el calor interno de la fuerza realizadora. Las deficiencias se multiplican por la inhibición.

Terminar no es fácil. Y las cosas a "medio hacer" son incompatibles con la investigación. Exposiciones verbales para decir "cómo se hacen las cosas", sin hacerlas; prácticas docentes "de vista"; edificios con instalaciones sin acabar; galeradas de imprenta con correcciones que no concuerdan con el texto entregado; magnos proyectos alejados de la realización; despedidas que se inician sin consumarse, estiradas por el monólogo monótono; placas inaugurales que parecen lápidas sepulcrales; cultivo del "casi", del "prácticamente está terminado", que quiere decir que no lo está; "vista gorda" para el detalle ausente... La investigación exige conclusiones. Y educar en la necesidad de alcanzarlas es mejorar muchas diversas actividades humanas. La investigación efectiva es realizadora, y lleva a la realización mediante el desarrollo de principios y experiencias, conducido a un objetivo, a unas conclusiones. Y en este aspecto forja caracteres realistas y puede llevar esa tendencia a muchas actividades humanas.

Bien están los planes, pero con mucha hambre de realizaciones, con optimismo activo, con la visión de que el deber estruja y es orillarlo gastarse en comentarios. Es necesario concretar, puntualizar, conocer ampliamente, pero realizar estrechamente; ver el panorama, más para seguir el camino.

Un día algunos profesores universitarios, muy entregados a la investigación, han discurrido, en conversación particular, el contraste que se da aquí entre la abundancia de químicos y la escasez de físicos. Y uno de ellos ha mostrado la ausencia, en los estudios universitarios de Física, de alguna materia que consideraba fundamental. Había que desarrollar aún más los temas de la moderna Física. Pero otro de los reunidos había recibido una carta de un profesor, físico, que investigaba en un gran centro extranjero, en la que decía: "Cada vez me reafirmo más en mi idea, que siempre defendí, de que los físicos lo que fundamentalmente necesitamos es un taller y un buen mecánico. Tengo la seguridad de que en ésa podremos hacer aparatos como los que estoy usando, además de otros muchos. Lo único que se precisa es una porción de cosas pequeñas y que parecen secundarias, pero sin las cuales no pueden terminarse correctamente los aparatos."

Terminar exige cosas pequeñas, detalles que parecen secundarios.

Medios y personas

Muchas veces, a la vista de la paralización y de la ineficiencia, surge el endoso de la culpa: "Aquí no cabe hacer nada; no hay medios. ¡Ah, en otros países!"

Y es que la justificación natural de la inoperancia o del fracaso consiste en echar la culpa a lo imponderable. En la última guerra, por ejemplo, para mejorar la eficacia de la defensa contra los submarinos, se trató de determinar exactamente la profundidad de explosión de las cargas empleadas. Los informes procedentes de los buques cazasubmarinos repetían constantemente que los buques enemigos se sumergían a profundidades superiores a la máxima a que podían estallar las cargas: "La exactitud de estos informes fue puesta en duda debido a la tendencia natural que manifiestan los hombres que han llevado a cabo un ataque con toda exactitud y precisión a achacar su fracaso al único factor que no pueden controlar. Tras un examen detenido fue posible obtener una idea aproximada de la profundidad de los submarinos enemigos, calculando la distancia a la cual los rayos ásdicos perdían contacto con los mismos. Esto daba una idea bastante aproximada de la profundidad de los sumergibles durante los ataques y demostraba que muy pocos, si es que había alguno, se sumergían a las profundidades citadas en los partes"[16].

A juzgar por lo que se habla de los medios, diríase que la turbina científica sólo funciona impulsada por caudales de oro.

Y, sin embargo, bien mirado, aparece que más que falta de medios la hay de principio, sin el que no se puede llegar a los medios. Hay unos cuantos hechos patentes.

Hay quien con pocos medios ha hecho mucho. Y hay consignaciones económicas fuertes, invertidas con escaso aprovechamiento. Si donde se alega la falta de medios como causa de inactividad, se analizase con la rigidez precisa el rendimiento de los medios disponibles, aparecerían medias jornadas y aun microjornadas, con edificios e instalaciones desaprovechadas casi todo el día; lujo en razón inversa de la distancia al centro del interés investigador: primero, lo externo; al final, lo esencial; valioso material científico que no funciona; libros que no se estudian; puertas que se abren alguna vez; publicaciones en las que el buen papel es la materia que sirvió a la impresión, no la impresión que dejó su estudio; más fotografías instantáneas que experiencias diurnas o anuales. Sería escaso el caudal, pero se llevó a las zonas estériles o menos productivas.

Los medios en la investigación no son afortunadas loterías extrínsecas, lluvia de millones. Los que tienen mucho se han hecho mucho. Y se lo han hecho, a veces, hasta directa y materialmente.

Los medios son necesarios, y cada vez más. Pero al investigador, al que hace, no le dan las cosas hechas, no vive anegado en una inundación de facilidades, sino que a medida que consigue aumento de medios crecen su esfuerzo, las exigencias y las complicaciones del trabajo, la tensión de su espíritu, la altura que requiere su elaboración mental.

"Se ha considerado con frecuencia que para fomentar la investigación era suficiente quejarse desde los Laboratorios y asegurarles créditos suficientes. Por esta razón se ha descuidado el elemento esencial: el mismo investigador"[17].

El valor de lo individual, la primacía de lo personal, quedarán siempre destacados. El medio es complejo variable; la persona es unidad que permanece. Las circunstancias podrán ser más o menos favorables; permitirán un desarrollo rápido o lento o impondrán la quietud, pero el hombre que mantiene un plan de realizaciones, un deseo de trabajo, una visión de alcances, encuentra el día en que el obstáculo se resquebraja, y lo que es más frecuente —ya que dificultades totalmente paralizadoras escasean— sabe zurcir, hora a hora, las posibilidades sucesivas y las inscribe en la curva de sus aspiraciones científicas. Con escasez de medios, el profesor firme ha ido construyendo su hogar investigador con pequeñas aportaciones continuadas y ha hecho mucho más que otros despreocupados con presupuestos de holgura. Cuando en algunas materias la investigación ha podido crecer con vigor y prontitud, es porque los medios se han vertido sobre parcelas cuidadosamente trabajadas por el esfuerzo personal. La célula llena de actividad vital es capaz de asimilar los medios y de dar un organismo potente; pero los medios derramados sobre la tierra yerta no son capaces de imponer una germinación. Cuando hay vida, si los medios escasean, se hace poco; si abundan, se hará mucho; pero siempre se hará algo, y ese algo modesto y diminuto, esa chispa o rescoldo del hogar pobre, eso es lo que no pueden crear los medios.

No hay espectáculo más hermoso en la investigación que encontrar esas pequeñas luces, acaso amortecidas, pero capaces de alumbrar una ciencia cuando la ayuda llega.

Hay especialistas en señalar lo que les falta; pero son preferibles en la investigación los que sienten la responsabilidad de lo que tienen.

Decía D. Pedro Ramón y Cajal en su discurso leído en la inauguración del Museo Cajal (19 de diciembre de 1945): "¿Qué hubiera dicho mi hermano si hubiese conocido estos tiempos en que se premia toda iniciativa científica con un premio que hubieran considerado como mitológico nuestros antepasados?"

El espíritu investigador pone a las personas y a las cosas en tensión y aprovecha sus cualidades y aptitudes; saca de cada uno lo que puede dar y con una profunda insatisfacción por la labor que se realiza va elevando el valor del trabajo.

Objetividad y vida interior

Hay entre los hombres muy distintas relaciones. Dentro de la amistad existen posibilidades muy distintas de compenetración. A veces es difícil llegar a un enfoque concorde, a pesar de la mejor disposición amistosa. Y es que la compenetración amplia sólo se alcanza al ser objetivo. Si cada uno se encastilla en particularismos personales que desdibujan el contorno real de los problemas, no cabe la compenetración.

Para hacer avanzar la investigación hay que ser objetivos en los juicios. Los hombres no valen más o menos según por donde sople el viento de la pasión. Desde luego, esto constituye una dificultad grave, porque hay caracteres muy distintos. Y existen lo mismo la sobrevaloración que la inferioridad subjetiva. Cuando un carácter posee un excesivo poder impulsor, no es difícil frenarle. Hasta es más simpático —si se trata de entusiasmo, no de egolatría—, tener que frenar que tener que empujar. Pero cuando lo que hay que disminuir no son actividades y proyectos externos, sino valoraciones íntimas, el problema se hace insoluble. Es muy difícil —prescindiendo de que sea muy ingrato— convencer a un hombre de que vale menos de lo que piensa. Y esta valoración no es un problema de amabilidad, sino una exigencia del trabajo científico.

Ocurre en la investigación lo mismo que en otras actividades de la vida. No se llega a esa iniciativa por un salto, y hasta hay que moderar, en ocasiones, excesos de personalísimos impulsos iniciales. En los comienzos hay un largo aprendizaje. Y el aprendiz de investigador desarrolla sus cualidades, practica técnicas. Si llega a dominar ese aprendizaje y en él se queda, será un espléndido auxiliar de la investigación. Si maneja los resultados con exactitud, entra en los temas, estudia, aporta datos propios y ajenos, circula por la bibliografía, pasa en la realización de la exactitud a la soltura y a la comprensión, redacta (redactar es un mucho comprender y un poco de gramática), expone y vive la investigación, alcanza conclusiones, el auxiliar ha llegado a colaborador. Y cuando en medio de toda esa formación vaya brotando la iniciativa, se está afirmando el investigador. El trabajo, la reflexión, el estudio, van dando esa capacidad de iniciativa, como un fruto de continuada educación. No es fácil concretar y generalizar en este punto. Porque hay temperamentos ilusos, lanzados, autosobrevalorados, que no pueden llegar a investigar por incapacidad o por precipitación. Las rutas anchas, los panoramas abiertos, las obras magnas llevan un ritmo que siempre parece lento. Son las pequeñeces las que pasan con velocidad cinematográfica. Vamos a cincuenta kilómetros por las calles estrechas y creemos correr más que cuando marchamos a cien por las carreteras espaciosas. Los árboles consistentes y duraderos no ofrecen frutos tempranos.

Antes que apearse de una sobrevaloración propia se acudirá a cualquier excentricidad o desvarío. El orgullo presentará como arbitrariedad el contraste entre la atención a unos y la supuesta postergación a otros.

La investigación es el cultivo de lo interior. Surgen con rapidez edificios gigantes, pero cada vez tienen más valor y dificultad las instalaciones interiores. Los medios de trabajo docente, bibliotecas, laboratorios, material científico, representan una exigencia enormemente superior a la del aula que cobija alumnos y profesor en una docencia exterior. Siempre es lo interior lo que cuesta, lo que perfecciona, lo que valora. La vida de una institución cultural está expresada más claramente por las cámaras oscuras que por los paraninfos, porque los rayos que atraviesan prismas, redes, lentes, en sutiles caminos que hay que escudriñar, hablan un lenguaje mucho más profundo que las luces del sol que atraviesan los ventanales de un salón, lleno de brillo y de majestad, policromo de sedas académicas.

Lo interior es lo costoso. La investigación es lo interior intelectual... Por las regiones más dispersas de un mundo de contenido amplísimo, la investigación traza rutas modestas y estrechas, líneas que fraguan una red, red densa, tupida, fuerte, duradera, costosa, que se pretende sustituir por el juicio brillante y el conjunto ligero, por la interpretación rápida y fácil. Correr es, muchas veces, resbalar. Lo general es sólido y firme cuando se cementa e integra lo particular. Entonces lo exterior es expresión de una realidad interna.

La investigación es penetrante y realizadora, es interior, es vital. El mundo necesita de lo interior, en el sujeto y en el medio, en hombres y en edificaciones. Casas adecuadas, calor de hogar, edificios estuche de funciones, espíritus que piensan, estudio que no desemboque en vano escaparate, vida que sea vida, porque hoy la vida tanto se ha agostado en exterioridad, que para designarla hay que decir vida interior.

Muchas veces, estallidos de monumentalidad quieren ocultar debilidades interiores. Dimensiones desorbitadas, suntuosidades frías, lujos yuxtapuestos, instrumentos que envejecen sin uso, carreras académicas superdilatadas, organizaciones técnicas sin ejercicio, planes deslumbradores sin ejecución, pérdida de escala que impone realizaciones lentísimas, efectismo con que se pinta la anemia, espectacularidad, todo eso, que es deficiencia de lo interior, falta de vida, es enemigo de la investigación; la investigación es la vida interior de la ciencia.

II. Investigación y docencia

Funciones de la universidad

La formación intelectual tiene un hogar: la Universidad. La enseñanza forma, señala los panoramas de cada ciencia, muestra sus métodos propios de trabajo, traza el enlace de lo conocido en un desarrollo de descubrimientos. Y todo eso no pasa por la mente sin modelarla.

La Universidad y las Escuelas Superiores son la forja de los profesionales científicos. La solidez de la enseñanza, la formación del profesional y del investigador exigen realismo docente, realizaciones vividas. Cuando escasean los hombres y los instrumentos de la docencia —profesorado, libros, material de trabajo—, viene el resbalar hacia el verbalismo inoperante. Profesar la enseñanza en un grado superior exige una posesión activa de la Ciencia, ya que al crecer ésta, la sola aptitud para transmitir unos conocimientos fijos pronto quedaría rezagada del nivel superior. Hay que estar al día. Y esa posesión activa de la Ciencia lleva a la investigación. Por eso la Universidad enseña y descubre, transmite e investiga la Ciencia.

También se busca que la Universidad eduque, dote al hombre de concepciones generales, de valores morales. No basta la Ciencia. Pero su insuficiencia humana no proviene de esa limitación que obliga al especialismo —si se quiere proceder con seriedad—. La Universidad enseña, investiga, educa. Forma profesionales científicos, forma investigadores, forma hombres[18]. Pero todo esto no por igual. Querer hacerlo todo puede llevar a no hacer nada. No es ni un órgano específico ni absorbente de formación humana.

Otras muchas instituciones forman hombres. Por otros muchos caminos llega al universitario su formación humana, su formación trascendental: "La palabra de Dios no está encadenada." Bien está la formación religiosa en la Universidad, pero cuidando de que un estatismo religioso no lleve a una religión estática.

Si la Universidad enseña, educa e investiga, veamos qué valor tiene la investigación con relación a estas actividades universitarias, docencia y educación, y luego cuál es la relación directa de la Universidad con la investigación.

Investigación y enseñanza

Entre investigación y docencia viene a haber, no de un modo preciso, la relación que existe entre aprender y enseñar.

Para enseñar hay que aprender, y aprender bien: aprender más y mejor. Enseñar es, a su vez, uno de los más eficaces métodos de aprender. Así, una fecunda docencia se nutre de la investigación ajena y propia, de la corriente investigadora. Y a su vez, en el panorama de la docencia, en el desarrollo de cursos y tratados, en los trabajos doctrinales en que una cuestión se pone al día —todo ello son manifestaciones de la docencia— surgen y se perfilan los temas de investigación. La docencia aporta, además, a la investigación espléndidas posibilidades de selección y orientación de futuros investigadores. Pero investigar y enseñar son tareas distintas y vocaciones que a veces se compenetran, pero otras veces marchan disociadas. Se oye ponderar el descuido de la docencia por parte del investigador absorbido por su labor. Evidentemente, la absorción por otra tarea, sea o no investigadora —puede ser profesional, política, económica, etc.—, perjudicará al docente. Cualquier tarea practicada con una dedicación exhaustiva ha de impedir o dañar otro género de actividades. Además, la investigación, el estudio específicamente, puede recortar y llegar a destrozar esa tendencia a la sociabilidad que requiere la docencia. El "desfile de caras nuevas" tiene cierto antagonismo con el "enfrascarse" en un reducto con tenacidad y cavilación.

Pero esta posibilidad no se puede generalizar. No hay motivo para sentar esa oposición como hecho corriente, como pugna normal. Hay una amplísima realidad que contradice el que fatalmente las cosas hayan de ser así. Antes y ahora, aquí y fuera de aquí, la coexistencia de las dos aptitudes, del interés profundo y eficaz por enseñar y por investigar, se ha manifestado en profesores perseverantemente activos en la especialización investigadora y en las dotes pedagógicas. Recordemos a D. Miguel Asín, en quien el maestro y el investigador alcanzaron admirable altura de ejemplaridad.

Feliz conjunción, en una sola persona, la del investigador y el pedagogo; mas no hay que pensar en que se produzca forzosamente; puede darse o no darse, como en un científico puede darse o no la aptitud musical.

Por otra parte, hay que considerar si el investigador es docente en la investigación misma. No hay que contar sólo con la bifurcación, que nos muestra la realidad, entre los profesores investigadores y los que no investigan: Entre los que investigan hay quienes lo hacen individualmente; desarrollan su tarea docente y, al margen de toda relación escolar, como trabajo estrictamente personal, disociado de todo magisterio, trabajan con interés en los temas científicos que les atraen. Producen investigación, pero no dan discípulos.

La docencia y la investigación aparecen en el curso de su actividad como líneas independientes; investiga la persona del profesor, pero la función docente no interviene en la investigación. Ciertamente, explicar las lecciones del programa es una obligación consignada en el artículo 59, párrafo *d)* de la Ley de Ordenación Universitaria; no tiene ese carácter de obligación dirigir tesis doctorales, aunque éstas sólo pueden ser apadrinadas por Catedráticos de Universidad. Pero hay docentes que lo son cuando investigan, y en torno a cada uno de ellos existen alumnos postgraduados, jóvenes con inteligencias concentradas en el programa de trabajo que traza el profesor. Sí, cuando se recorren las Facultades universitarias, cuando se percibe el ambiente escolar, se descubren núcleos, no individuos, de actividad científica; interioridades de una laboriosidad fraguadora de equipos que no trascienden a la organización administrativa, pero que se aprecian con evidencia y se reconocen con admiración. Allí está no ya el docente investigador, sino, además, el docente de la investigación, el que forma y dirige y compenetra y puede, así, multiplicar y ramificar un programa de realizaciones científicas.

Información. — La investigación, considerada como la vida de la Ciencia, inyecta en los varios aspectos de la enseñanza el valor positivo de su dinamismo y eficacia.

Si existe en la enseñanza una faceta informativa, la investigación la pone al día, le impone un tono vital que consiste en eso, en la permeabilidad de lo ambiental que hace absorber de la corriente de los conocimientos actuales sustancia asimilable. La investigación es una cadena de afanes que pone en la docencia inquietud superadora de todo estancamiento doctrinal.

Este afán de superación motivó estas palabras, aplicables a tantos centros de enseñanza de diversos países:

"En nuestras Universidades se enseña un enorme caudal de conocimientos científicos y técnicos, pero repitiendo las palabras estereotipadas en textos y apuntes, y no como conocimientos en elaboración y en constante desarrollo. Es un hecho indiscutible que los profesores más calificados del mundo han adquirido pleno dominio de los principios de las ciencias que enseñan, en gran parte por medio de las investigaciones personales en esa rama y no únicamente en los libros. 'La prueba del dominio completo de un tema —dice Crowther— es la capacidad para ampliar su conocimiento'" [19].

Ya hemos visto cómo la investigación es deseo, siempre insatisfecho, de un más allá en el mundo del conocer, una permanente curiosidad científica que requiere, primero, saber lo hecho por los demás, para poder elaborar la aportación propia e integrarla en un conjunto coherente. Por eso la bibliografía es un problema esencial en la investigación, problema que se aborda con sus complicaciones crecientes, sin que la magnitud de sus dificultades pueda justificar eludirlo.

El vasto material informativo no es que haya de verterse en la docencia; el profesor no ha de ser totalitario en su exposición, pero es necesario que sea exacto; no ha de decir todo lo que sabe, en cada punto, pero es preciso que no diga nada que esté ya derogado.

La enseñanza, a su vez, amplía el campo visual del investigador; el profesor ha de estar al día en una extensión mucho mayor que la que cultiva como investigador, y esto puede prestar grandes servicios a la investigación misma.

Doctrina. — Pero el investigador no es un pasivo receptor de informaciones; toma de ellas las que aprovechan al curso de su pensar, las que pueden ser segmentos de su discurrir. Esta incorporación vital es capacidad doctrinal. Y éste es otro aspecto del influjo de la investigación en la enseñanza. La enseñanza es primero información, luego doctrina. Los hechos científicos no son signos dispersos escritos en arbitrarios trocitos de papel agitados por el viento. Las piezas encajan, son solidarias, dan conjuntos armónicos.

La información fragua en doctrina. La investigación es estímulo y freno del pensar; es incitación y comprobación, inventiva a la que no se permite desbocarse; construcción mental que no logra alzarse si no atiende la ley de la gravedad lógica. El investigador maneja objetos porque maneja datos coincidentes de orígenes distantes, que sólo pueden converger en el objeto, y con los objetos fabrica conjuntos, ciencia, ciencia objetiva. Y ahí está el crecimiento científico como una capacidad doctrinal que no puede ser corroída por las infiltraciones del subjetivismo.

La investigación da al material del conocimiento una estructura que sólo es estable si los datos y hallazgos tienen aptitud de cementación, si los varios itinerarios mentales revelan un mapa solidario. Por allí pasó por primera vez el investigador, pero luego pasaron otros que ratificaron o rectificaron la descripción, la ampliaron, la enriquecieron con dilataciones consecutivas. Doctrina, esquema, estructura, todo eso elabora la tarea investigadora.

Tampoco aquí, en este aspecto doctrinal, la enseñanza va siempre a aspirar a decirlo todo. Sería dañoso que dijese sólo lo último. La enseñanza ha de presentar la añosa robustez del grueso ramaje, y no sería formadora si sólo mostrase blandura de recientes meristemos. Pero tampoco puede olvidar que estos meristemos son tallos de mañana.

Práctica. — La enseñanza tiene otro aspecto en el que es decisiva la influencia de la investigación. La enseñanza ha de ser práctica. Decir que ha de ser práctica es decir que ha de realizarse, que ha de ser real, que no puede limitarse a ser reflejo, narración, bibliografía. La Ciencia se ha hecho y se sigue haciendo mediante técnicas intelectuales y manuales nuevas o mediante técnicas largamente sabidas aplicadas a nuevos hechos. Novedad de panorama o de órgano visual. Pero, en todo caso, trabajo de visión.

Es la investigación la que ha impulsado laboratorios, instalaciones, instrumentos científicos; la que ha ido elevando el contenido de los centros docentes de modo que el edificio, de monumento, pase a ser estuche de costosa interioridad.

Pero la investigación exige la previa eficacia de la docencia. Para llegar a la investigación hay que aprender bien; no basta captar, recibir, conservar; hay que realizar, hace falta vivir los conocimientos, penetrar los detalles.

La facilidad en exponer y la dificultad en imponerse en métodos de trabajo han dado largamente a nuestras enseñanzas carácter enciclopédico verbal, en rotundo desequilibrio con la interioridad familiarizadora del ejercicio práctico. La razón matemática, *saber decir/saber hacer*, ha tenido un valor exorbitante. La explicación ha podido dilatarse sin freno mientras la acción ha quedado raquítica, cohibida. Desde hace mucho tiempo, gran parte del profesorado tiene dirigido su interés y su esfuerzo hacia la rectificación decidida de ese tipo de enseñanza, y lo conseguido, sobre ser mucho, va en aumento. Edificios e instalaciones han mejorado continuadamente, y hoy reciben impulsos decisivos que dotarán a las Universidades españolas de espléndidas sedes de trabajo.

En la vida escolar las clases prácticas adquieren desarrollo y valoración, despiertan alientos y pesan en el examen. Pero queda mucho que hacer en esta materia, sobre todo en los casos en los que un crecimiento imponente de la población escolar rebasa, con esterilizadora inundación, los cauces docentes y materiales. Si comparamos nuestra bibliografía en tratados teóricos y en libros de prácticas, advertiremos el desequilibrio; por esto, los avances alcanzados deben ser estímulo y empeño que implanten definitivamente la práctica, el ejercicio directo y activo, en nuestra enseñanza.

No se trata de una exacta coincidencia de contornos entre cátedra y laboratorio; no es que la práctica haya de cubrir precisamente el área verbalmente expuesta. Las prácticas dan a la teoría arraigo y solidez: calan, impregnan, fijan. Pero tienen también un carácter propio: forman la educación científica, sirven para saberse conducir científicamente. La familiarización con unas cuantas técnicas enseña a confiar que del mismo modo se llegan a dominar las demás. La práctica del laboratorio, del seminario, introduce al alumno en la ciencia, en sus métodos y procedimientos. Y la misma visión teórica y general del hombre que conoce el laboratorio no es ya sólo más firme, sino que es distinta. Ha visto las cosas en sí mismas, no a través de reflejos verbales. Hay que explicar menos y realizar más.

En un *Report* norteamericano sobre problemas pedagógicos se decía:

"Tal experiencia (la del trabajo especializado) es importante para la educación general de todos. La mayoría de los estudiantes que piensan ir a la Universidad realizan una preparación casi completamente verbal, mientras el trabajo manual y la manipulación directa de los objetos están principalmente reservados para el campo de los oficios. Esto es una seria equivocación. El estudiante de libros necesita conocer cómo se hacen las cosas y necesita hacerlas tanto como el que no piensa en una ulterior preparación intelectual. El contacto directo con los materiales, la utilización de las herramientas, la capacidad de realizar materialmente un concepto intelectual, son aspectos indispensables de la educación general de todos. En algunas escuelas, los alumnos reciben tal preparación en los grados elementales. Otros estudiantes alcanzan esta experiencia fuera de la escuela; pero los que no han podido tener esta experiencia, únicamente un curso en la escuela media les puede ofrecer esta posibilidad"[20].

Se señalan a la Universidad distintas misiones. Pero habría que sugerir otra zona de actividad universitaria. Convendría que de la actividad universitaria no estuviese totalmente excluído resolver problemas.

El universitario adquiere, en general, una formación doctrinal muy sólida y una capacidad operante mucho más restringida.

Un paso más allá, y las nubes producirían lluvia. Falta concretar, coagular el sistema disperso en gotas tangibles y fecundas. Correr áreas extensas, extensísimas, y detenerse en el borde de la aplicación perjudica a la misma ciencia pura. El agua, sobre la tierra, no puede correr tanto como en el aire; no puede navegar por encima de mares y continentes, fácilmente impulsada por los vientos; tiene que ceñirse a cursos fluviales, a impregnaciones edáficas, a capturas precisas. La expansión es trabajo, es energía, pero hay que evitar que degenere en vaporosidad; hay que limitar y fijar[21].

Las clases prácticas son eso: casos concretos, limitación, fijeza, arraigo. Las clases prácticas representan un aprendizaje previo a la investigación. Sin prácticas sólidas, serias, no se puede penetrar en la investigación. La investigación es, siempre, resolución de algún problema, pero convendría que se ofreciesen problemas con consistencia. El mero estudio de extensos tratados produce eruditos de conjuntos y carencia de dedicaciones estrictas. Y sin estas dedicaciones no se resuelven problemas, y si no se resuelven problemas no será demasiado extraño que la sociedad, la ciudad, la región, se interesen poco por la Universidad. Aquí —oía decir en una ciudad— la Universidad influye poco; la huerta puede más que la Universidad. Y pensaba: pero ¿es que la huerta no podría ser considerada por la Universidad?

LÍMITES DE LA INVESTIGACIÓN

Aunque entre la investigación y la enseñanza existen indudables relaciones, porque investigar obliga a estar al día, a fijar conocimientos, a encajar lo particular en el sistema total de la Ciencia, a hacer labor doctrinal y experimental, aunque la investigación —repetimos— está muy ligada a la tarea docente, hay una amplísima tarea docente que ha de correr al margen de la investigación. Alguna vez docencia e investigación exigirán criterios dispares. Es absurdo, se dirá, que un estudio profundo de la Edad Antigua prive del conjunto histórico y se ignore la Historia Moderna, por concentrar la visión en aquel período antiguo. La Historia tiene un contenido humano homogéneo, que se quiebra arbitrariamente con tal delimitación. Pero también es cierto que la Ciencia se elabora mediante los instrumentos con que se opera, y en la Edad Antigua las fuentes históricas de las que brota su conocimiento son radicalmente distintas de las que requiere la Historia Moderna. La separación no la impone sólo la naturaleza del hecho, sino la vía de acceso. Vertebrados, fanerógamas, protozoos, bacterias, tienen esencialmente una misma vida celular; pero el tamaño impone unos métodos, y en el tamaño se funda una ciencia: la Microbiología.

Investigación y enseñanza son dos actividades amplias, pero no totalmente compenetradas. La investigación tiene sustancia propia, necesita actividades dedicadas, y no puede florecer como un mero decorado de la docencia.

No toda enseñanza ha de ser investigación, ni toda investigación docencia. No vayamos a hacer de todo y con todo investigación, porque así surge la ligereza, la producción vana y la perturbación. Se confunde la busca de un objeto con una narración de trabajos, y el trabajo pierde toda la condición de trabajoso. Se cuenta lo que se ha hecho, resulte lo que resulte, o aunque no resulte nada. Se confunde el itinerario con el paseo que no va a ninguna parte, con tal de que se realice por una zona, solitaria muchas veces. Se publica demasiado, nos decía el profesor Wiegner, en Zurich. Se toma el hablar como un deber y no se reserva para cuando se tiene algo que decir, olvidando que "un investigador no debe publicar un trabajo que no aporte contribuciones originales o críticas constructivas"[22]. Fraüendorfer observa que en la actualidad se publican anualmente de millón a millón y medio de trabajos científicos en el campo de las Ciencias Naturales y la Técnica, sin contar la Medicina[23]. Y al mismo tiempo se descuida la solidez en la formación, se menosprecia lo que tiene valor continuado, básico, instrumental: el dibujo, la paleografía o el análisis químico. Hay que estar al tanto de la novedad del mes, aunque se ignore, lo que se conoce hace cincuenta años, hace un siglo. Se pinta sin saber dibujo; se divaga o interpreta sin saber alcanzar valores documentales, o analíticos. De ahí lo dañoso y perturbador de una introducción prematura en la investigación; ésta ha de ser madurez de un concienzudo desarrollo.

El aliciente investigador no ha de llegar a enturbiar la serena claridad de la enseñanza. Pero preparar material para el trabajo investigador cabe perfectamente en muchas enseñanzas. Investigar puede ser, a veces, realizar trabajos de técnica difícil o especialísima. Pero no hay que poner la investigación exclusivamente en lo complicado y difícilmente accesible de unos métodos. Investigar puede ser también, y con mucha, frecuencia, realizar determinaciones corrientes, orientadas por un pensamiento nuevo. No hace falta que la investigación esté en la originalidad del método; está en el propósito, en la intención orientadora, y así, transcripciones y análisis, que pueden ser objeto de una enseñanza general, pueden servir directamente a la investigación.

La limitación es carácter esencial de lo humano. Por eso yerran cuantos simplismos extravasan criterios acertados y los derraman fuera del área de su validez.

La investigación es una de las funciones de la Universidad, pero no la única, y la realidad dice que no hay unanimidad en la valoración de la importancia que los trabajos investigadores deben alcanzar en la cátedra. No todos los catedráticos tienen el mismo juicio acerca de la oportunidad y del peso que hay que otorgar al ejercicio de oposiciones a cátedras, dedicado especialmente a exponer la parte que la vida investigadora ha tomado en la formación del candidato a profesor universitario[24].

Se ha dicho muchas veces que al español le falta constancia, fijeza, y que ésta es su gran deficiencia para la investigación. Hay caracteres individuales muy distintos. Entre los que son constantes, hay suficientes para garantizar el desarrollo de la investigación. Por eso quizá sea mayor el peligro cuando la veleidad afecta a los orientadores, a los que sólo perciben lo que falta, a los que se cansan de la ruta recta y común, y están siempre dispuestos a preferir el ayer al hoy, hasta que el zigzag que traiga el contenido del ayer, los convierta en defensores del contenido del hoy; a los que valoran la importancia, por la publicidad; y, naturalmente, piensan que cualquier acto o curso de extensión universitaria, valioso o superfluo, apto para pasar a la prensa, tiene más trascendencia que las lecciones ordinarias, las de uno y otro día de cada año, las que son vida interna de la Universidad, las que se imprimen allá donde no llega la vista del público; allá donde sólo hablan el deber, la compenetración, el estímulo, y donde, claro está que fluyen también muchas palabras y resbalan, sin resonancia ni rendimiento alguno.

Precisamente ahí es donde está el carácter del verdadero universitario. Porque el que enseña, no enseña a una entidad escolar, no se dirige a un mundo; enseña a personas concretas, a éste y a aquél, a la realidad del individuo. No se mide la preparación de las lecciones por el número de alumnos, no se ambicionan anfiteatros pletóricos; aun el aula pequeña es insuficiente para la penetración de la enseñanza, y se va al laboratorio, al seminario. No hay maestro que crea perdida su ciencia porque la vertió en un diálogo.

La investigación se nutre de esta fuerza estudiosa personal, que es vida interior.

La Universidad no puede debilitar su misión docente para exaltar su labor investigadora. Sería desorganizar la retaguardia para polarizarse en frentes que se derrumbarían. Porque la solidez doctrinal es condición previa de la investigación misma. Hay que enseñar para formar profesionales excelentes, para equipar a la sociedad de hombres que sepan cumplir su tarea respectiva, que, en la mayor parte de los casos, no es investigadora. Pero aun cuando lo sea, la investigación no es manto con que cubrir la falta de solidez cimentadora. La investigación universitaria ha de ser un rebasamiento, nunca una desviación.

Investigación y educación

Hay que alarmarse un poco cuando se exagera la idea de que los centros de la docencia superior —la Universidad— no basta que enseñen y es preciso que eduquen.

Es muy cómodo cargar a la Universidad todo el "debe" de la formación escolar; pero esto viene a ser como el clásico "hablar mal del gobierno".

Ya sabemos que en las ocasiones más lamentables se ve la revuelta, se oye el alboroto, se palpa la anormalidad; pero el trabajo retirado y fecundo, la labor asídua, fiel, callada, ni se ve, ni se palpa.

Hay que enseñar y hay que educar, que es mostrar camino y llevar por él. No hagamos dos polos antagónicos con la educación y la enseñanza. Hay ideas vivas que calan o modelan. Y la investigación es rica en estas ideas y aun más en la aptitud para pensarlas y realizarlas y hacerlas fecundas.

La investigación es trabajo y el trabajo es educador. La investigación vive en laboratorios y archivos, en seminarios y bibliotecas. La investigación tiene por sí misma un alto valor utilitario; pero además posee ese valor educativo. Sería absurdo pensar que toda formación de cultura superior haya de ser formación investigadora. Hay en el mundo, en la misma zona de la cultura, muchas cosas que hacer que no son investigación científica. Pero el hombre formado para las empresas investigadoras ha desarrollado un conjunto de aptitudes que le hacen capaz de acometer otras tareas. Investigar no es una labor aparte del resto de las humanas actividades, desenraizada del nervio vital y humano que comunica su impulso a la espléndida diversidad de nuestros trabajos. Investigar no es tomar un camino estrecho, larguísimo, inacabable, sin más salida que continuarlo, sin posible evasión a otros, horizontes. Aprender a investigar es aprender también otras líneas y rutas.

Alguna vez podrá darse la formación investigadora mecánica, seca, que haga del investigador una máquina. Pero la rutina es defecto humano, no es defecto privativo del investigador.

El investigador bien formado —y en el próximo capítulo nos referiremos al valor formativo de la investigación— necesita y desarrolla valiosas cualidades humanas. Espíritu de iniciativa, frente al adocenamiento de un profesionalismo rutinario; concepción de planes, en vez de dejarse llevar por la corriente de los días; laboriosidad ordenada; realización concienzuda, que es visión aquilatada de las cosas que, veíamos, se llaman pequeñas, y sin las cuales las llamadas grandes son ficción y mentira; raciocinio seguro y al mismo tiempo ágil para tender nuevos caminos ante obstáculos inamovibles; seria valoración de los testimonios, que ni admite lo indocumentado ni toma por prueba documental un aluvión de insensateces, porque matiza y discierne, y sabe que a la certeza se llega estimando la calidad más que girando al choque de la cantidad caudalosa y charlatana; enfoque de conjuntos; mapas en que se perciben totalidades sin perder el detalle analítico; estrategia que liga el objetivo en cada movimiento o acción, es decir, adecuada correspondencia entre el plan general y la aportación monográfica, que es, a su vez, reserva inmensa de la retaguardia, porque la investigación no se propone iluminar un espacio o un pasado oscuro, sino más bien encender la luz del pasado para iluminar principios que, al ser generales, son actuales.

La Universidad es la forjadora del carácter estudioso, de la laboriosidad dirigida, de la constancia acrisolada. La Universidad tiene en sus manos modeladoras el tipo robusto, austero, exigente, firme, sencillo, seguro y cerrado al diletantismo, o el formato voluble y presuntuoso, excluyente y definidor, inconsciente y supervalorado, o la amorfía cultural, llena de curiosidades carente de direcciones.

Y esto no es indiferente para forjar al investigador, sea de la clase que sea.

Pero la Universidad, aparte de su influencia en la investigación a través de la enseñanza y de la educación, tiene directamente actividad investigadora.

La Universidad y la Investigación

La Universidad es la institución abierta a todos los estímulos científicos, a todas las vías de trabajo investigador. La universalidad de sus objetivos intelectuales la hace presente en todos los esfuerzos de edificación científica[25].

La Universidad en sí misma, en su recinto activo, en su organización operante, es asiento de investigación, pero hay algo más: las industrias y los archivos, las clínicas y las bibliotecas, están en parte o totalmente regidos por hombres formados intelectualmente en la Universidad. Y si bien sería un error querer hacer de todo lo universitario investigación, también lo será pensar que la investigación es un distinguido entretenimiento juvenil, un deporte más puesto en los entrenamientos previos a las oposiciones a cátedras, o juzgar que hay que romper la unidad del carácter investigador, disociar las ciencias de sus aplicaciones y hacer de la técnica una posición especialísima en el proceso de destilación intelectual, que en vez de incitar convergencias, distribuya lotes cuadriculados.

Precisamente porque la investigación no está recluida en la Universidad, formar investigadores no es precisamente formar catedráticos, y aun en esa investigación que rebasa los cauces universitarios y se derrama por diversidad de actividades, la Universidad no está ausente, porque forjó al hombre, que es lo esencial de la investigación.

La tarea investigadora tiene exigencias que influyen en muchos detalles de la vida universitaria. Ha existido la idea vulgar de que la seriedad universitaria debía medirse por lo denso y apretado del calendario escolar. Entonces tenía que producir sorpresa el ver el período de clases de la Universidad alemana y la duración de sus dos semestres incluidos en un total de siete meses. La Universidad británica consta de tres *terms* —invierno, primavera y verano—, aproximadamente de diez semanas cada uno, excepto en las Universidades de Oxford y Cambridge, que son de ocho semanas. Las vacaciones entre estos *terms* son de un mes o más en Navidad y en Pascua, y tres o cuatro meses en verano[26]. Pero el día en que acaban las clases del período no se cierra la Universidad. No ha ocurrido más que eso, que han terminado las clases. Pero siguen los laboratorios, los trabajos de toda índole, la afluencia de los investigadores.

Cuando el país atraviesa por la aguda situación de una guerra, las cátedras de exposición docente poco tienen que hacer. Hay entonces una bifurcación de la vida universitaria no escolar; en algunas direcciones el trabajo se hace más intenso y de más estrecha responsabilidad, mientras que en otras no existe ninguna tarea universitaria que realizar. La Universidad investigadora tiene mucho que hacer, aunque sólo sea en determinadas direcciones, pero la Universidad no investigadora apenas tiene entonces tarea específica que llenar.

Los planes de estudio están influidos por la investigación. La investigación determina su mayor o menor especialización. Es cierto que para investigar hace falta una base cultural muy amplia; para producir ideas hace falta haber nutrido la inteligencia en diversidad de campos. Luego la investigación determina una concentración progresiva del interés científico en zonas delimitadas. Pero sobre todo, aparte de la amplitud doctrinal de la enseñanza, influye la investigación en la seriedad de la docencia práctica, en la enseñanza de las técnicas. Entre lo que se aprende verbalmente y lo que se hace, hay una distancia cuyo valor se aumenta cuando se trata de la aplicación a la investigación. Hay que enseñar a hacer y una mera docencia verbal determina la esterilidad en la investigación.

La investigación no es un decorado, sino algo sustantivo; no es cubrir las paredes de cuadros, sino hacerlas soporte de unas pinturas que, además de una técnica, tienen un sentido. La investigación tiene una finalidad[27]. Si la investigación moviliza fuerzas formadoras, hay ya bastante motivo para que en la Universidad haya profesores, rectores y guías del trabajo investigador.

No obstante, la investigación no es un monopolio de nadie; es una producción que si no es real no es nada; no se presta a convencionalismos. La investigación es cada vez menos un remate estético, un título de honor, una borla doctoral, lograda la cual no se investiga más, ni aun hay que preocuparse de dar a conocer lo investigado. La investigación es, cada vez más, una exigencia social. Y hay que garantizar su producción. Para esto hay que orillar los "supuestos" y exaltar la realidad patente. No hay un título universitario que asegure la efectividad investigadora. Por eso la investigación es cada día menos un derecho y cada día más un encargo. Por eso resulta inadecuado cualquier tipo de monopolio de la investigación. La investigación no puede ser tratada por ninguna entidad como un derecho de propiedad, sí como una función propia y ajena.

El mismo derecho de propiedad está limitado por el cumplimiento de su función social. Nadie puede reclamar sobre las cosas un dominio absoluto y excluyente. Pero la investigación ni siquiera es una cosa, un capital; es un trabajo. Y

¿cómo va a cerrarse el derecho al trabajo a quien lo sepa realizar? Quien menos podría hacerlo es quien no trabaja. Con todo, ese absurdo existe, pues es quien ha dado vida al "perro del hortelano". La investigación no puede basarse en supuestos. Un crudo régimen de contratos, de distribución de subvenciones, en Estados Unidos y en Inglaterra, decide el criterio realista con que se resuelve el problema, tras una época de privado mecenazgo libre, otorgado también al prestigio reconocido y operante, no a la categoría administrativa o a la definición legal.

En la reunión organizada por la *Neue Helvetische Gesellschaft*, que se celebró en Zürich en febrero del corriente año para discutir el proyecto de creación de un Fondo Nacional Suizo para el Fomento de la Investigación, la mayoría de los catedráticos convocados se opusieron a la propuesta de las Universidades de la Suiza Románica, de que se reservasen dos quintas partes de los fondos de la proyectada Institución, para la investigación universitaria, alegando que no convenía fijar anticipadamente reglas para distribuir las subvenciones, en lo que debía seguirse como norma el interés nacional, estimado según una rigurosa objetividad[28].

La Universidad no ha esperado nunca ese privilegio y su gloria consiste en un merecimiento permanente, no en un reconocimiento de derechos de exclusivismo. En la libre concurrencia de la investigación, abierta como ninguna otra tarea al genio, al trabajo, al método, a la continuidad, al sistema y a la penetración perspicaz, la Universidad ha alcanzado culminaciones por la realidad del trabajo científico, no por la legalidad de las instituciones creadas. Es esta realidad la que en los diversos países proclama el valor decisivo de la Universidad en el desarrollo científico del mundo.

Y esta manifestación resultante de las tradiciones antiguas y modernas y de la efectividad actual importa mucho conservarla y superarla. Es evidente que hoy existe un caudal ingente de investigación técnica que desborda la Universidad y es nervio de industrias potentísimas, estatales y privadas.

El empuje y las exigencias de las industrias, su trascendencia nacional y social, su especialismo radical e ineludible, la posición de los hechos y la sucesión de las necesidades, dan a la investigación técnica proporciones gigantes, que parecen superar cauces tradicionales y alejar la investigación de los focos de enseñanza.

La Universidad ha puesto como remate de su labor formativa oficial la realización de una investigación estricta, trabajo que exige para otorgar el grado de doctor.

Se podría discutir la posible participación de la tarea investigadora en la estricta vida docente de la Universidad. Pero está claro que existe un período universitario eminentemente investigador: el doctorado.

El doctorado constituye una etapa universitaria con carácter propio, con existencia harto independiente. Es completa la carrera sin realizarlo y hay sitios y condiciones para doctorarse sin especificar rígidamente los obligados estudios previos.

El doctorado consiste esencialmente —a veces únicamente— en realizar un trabajo de investigación, la tesis doctoral. (Afortunadamente está ya fuera de nuestro panorama comprensible la posibilidad de los doctores sin tesis.)

Las tesis doctorales son la más estricta labor investigadora de las Universidades. A través de estos trabajos el doctorando se adiestra en las técnicas y métodos, se orienta en la doctrina. Y a lo largo de las tesis, el profesor va desarrollando un plan de investigación.

Los anuarios de las Universidades norteamericanas dan, como un índice caracterizador de los muy distintos centros docentes que allí llevan ese nombre, el número de tesis doctorales elaboradas en cada disciplina[29]. Y la colección sistemática de tesis doctorales es la publicación más genuina de tantas Universidades de diversos países.

Hasta la vigente ley universitaria española, el doctorado ha sido un grado superior de enseñanza exclusivo de la Universidad de Madrid. Si. Sólo se podía cursar y obtener el doctorado en la Universidad de Madrid y la investigación se atendía sólo en centros existentes en Madrid, las condiciones para ser doctor y tener así acceso al profesorado universitario podían canalizarse con estrechez. La ley de 1943 dio a cada Universidad el camino para alcanzar la plenitud de la titulación académica y liberarse así de ser meras preparatorias de ese grado superior. De momento, difundió los cursos del doctorado, suprimió la división del profesorado entre el de la licenciatura y el del doctorado, incorporó a todos los catedráticos al examen de las tesis doctorales realizadas en las distintas Universidades fuera de la Madrid y estableció normas para que cada Universidad pueda otorgar el título de doctor. Había que pasar a este régimen mediante garantías de que la libre amplitud abierta no rebajaría el nivel científico de la superior titulación universitaria.

El carácter nacional atribuido a los Institutos del Consejo Superior de Investigaciones Científicas ha favorecido el florecimiento de centros investigadores en las distintas Universidades.

No bastan las leyes, es precisa la dedicación efectiva. La mejor justificación para que una Universidad otorgue el título de doctor es la cantidad y calidad de las tesis que en ella se realizan. Es esta realidad del trabajo científico investigador el más sólido fundamento de una capacidad tituladora; con ella la Ley se hace viva.

Cada Universidad debería dedicar atención muy destacada a la publicación sistemática de todas sus tesis doctorales.

La Ciencia es fecunda y el órgano encargado de propagarla ha sido su principal productor. Tanto que ha llegado el día en que se ha podido considerar si de las dos tareas, investigación y docencia, una podía restar eficacia a la otra. Y han surgido órganos investigadores distintos a la Universidad. Y en Alemania, ejemplo de Universidad investigadora, se plasmó, ya a principio de siglo, una organización de la investigación científica fuera de la Universidad, pero sin que la Universidad dejase su profundo y esencial carácter investigador: fue un rebasamiento, no una reducción.

Desarrollo de la investigación fuera de la Universidad

Ha sido precisamente la conmemoración centenaria de la Universidad de Berlín, la que ha dado ocasión a fundar una de las más amplias y eficaces organizaciones investigadoras, distinta de la Universidad.

Alemania quiso celebrar este primer centenario de la fundación de su Universidad, erigida como un intento de restauración espiritual de una Europa asolada por las guerras napoleónicas. Y así nació la *Kaiser Wilhelm-Gesellschaft*, que fue fundada en enero de 1911, cuando unas doscientas personas significadas en la economía alemana pusieron bajo el patronato del Kaiser esta unión establecida para fomentar el desarrollo de las ciencias, y de un modo especial la formación y sostenimiento de Institutos investigadores de las Ciencias de la Naturaleza. Pocos días fueron precisos para reunir el capital inicial de 15 millones de marcos y para asegurar una aportación anual de 100.000 marcos.

Durante el siglo XIX, investigación y enseñanza estaban estrechamente ligadas en Alemania y el progreso científico se había desarrollado primero en las Universidades y luego también en las Escuelas Superiores Técnicas y Agrícolas.

El desarrollo de las Universidades alemanas en el siglo XIX es un vigoroso crecimiento de su carácter investigador. Otras nuevas Universidades surgen en Prusia, con la de Berlín: las de Breslau (1811) y Bonn (1818), y en el Sur se organizan sobre nuevas bases las de Heidelberg (1803), Würzburg (1803) y Munich (1826), todas con la finalidad esencial de dilatar el conocimiento científico, de ser "fábricas de ciencia".

"Una consecuencia de este desarrollo es el aumento extraordinariamente intenso de las cátedras y el crecimiento asombroso de los Institutos científicos. Aquéllas y éstos surgen especialmente en las Facultades de Filosofía y también en las de Medicina; el número de profesores crece regularmente del doble al cuádruple y todavía más"[30]. Y en cada caso hay que seguir la dirección consignada en la Orden del Rey de Prusia de 16 de agosto de 1809: mantener y ganar el primer hombre de cada especialidad.

Pero al paso del siglo se planteó la discusión de si este enlace entre investigación y docencia sería o no dañoso para el avance científico. Descargar a los investigadores del trabajo docente para una plena dedicación al trabajo investigador, podría aumentar el desarrollo de éste. Docencia e investigación ofrecían contornos distintos, sobre todo en la zona de las Ciencias de la Naturaleza, en las que la investigación se ramificaba y especializaba en proporciones crecientes. Está justificado un Instituto de investigación sobre silicatos, como lo creó Alemania, pero a nadie se le ocurriría que los silicatos constituyesen una asignatura ordinaria en un plan universitario. Cerca de cien mil separatas tiene la biblioteca del Instituto de Micología de Kew, en Londres, pero no podemos formular un plan de estudios dedicando una cátedra a cada uno de los grandes grupos botánicos. La investigación tiene exigencias a las que no se puede llegar contando sólo con el cuadro docente.

No existían suficientes condiciones de trabajo para estas zonas especializadas, pues el esfuerzo estatal iba en primera línea a instalar laboratorios universitarios e institutos con el material que la enseñanza requería. El desarrollo industrial exigía de modo creciente investigadores dedicados exclusivamente a impulsar las técnicas existentes y a desarrollar otras nuevas. No se consideraba que bastase el trabajo realizado en las Universidades para satisfacer toda esta voraz exigencia de investigaciones científicas. El pensamiento de la competencia de las naciones entraba en juego y el progreso científico empezaba a ser un poderoso medio de política exterior. Era urgente desarrollar una ciencia propia para no ser vasallo intelectual del extranjero.

La solución de esta necesidad de producción científica, tan profundamente sentida, no se alcanzó sin interrogar varias posibilidades. Y se pensó si las Academias, como servidoras, junto a las Universidades, del trabajo científico, podrían asumir la nueva tarea; pero las Academias, dado su desarrollo histórico, no fueron consideradas como instrumentos adecuados. "Para atacar los variados problemas de la investigación y trasladarla además a la práctica, existía el impedimento de su limitación histórica a las ramas científicas clásicas y del exclusivismo de esta república de las letras frente a la vida" [31].

Pero este deseo de levantar institutos adecuados a la investigación científica había sido ya expresado un siglo antes por Guillermo Humboldt, en sus grandes planes de organización de la Ciencia y de la enseñanza superior. Los denominaba, en los años 1809-10, Institutos Auxiliares ("Hilfs-Institute") y los constituía junto a las Universidades y Academias. Humboldt vio también que esta unión necesaria entre la investigación y la enseñanza en las Universidades ofrecía peligro para la investigación, pues para las Universidades las exigencias de la enseñanza habían de estar en primer plano.

Harnack, siguiendo una indicación del Gobierno prusiano, redactó un memorial que volvía sobre los planes de Humboldt y proyectaba la erección de Institutos investigadores con profesores exentos de las obligaciones docentes, con todos los medios auxiliares modernos, Institutos sostenidos por las aportaciones particulares, dependientes de una gran Sociedad formada por hombres destacados en la vida económica y en la intelectual, bajo la protección del Kaiser.

En la solemne sesión celebrada en la Universidad de Berlín el 12 de octubre de 1910, con la presencia de las más altas representaciones del Reich, en el discurso pronunciado por Guillermo II fue proclamada la institución de la Sociedad: "el gran plan científico de Humboldt exige, junto a la Academia de Ciencias y a la Universidad, Institutos investigadores independientes como integrantes del total organismo científico... Para asegurar la empresa e impulsarla con duración, es mi deseo fundar una Sociedad bajo mi protección y nombre, cuya misión sea la erección y sostenimiento de los Institutos investigadores. A esta Sociedad le entregaré gustoso los medios que se me ofrezcan. Y será cuidado de mi gobierno que a los Institutos fundados no les falte tampoco la ayuda estatal".

El florecimiento de esta Sociedad acreditó bien pronto que el caudal investigador seguiría cauces muy amplios, dentro y fuera de la Universidad. Por otra parte, la investigación particulariza y detalla y desmembra capítulos de Ciencia que desde el punto de vista docente no pueden alcanzar ese desarrollo. Quienquiera que conozca, por ejemplo, el conjunto de los Institutos investigadores que desarrolló la *Kaiser Wilhelm-Gesellschaft* se dará cuenta de que el amplio y fecundo paralelismo entre docencia e investigación ha de tener zonas de quebradura en las que la investigación cristaliza en cuerpos aparte, para poder constituir Institutos del hierro, del carbón, del cuero o del azúcar. Es la investigación técnica con sus continuas exigencias y sus inquietantes apremios la que llega a exigir una dedicación absorbente al margen de toda otra tarea. Así ocurre en los grandes centros industriales del mundo en los que la investigación ocupa un volumen considerable de trabajo.

Aun hay quienes, confundiendo la investigación en conjunto con alguna de sus partes magníficas y respetabilísimas, partes al fin, hablan de la Universidad como asiento exclusivo de la investigación. Parecen ignorar, por ejemplo, los enormes equipos investigadores que trabajan en la gran industria al servicio del progreso técnico de determinada fabricación.

Pero estas creaciones investigadoras fuera de la Universidad, no son sólo de épocas modernas.

El secular Colegio de Francia —cuyo origen data de la institución de los *lectores reales* por Francisco I en 1530— fue creado frente a la Universidad de París, de la que se mantiene separado. Contaba ya a fines del siglo XVI con unas veinte cátedras, que abarcaban las letras, el derecho, la historia, las ciencias físicas y naturales, como justificación de su lema: *Docet omnia*. La historia del desarrollo científico en todo el siglo XIX está elaborada en buena parte con las aportaciones del Colegio, de los Cuvier, Ampére y Regnault, de los Thénard, Balard, Le Chatelier y Berthelot, por citar algunos de sus profesores en Ciencias naturales, físicas y químicas[32].

El Colegio de Francia, aunque está constituido por cátedras, no da título alguno a quienes siguen sus cursos; sus profesores, vitalicios, no pueden repetir la materia que exponen cada año. Y la cátedra no está dedicada fijamente a una disciplina, sino que, en cada renovación de profesor, se plantea el problema del contenido que se le va a asignar. Puede continuar la enseñanza o ser sustituida por otra totalmente diferente. Se persigue, principalmente, el desarrollo de aquellas ciencias o direcciones científicas cuya, novedad no ha permitido que fuesen encuadradas en los planes generales de enseñanza. Por eso, pudo decir Renán que está especialmente destinado a la Ciencia *en voie de se faire*.

La designación del profesorado se funda en el prestigio personal, sin ninguna exigencia de grados académicos. La Asamblea de Profesores eleva al Ministerio de Educación una propuesta, razonada con dos candidatos, propuesta que es enviada a una de las cinco Academias, para que a su vez presente dos candidatos. El Ministro elige entre todos las propuestas y el nombramiento se hace por decreto del Presidente del Consejo de la República.

Actualmente existen 42 cátedras, sostenidas con los créditos oficiales del Estado. El Colegio acoge también las cátedras establecidas por fundaciones públicas o privadas[33].

Otra gran institución investigadora francesa, dotada también con cátedras independientes de la Universidad, es el Museo de Historia Natural, fundado por Luis XIII en 1626.

La tradición científica inglesa forjó ya en pasadas centurias diversas instituciones estrictamente investigadoras, alguna de tan gloriosa tradición como la *Royal Society*, "para el desarrollo de los conocimientos naturales", que se considera fundada en 1660, aunque con precedentes en las reuniones de Londres a las que se refiere Boyle en cartas de 1646 y 1647, o en la *Philosophical Society*, formada en 1648 en el *Wodham College* de Oxford.

En Londres se reunían en el domicilio de uno de los miembros o en un local inmediato a Gresham College. En diciembre de 1660 el proyecto de constituir una Sociedad de Filósofos recibió la aprobación del Rey Carlos II, quien pocos meses después permitió el uso del nombre *Royal Society*. Carlos II dio su primera Carta Real a la Sociedad en 1662 y la segunda al año siguiente. En la *Royal Society* existieron dos clases de socios: los que llamaban científicos y los no científicos.

Es en estos comienzos cuando se publica la obra culminante, *Philosophiae naturalis principia mathematica*, de Newton (5 de julio de 1686). Isaac Newton, profesor de Matemáticas en Cambridge, fue elegido miembro de la Sociedad el 11 de enero de 1671, y en

1703 fue designado presidente, cargo que desempeñó hasta su muerte, en 1727.

A 6 de marzo de 1664 se remonta el primer número de *Philosophical Transactions,* de la Sociedad, dividida en 1867 en dos series, una para los trabajos matemáticos o físicos y otra para los biológicos. Hoy cuenta con casi dos centenares y medio de volúmenes. Los actuales *Proceedings* derivan de los *Abstracts,* iniciados en 1832.

La vida de la Sociedad es una historia científica ávida de realizaciones experimentales que tiene su expresión en la formación de un museo, en la biblioteca, en los destacados manuscritos del archivo, en esa impresionante hilera de publicaciones.

"Los fundadores de la Sociedad vieron inmediatamente que el número de científicos en Inglaterra era demasiado pequeño para mantener tal institución como éstos la concebían, sin ninguna clase de dotación, pero ni en la Corona ni en el Estado estaban dispuestos a otorgarla. La única posibilidad era admitir en la Sociedad a personas con bienes e influencia, así como también a quienes se hubieran distinguido en otras ramas de conocimientos.

"Resultó entonces que la Sociedad, desde el principio, estaba constituida por dos grupos de miembros: el primero incluía a aquellos que, siguiendo la tradición de los fundadores de la Sociedad, se cuidaban ellos mismos del progreso de alguna rama de la Filosofía Natural e impulsaban el avance de los conocimientos en este campo; el otro tipo estaba compuesto por personas cuyo interés estaba en la Historia, Literatura, Arte, Arqueología o también en viajes y exploraciones, así como por políticos y diplomáticos. El crecimiento de la representación científica de la Sociedad dependió de la energía y enseñanzas del primer grupo. Era la riqueza del segundo grupo la que vio Sprat como fuente de las dotaciones financieras que la Sociedad necesitaría durante muchísimos años. Intelectual y socialmente, los dos grupos tenían poco de común. No había intención de formar una Institución que incluyese actividades tales como la Academia Francesa o la Academia de Ciencias de París.

"De estas dos categorías, los miembros no científicos aumentaron más rápidamente que los hombres de ciencia, y pronto fueron en número doble que esos últimos en la Sociedad. Hasta 1820 formaban sobre dos tercios de miembros de los Consejos, y con esto dificultaron la actividad científica en la Institución durante siglo y medio. Fueron las investigaciones llevadas a cabo con propia iniciativa por el genio y la habilidad de los más eminentes hombres de ciencia de la Sociedad, lo que levantó su reputación y prestigio y continuó promoviéndolos aun cuando año tras año estaban en minoría en el Consejo.

"La historia de una Institución que ha tenido una vida de tres siglos se ha de basar en un gran número de pequeños detalles y sucesos, pero, visto en conjunto, en la *Royal Society* pueden señalarse dos períodos distintos: el primero incluye los últimos cuarenta años del siglo XVII, cuando aquellos que se habían dedicado directamente al avance de los estudios de la nueva Filosofía, planearon y fundaron la Sociedad, y después de haber superado muchas dificultades, alcanzaron gran número de éxitos; el segundo período incluye el siglo XVIII y los veinte primeros años del XIX, cuando la mayoría, formada de miembros no científicos, ejerció una influencia que frenaba la actividad de la Sociedad e impedía su crecimiento como Institución científica; después de 1820, el control de la Sociedad pasó a manos de los hombres de ciencia, con el resultado de que vino a ser rápidamente lo que sus fundadores habían intentado originalmente que fuese: una Institución dedicada totalmente al progreso de los conocimientos científicos."

En 1663, de un total de 137 socios, eran 44 científicos y 93 no científicos. Esta proporción de científicos disminuyó todavía; pero en 1860, alcanzó un total de 630, divididos en 330 científicos y 300 no científicos.

"Después de 1820 las condiciones cambiaron mucho, porque todos los consejeros fueron científicos. Los Consejos se celebraron regularmente once o doce veces al año y la asistencia media a cada reunión aumentó de diez o doce a diecisiete o dieciocho y aun más. En cada reunión se trataron un gran número de asuntos, y las actas de estos Consejos son nuestra principal fuente de información" [34].

El trabajo concreto, especializado, que diversifica la ruta científica de principios del siglo XIX, alcanza también a la *Royal Society*, y su carácter de Sociedad general de todas las ciencias no pudo evitar la formación de sociedades científicas más restringidas: así la *Linnean Society*, fundada en 1788, desarrollada considerablemente en los veinte primeros años del siglo pasado; la *Geological Society*, fundada en 1807; la *Astronomical Society*, en 1820; todas ellas impulsaron considerablemente el desarrollo científico.

"El sábado 9 de marzo de 1800 —escribe Rideal— tenía lugar una reunión en una casa de *Soho Square*, justo al otro lado de la *Regent Street*. Era la casa de Sir Joseph Banks, entonces presidente de la *Royal Society*. En la primera reunión de *managers*, Benjamín Thompson, entonces Conde de Rumford, expuso sus ideas, relativas a una Institución. Allí se decidió que se formaría una Institución y se conseguiría una Carta real. El 30 de abril de este mismo año se compraba la casa de Mr. Mellish, y después, el 5 de junio, los *managers* tuvieron en ella su primera reunión...

"Los propósitos de la *Royal Institution* en aquel tiempo, como expuso Rumford... 'eran, aparte de la opinión general de la utilidad de las Artes y Manufacturas y el adelanto del gusto y la ciencia en este país, encaminarse al perfeccionamiento de los medios industriales y del bienestar doméstico entre los pobres'...

"En septiembre de este mismo año, el Conde Rumford nombró al Dr. Garnett *lecturer*, secretario científico y editor de los Diarios. De este modo comenzó el primer curso de conferencias...

"Es interesante señalar que al año siguiente se formaba un Comité permanente... 'para examinar los sumarios de los profesores de Filosofía Natural y de Química, con el fin de que no pueda enseñarse falsa doctrina científica en la Institución, y vigilar todos los nuevos experimentos filosóficos que puedan hacerse dentro de la misma, y que cuando se hayan hecho se redactará un informe de los mismos para los *managers* y para la *Royal Society* de Londres'...

"En febrero de 1801, Mr. Humprhy Davy fue nombrado por el Conde Rumford *asistant lecturer* de Química y director del Laboratorio de Química. Con Davy comenzaron una serie de conferencias experimentales, que han sido la característica de la *Royal Institution*. En julio del mismo año, el Conde Rumford propuso el nombramiento del Dr. Thomas Young como profesor de Filosofía Natural en la *Royal Institution*. Young, otro de los hombres más notables del mundo, era nombrado profesor en agosto. La influencia de Sir Joseph Banks, de Thomas Young y muy especialmente de Davy, fue muy grande en las ideas del Conde Rumford sobre las funciones de la Institución creada. Davy escribía en 1809 que los fines de la *Royal Institution* eran 'el progreso y difusión de los conocimientos útiles y la publicación de la ciencia experimental para los fines de la vida'...

"Es interesante saber que en 1810 Davy recibió 400 guineas por un curso de conferencias, de la *Dublin Society*. Debieron considerar éstas de un gran valor, porque en el año siguiente le dieron 750 libras por 'dos excelentes conferencias'. Dato interesante de señalar —indica Rideal—, especialmente si se considera el período en que se hizo..."[35].

La situación actual de la ciencia inglesa constituye un ejemplo de cómo la investigación científica dista cada día más de ser una actividad aislable, que puede discurrir al margen de la vida del país en que tiene lugar, y se va convirtiendo en un tejido de interferencias, necesitando de estructura y planificación. Es interesante observar cómo la Universidad y los grandes centros de investigación están cada vez más ligados a la totalidad de los intereses nacionales. Aquellas instituciones inglesas alimentadas de amplios mecenazgos han dado paso a un estado de cosas en que, por ejemplo, el 95 por 100 de los gastos de las instituciones agronómicas investigadoras son costeados por el Estado. Son tres departamentos investigadores estatales, el científico e industrial, el médico y el agrícola, los que distribuyen las subvenciones a numerosas entidades privadas. Pero conviene observar que los apoyos económicos no se realizan, de ningún modo, con criterio uniforme a todas las Universidades y centros de enseñanza, sino de acuerdo con las tareas investigadoras que se originan en cada entidad. En la distribución de estas subvenciones se advierte cómo en Inglaterra la investigación es cada día más un encargo que un derecho. Ciertas Universidades han pensado que la protección oficial de la investigación puede mermar en demasía la libertad en que tradicionalmente se desarrollaban.

Lo cierto es que esta progresiva intervención del Estado inglés no obedece a ideologías o a caprichos. Proviene de que en la anterior guerra mundial arraigó dramáticamente en la política británica la idea de que la labor investigadora constituye un factor fundamental del progreso económico y de la defensa nacional. Por ello Gran Bretaña no se ha limitado a organizar una investigación estatal en los tres departamentos citados. Ya desde 1916 se propuso poner en marcha, en colaboración con las industrias privadas, unas asociaciones cooperativas de investigación, cuyo cometido era emprender trabajos encaminados a resolver los problemas prácticos de las industrias que formaran parte de las asociaciones correspondientes. Desde julio de 1947 funciona en Stoke Poges Bucks el *Fulmer Research Institute,* cuyo objeto es establecer laboratorios a disposición de las industrias que necesiten investigar sobre problemas determinados. Este es el tipo de institución que existe en Norteamérica, por ejemplo, con la Fundación Armour, ligada al Instituto de Tecnología de Massachussets, pero con toda independencia, o con el Instituto Mellon, que fue estudiado por el coronel W. C. Devreux, presidente del *Fulmer Research Institute.* Hoy, pues, Inglaterra se esfuerza en multiplicar su potencia investigadora, convencida de que éste es el mejor camino para su esplendor económico.

También en Estados Unidos la investigación tiene su magno desarrollo dentro y fuera de la Universidad.

Se intenta allí llevar a la práctica un gigantesco programa de organización científica, que ya está incubándose desde 1944 y que probablemente culminará en una Fundación Científica Nacional *(National Science Foundation)* donde se agrupen y estructuren las numerosísimas actividades científicas que se realizan en las Universidades, industrias y en los Consejos investigadores independientes. Como datos que pueden ayudar a comprender la importancia que la actividad investigadora tiene en la vida norteamericana conviene recordar los 1.500

laboratorios de investigación organizados en Estados Unidos por empresas industriales desde la guerra de 1914, y los 4.500 científicos, y el presupuesto de 13 millones de dólares de la *American Telephone and Telegraph Company,* en 1934, o el hecho de que en 1940 se gastaran 240 millones de dólares en los laboratorios de la industria, 69 millones en los centros gubernamentales, 31 millones en los laboratorios universitarios y 4 millones en los laboratorios privados.

Junto a la Universidad alemana, esencialmente investigadora, detrás del florecimiento de la industria alemana se ocultaba el trabajo silencioso de nutridos equipos investigadores. El gran consorcio químico de la *I. G. Farben Industrie* contaba con 2.500 hombres de ciencia; el laboratorio de investigación de la Compañía Siemens y Halske albergaba 2.000 científicos.

En Rusia, la Academia de Ciencias, a la que está encomendada la mayor parte de la investigación, sostiene y controla las siguientes entidades investigadoras: 57 institutos, 16 laboratorios, 15 museos, 31 comisiones y comités, 73 bibliotecas, 35 estaciones investigadoras y 7 sociedades. En enero de 1945 su personal científico consistía en 4.213 investigadores y 600 estudiantes (aspirantes), además de un gran número de ayudantes técnicos, laborantes, bibliotecarios, secretarios y administrativos. El presupuesto de la Academia para el curso 1945-46 fue de 200 millones de rublos. El Ministerio de Agricultura soviético mantiene a su vez unos 100 institutos de investigación y 865 estaciones experimentales, con una plantilla de más de 14.000 científicos y alrededor de 25.000 técnicos y labradores.

No vamos a extendernos ahora en una descripción detallada del panorama que presenta la investigación científica en cada país. Pero estos trazos sueltos son suficientes para advertir que el caudal investigador desborda cada vez más los diques de cualquier asignación estrecha y afluye allá donde su presencia es reclamada.

III. Valor formativo de la investigación

Amplitud de lo formativo

Se dice frecuentemente que hay que cultivar en la enseñanza lo que es formativo, rechazando los estudios que no tienen ese carácter. Hay "disciplinas" que forman efectivamente; pero también hay "métodos" que forman. Hay que pensar en qué medida lo "formador" está en el "contenido" o en la "manera". Hay quienes saben dotar de amenidad, de esquema, de relieve, los asuntos que tratan. Todas las cosas pueden considerarse en variedad de aspectos; todo lo que existe tiene una razón de ser y es apto para ejercitar el raciocinio. Decía Ernesto Hello, hablando de Dios: "la cosa más pequeña ya se le parece; la mayor no se le aproxima todavía. Su nombre está escrito sobre cada brizna de hierba y sobre cada esfera celeste" [36].

Todas las cosas responden a un plan: la creación realiza un pensamiento divino. Por eso la consideración de las cosas posee energía formadora. La contemplación del cielo estrellado inspiró a Fray Luis de León una de las más bellas páginas que jamás se haya escrito sobre la paz. Contemplar la naturaleza tiene valor formativo —¿no lo tiene una obra de arte?—, y penetrar en el conocimiento de la naturaleza aumenta y dilata ese valor.

El fracaso de muchas maneras de enseñar está en el predominio de un hermetismo libresco, falto de vitales ventilaciones del ambiente. Las cosas aparecen disecadas y proyectadas en un plano. No se enfocan desde distintas posiciones.

Las cosas forman parte de un conjunto, tienen un ambiente, un sinnúmero de conexiones y aspectos. Hay que verlas, hay que buscarlas y vivirlas. En un despacho puede haber un museo de problemas extractados en notas, en las que se extinguió el tono vital que tenían en su medio. En un aula puede existir el desarrollo de un esquema doctrinal falto de contactos y arraigos, de ejercicios vitalizadores, de visiones reales. Porque éste es el peligro y la gloria de los libros: todo lo habido y por haber puede ir en sus páginas y el mundo efectivo, los problemas de la sociedad, de la naturaleza, pueden ser quintaesenciados en un sistema lógico. Pero cuando se estudian las esencias cómodamente guardadas en los frascos pueden olvidarse las glándulas vegetales que las elaboran y contienen. Cuanto más mecánicos son los problemas, tanto más satisfactoria es su resolución en un despacho. Pero las cosas vivas y complejas, al ser extraídas de su recinto esencial, caen como hojas secas sobre la Babel de una oficina mecanizada.

Dar vueltas a las cosas tiene un gran valor formador. Aprender es fijar, y todo aprender se resiente de estático. Como el hombre es materia y espíritu, el que aprende toma no sólo el concepto vibrante, sino unas cuantas prosaicas adherencias. Ese muchacho que sabe una lección, ante una pregunta que está contestando, recuerda aquellas líneas situadas en aquella página y aquel detalle tipográfico, y unas cuantas menudencias corpóreas ajenas al espíritu límpido del tema. Esta materia se liga a este capítulo; esta disciplina a este libro, a esta lámina, a este profesor, a esta aula. El fichero mental se consolida y va quedando dispuesto para que al oprimir la pregunta m del programa n aparezca inmediatamente la ficha. El conjunto es un muestrario de conocimientos. Pero falta no ya el enlace vivo, la articulación, sino la interpretación, el ver una cosa desde otro sitio, el ver las cosas desde distintos sitios, o —si nosotros somos el punto fijo— el hacer dar vueltas a las cosas. A través de esa traducción latina vuelve a aparecer una página de Historia antigua. Ese tema de Física moviliza una amplia deducción matemática. Ahora se ven las mismas cosas en otro ambiente, desprendidas de su accidental presentación. Lo de allí, y lo de más allá, y lo de aquí, vienen a resolver este problema, a iluminar este texto. Los conocimientos superan su primitiva fijeza y son ya dóciles a la agilidad mental.

No basta aprender: hay que manejar lo aprendido; hay que familiarizarse con los conocimientos. Hay que darles un tono vital: asimilarlos. Toda ciencia es producto de largas destilaciones lógicas; es una transacción obligada entre los hechos dispersos y el esquema mental que busca interpretarlos. Por esto, pedagógicamente, tiene demasiado de esencia, de esquema, de osamenta que necesita vestirse de carne; de hechos, aplicaciones, prácticas, problemas, traducciones, ejercicios...

Hay una enseñanza, el bachillerato, en la que de un modo especial se ha buscado el carácter formativo y se ha tratado de alambicar la esencia de cuanto procura el desarrollo de la mente, el cultivo de la inteligencia, en contraste con lo llamado informativo, enciclopédico y memorista. La disposición, la aptitud, el vigor y claridad intelectuales importan más que la captación y retención de datos y noticias científicas. Y en esta oposición se ha pretendido dividir las distintas disciplinas y asignar a unas todas las ventajas de lo formativo y rechazar otras como esterilizadoras de esa fase de crecimiento y plasmación de facultades.

A poco que se piense, no se advierte cómo un caudal científico, de la naturaleza que sea, puede deslizarse por una inteligencia sin humedecerla y aun sin calarla e impregnarla. No hay ciencia cuya tensión superficial se oponga a la adherencia y dé, como el mercurio, meniscos convexos, reacios a la comunicación. Hay en el bachillerato materias que se discuten en cuanto al grado de su participación, pero una alcanzó la más amplia y rotunda repulsa en las dos últimas reformas (la de 1934 y la de 1938): la Agricultura. Pues bien, la Agricultura es maestra en movilizaciones de conocimientos; está pletórica de utilidad, pero además es valiosa educadora de la mente. La Agricultura ofrece una integración vitalizada de las cuestiones planteadas en las ciencias naturales y experimentales, y esto le da hondura y vigor pedagógicos.

A propósito de las nuevas enseñanzas agrícolas en Inglaterra, *The Times* comenta que "sin duda todo ello es la señal de un sorprendente cambio del punto de vista de profesores y educadores en general e indica la aceptación oficial de la importancia que la Agricultura y las materias rurales, en general, tienen en el campo educativo" [37].

¿Se puede sostener que sólo es formativo lo que tiene valor de tránsito preparatorio, y no cabe encontrar enseñanzas en que se fundan su utilidad propia con su valor de preparación formadora?

El tren docente recorre un trayecto medio que lleva a las estaciones de término de los estudios superiores. Pero, ¿no podrán encontrar algunos en ese trayecto su estación final?

El nudo de la cuestión que urge aclarar es éste: ¿puede haber un trayecto que sea a un mismo tiempo tránsito para unos y término para otros, formativo para estudios superiores y también de aplicación próxima, o son incompatibles ambas directrices?

Parece que no existe esta incompatibilidad. Por eso, en la Ley de 16 de julio de 1949, que estableció en España la Enseñanza Media y Profesional, se definen tres grupos de estudiantes que pueden elegir tal camino:

"En primer término, aquellos que desean únicamente, sobre la base de una formación general humana de un Bachillerato elemental, instruirse en la práctica de las enseñanzas profesionales modernas. En segundo lugar, los que aspiren a ingresar en otros estudios especiales técnicos, para los que se requieren tan sólo los primeros años del Bachillerato. Por último, el de los mejor dotados intelectualmente que, alejados de las grandes poblaciones, podrán cursar los primeros años del Bachillerato en el lugar de su residencia, con ánimo de completar más tarde su formación y alcanzar el grado de Bachiller universitario a través de un sistema progresivo de selección que garantice su acierto vocacional y les encauce hacia la Universidad o los estudios técnicos superiores"[38].

Lo inmediato también es formativo

El valor formativo de las ciencias no se puede ver como algunos ven las plantas de jardín; no basta su valor estético, hay que añadir que no sean útiles.

Junto a aquella curiosidad científica que se interesa por lo remoto y apartado, dejemos crecer el afán intelectual por lo próximo e inmediato. El rango científico no lo da la lejanía del objeto, sino la perfección del enfoque. No será hacer Ciencia recorrer sólo con criterio pedestre las calles inmediatas a nuestra casa, y excluir lo demás para relegarlo a un despreciado archivo de "cosas raras"; pero no caigamos en el defecto opuesto, edificando Ciencia sólo con "cosas, raras", excluyendo como objeto de Ciencia cuanta es visible para el vulgo.

No olvidemos, por eso, que "nuestras conclusiones relativas a acontecimientos oscuros y remotos en la historia de nuestro universo y da nuestra tierra vierten un flujo de luz sobre el mundo del común trabajo diario" [39].

No se delimita el carácter científico del objeto porque caiga dentro o fuera del campo de visión, de las gentes, sino por el poder de penetración con que se observa.

Si a un alumno de enseñanza media le nombramos el calcio, seguramente piensa antes en una obtención complicada que no ha visto, que en el yeso o la caliza que tiene ante la vista. El número de personas que tienen idea de lo que es Endocrinología es probablemente mayor que el de los que tienen idea de lo que es Bromatología. La Petrografía sedimentaria se está desarrollando muy posteriormente a la eruptiva. Por eso el geólogo norteamericano Twenhofel reprochaba a sus colegas que mientras se preocupaban de las rocas eruptivas no atendían las formaciones sedimentarias[40] que acaso tenían frente a la puerta de su casa. Esta fecunda formación, que es el suelo, se consideraba como la envoltura molesta de lo interesante subyacente. Entre nuestros investigadores es más fácil encontrar asiriólogos que eslavistas. Siempre lo remoto y lejano se antepone con frecuencia a lo actual y próximo. Que el español no necesite aprender en obras extranjeras lo que tiene en abundancia ante la vista. Entre los veinte edificios recientemente construidos en el mundo, seleccionados por Alfred Roth para mostrar la situación actual de la Arquitectura, existe uno realizado por lo que llama sistema de construcción "adobe" [41].

Sembremos pasión por un estudio que no excluya lo que está en el ambiente. Hagamos también Ciencia con lo que nos envuelve. El científico no es sólo el explorador que habla de regiones difícilmente accesibles, sino también el geógrafo que describe la tierra propia visible. Quién es más científico lo dirá el ángulo y la hondura de la visión, no la distancia de la región expuesta.

Lo formativo no es sólo un contenido, sino un enfoque, una dirección, un modo.

¿QUÉ ES LO FORMATIVO?

No conozco ningún plan formativo que fabrique robustez para las inteligencias, claridad para el juicio, amplitud para la reflexión. Veo que de los mismos estudios salen entendimientos sin coincidencia; veo que de distintos estudios salen mentes claras.

Se niega a veces a lo técnico capacidad formadora. Pero es demasiado parcial considerar lo técnico como material. Felices coincidencias viajeras pueden ligar —así fue en mi caso— una visita a Munich y Königsberg. Se tiene así la suerte de conocer el *Deutsches Museum* y, a lo largo de sus cientos de salas —las minas en los subterráneos, y su beneficio, las comunicaciones de todas clases, su evolución, descubrimientos químicos, etc.—, una magnífica representación del gigantesco desarrollo de la técnica.

Así se ve cómo el progreso técnico va desarrollando y confirmando ideas; cada máquina, cada aparato, es la valoración, la confirmación de una serie de deducciones; la razón ha seguido un largo camino: ideas, planteamiento, cálculo, resultado, y al final... la máquina se mueve; la razón ha caminado bien. ¿Vale esta visita por una inoculación preventiva para vivir en la ciudad de Kant?

No creo que una disciplina tenga el monopolio de la formación; hay menos motivo que el que pudiese existir para que un deporte tuviese el monopolio de la formación física. Veo el valor formativo de la Gramática, magnífica constante de las lenguas; y el valor de todos los idiomas, precisión modeladora, dilatación de cultura; y el de la Matemática, lógica de la construcción mental; y el de las Ciencias Naturales, formas, problemas, enigmas de la materia y de la vida; y el de la Geografía, y la Historia, y la Filosofía... Y todo eso, separado o junto, me da —del mundo y de mi vivir— una imagen sin médula y sin finalidad... Después de todo eso no se acaba de entender para qué vive el triste o el leproso. Toda ciencia humana, todo tipo de humanismo, aisladamente, nos deja fríos, opacos, indiferentes... La vida sólo tiene sentido y valor, luz y vibración, cuando en lo humano incide el rayo divino.

Aspectos de la naturaleza

Me siento junto al río y contemplo la serenidad de su caudal; vuelvo uno y otro día y se me graba su continuidad. Aguas que descienden al mar uno y otro día, y el río no se seca. Y en el mar no se acumulan todas las aguas de un planeta desangrado, porque por encima del mar y de la tierra hay un sol que levanta nubes. También los espíritus descienden —cansancio, decaimiento, perversión— si no hay una fuerza superior a la humana, un sol de justicia, que los levante. El río tiene valor formativo.

Primavera del 36 en Madrid. Los domingos en Cuatro Caminos, en Tetuán, en Chamartín, hay formaciones con banderas rojas y puños en alto. El autobús cruza hacia la Sierra. Y entre las serenas moles graníticas del Guadarrama, el gobierno y su prensa, los dominadores hostiles a la médula del genio español, parecen una pobre burbuja de historia. El Guadarrama tiene valor formativo.

Mañanas de septiembre en las aldeas de Castilla; caminos entre calzadas de piedras sueltas; mulos cargados de arados y de estiércoles. Otra vez a desmenuzar la tierra, polvo ya de erosiones, y a agregarle desechos y residuos; alguien tomará lo que otro aparta; desechos y residuos de plantas y animales, pasto de microbios; y allí, en aquel compenetrado desmenuzamiento de la tierra y de la vida, caerá la semilla para destruirse también y ser fecunda y dar pan. Para ser fecundo no basta caminar a zancadas sobre conceptos amplios y visiones generales, sino que hay que adentrarse en el pormenorizado desarrollo de las cosas. Hacer fecundo el polvo haciéndolo medio de cultivo para la vida. Septiembre, aldeas de Castilla, tierra, mulos, arados, todo tiene valor formativo.

Y ese árbol o esa brizna de hierba que elaboran la mayor parte de su sustancia con el producto de las combustiones y respiraciones, con ese gas que ya no puede arder ni encender, ni vivificar nada... Unas hojas al aire, unos rayos de luz... Y la luz de lo alto hace que un gas sin energía ni figura, inadvertido, forme con el agua dulzura de azúcares, féculas nutritivas, resistencia de celulosas. Una hoja al aire tiene valor formativo.

Todo lo que hace pensar desarrolla la inteligencia. Pero, ¿qué es lo que no hace pensar? ¿Dónde hay caminos que no sirvan para andar? ¿Dónde hay una ciencia que no sea formadora?

Zürich, hundido en el profundo valle del Limmat y del Shil, a la orilla del lago gigante, es durante el invierno una ciudad de nieblas.

Leves neblinas bastan ya para ocultar la lejana blancura de los Alpes; con la niebla se pierden hasta las más cortas perspectivas de la bella ciudad: el perfil de los templos a la orilla del Limmat, la cúpula altiva de la Universidad, la torre, como de fortaleza, del Museo, y la del Observatorio y las ágiles torrecillas del Palacio de la Música.

Es entonces cuando en las calles aparecen numerosos carteles con la inscripción: *Ütliberg hell* El monte Ütli, despejado, se eleva más de cuatrocientos metros sobre la zona baja de la ciudad. Y desde la baja ciudad, sumergida en niebla, corren las gentes a las cimas anegadas en luz.

Subir a pie a Ütliberg es un espectáculo soberano. Al comenzar y durante casi todo el ascenso, el exterior sigue invariablemente monótono, pero en nuestro interior crece el cansancio. Los troncos de las hayas, los líquenes, los arbustos, los cortes del terreno, no pueden destacar sus caracteres, envueltos en un ambiente rezumante. Y más allá de estas cosas inmediatas no se ve nada; se ve una masa gris, impenetrable, igual, sin punto de claridad, sin una ráfaga orientadora. Cuando por las sendas escarpadas se ha subido ya muchos metros, y las cosas continúan igual, y el cansancio es mayor, y el paso más lento, y junto al camino se ven aguas que corren satisfechas, por los que suben parece pasar un conato de duda, de invitación al retroceso. Pero nadie retrocede. Tienen inquietudes de elevación, deseo de altura que no tienen las aguas que descienden contentas.

Y he aquí que, de repente, sin saber cómo, nos hemos encontrado en el reino de la claridad. Las cosas tienen ya color. En el aire se ha visto, primero, un borbotón de luz, poco más arriba el sol, con su grandeza y sus resplandores. El sol, el mismo hoy que todos los siglos; el mismo en Ütliberg que en Australia.

Al fondo se ven montes y picos, cada vez más altos, cada vez más blancos; cumbres heroicas sin más tesoro que su blancura, puntos en los que el sol brilla con luz privilegiada, donde ya no hay gris ni verde, pardo o amarillo, porque no se absorbe ningún color, no se guarda nada: es todo luz y plenitud, suavidad, silencio y quietud de la nieve, dispuesta a sublimarse, a volver a la altura, sin pasos líquidos por la tierra, o a descender sobre un mundo disperso, distraído, donde el agua puede ofrecer horizontes infinitos —visión de océano—, inquietarse en continuo correr, o ser infiltración impregnante o socavadora, o limpio remanso reflexivo, o charco y corrupción.

Desde Ütliberg no vemos Zürich. Vemos un mar de niebla en el que está sumergida la ciudad. La ciudad, que allá abajo, donde no se ve el sol, pierde todas sus perspectivas y panoramas, todos los puntos de vista que rebasen en amplitud al humano artificio de sus escaparates. La ciudad, que al anochecer tal vez se enorgullezca con su electricidad hecha luz, sin pensar que aun las limitadas iluminaciones lucen porque pone agua en las cumbres de la montaña ese sol al que ahora la ciudad no conoce. La montaña tiene valor formativo.

Las grandes montañas —Alpes, Pirineos— constituyen un conjunto de hechos geológicos, biológicos y humanos que suscitan profundo interés científico. La montaña atrae no ya sólo la sensibilidad tersa y apasionada, capaz de vibrar con pura emoción ante insospechadas grandezas desbordadas; atrae también a la inteligencia inquiridora en amplísima diversidad de ciencias. La montaña es cauce con caudal propio y esto tiene una trascendencia que hay que utilizar. Porque el mundo padece en muchos casos exceso de cauce y falta de caudal, y, en no pocos, desacuerdo entre el seco cauce y el caudal derramado. Brota así un organicismo abiótico, compleja trama de troncos sin hojas, alambradas, a lo más de valor defensivo, pero sin jugo, impulso, ni brote. El organicismo, el ficherismo, adolecen de pobreza vital. Es frecuente la dislocación entre cauce y caudal.

En la montaña se aprende que es el caudal el que abre y desarrolla su cauce, cauce natural tallado en siglos y en milenios por limas glaciares y pulimentos fluviales, torrenteras y valles, hoces y circos, que despliegan la maravilla de sus contrastes, la variedad múltiple de sus formas movibles, como si el caudal palpitante transmitiese al cauce su desarrollo y su vida. La montaña da esta lección a un mundo seco de superorganización, lleno de proyectos y de líneas, de mentes exprimidas, de empeños difusos, de catástrofes desencauzadas; mundo yermo sin el hilo fecundante de un caudal que elabora su cauce, como elabora la savia sus vasos y conductos y los tejidos todos del árbol, su forma y su fisonomía. Empuje de la savia, impulso del agua transpirada, deseosa de saltar a las nubes, después de dejar abajo la huella viva, vegetal, de su tránsito. La montaña está llena de cauces y caudales. Se golpean las aguas en la altura, precipitadas por abismos rocosos, duros e indiferentes, y se lanzan en dominadora corriente de majestad, en asombrosa riqueza de continuidad, y luego, el bosque entero, el prado, el matorral, se estremecen de exuberancia, minado su interior por vivas galerías que el agua tejió para volver al cielo.

La montaña es el origen de los ríos, el límite de sus cuencas. Y "el río —escribe Masachs— es el elemento más dinámico de la geografía; la variabilidad, si bien ofrece límites determinados, es en él una cosa normal y en ocasiones alcanza valores exorbitantes.

"El río retoca y varía los aspectos del cauce por que discurre a un ritmo muy superior al de la variación del resto del relieve; este ritmo hasta puede compararse en casos excepcionales a la acción brutal de los factores geológicos internos, y en todo caso su actividad es más continuada y sus resultados más duraderos; profundización del cauce, formación de gargantas, evolución de meandros, capturas, cambios de cauces, rellenos aluviales, deltas, terrazas, son fenómenos geográficos bien delimitados, producto del funcionalismo fluvial y que perduran a través de los tiempos como huella incontestable, no de un fenómeno esporádico, sino de una climatología, una geología y un relieve determinados.

"Lo mismo la variabilidad del río que sus efectos morfológicos son a su vez determinados por condiciones geográficas de orden superior: la latitud y la zona climática de ubicación de un desagüe fluvial, la altitud y orientación general de un relieve, la paleogeografía del territorio afectado, determinan el trazado y el mecanismo funcional del río.

"Un río, pues, es el hecho geográfico en que se imbrican de modo más completo la climatología, el relieve, la geología y la historia geológica del territorio; de ahí lo cambiante de su funcionamiento cuando se entra íntimamente en sus detalles. Las variaciones pausadas, los exabruptos catastróficos, los estiajes pertinaces, los arrastres que sepultan las llanuras y sus factores, son objeto de nuestro estudio"[42].

La montaña está llena de caudales y de cauces naturales y pide no que construyamos en ella universidades, sino que la constituyamos en universidad en la que va a ejercer su magisterio. Y así pasamos de la montaña marco a la montaña objetivo de estudio; de tener universidades en la montaña a intentar forjar una universidad de la montaña. ¿Hasta ese grado tiene valor formativo la montaña?

Lo universal y lo local

Parece desatino el propósito, aun escrita universidad con minúscula, en un sentido de estudio y trabajo, totalmente alejado de toda significación legal o administrativa. Porque si se trata de que corran por cauces geográficos locales estudios propios, no corrientes generales, ¿no habremos hecho un localismo al que no cabe dar la denominación universitaria?

El actual desarrollo de las instituciones de investigación local ofrece un cambio decidido en las actividades de cultura de las ciudades y pueblos españoles. Al Ateneo de la Ilustración, al centro establecido como fuente de una Ciencia traída por las conducciones propias de los tiempos, pródiga en conferencias llenas de generalización, han seguido, al menos en parte, núcleos de trabajo modesto, pequeñas publicaciones, temas muy concretos y aun diminutos, una firme aplicación a problemas y cuestiones delimitadas. Así se han creado en España, en los últimos años, un buen número de instituciones de investigaciones locales, que demuestran un esfuerzo ejemplar y una orientación meritísima. Las revistas de estas instituciones alcanzan elevado nivel de sólida cultura.

Al estudiar, por ejemplo, el Pirineo, en la diversidad de sus aspectos, planteamos en las ciencias que aquí traen sus métodos y técnicas un conjunto de problemas que tienen dimensiones de trascendencia. Cada uno de los estudiosos del Pirineo, cada científico de las diversas ciencias, percibe lo que el hecho pirenaico representa en su especialismo, en Geología, en Botánica, en Agricultura, en Edafología, en Meteorología, en Geografía, en Arqueología y Arte, en Prehistoria, en Filología, en Historia, en Antropología. Este es el nudo de la vitalidad científica de estos estudios. ¿Por qué, estudios pirenaicos, por ejemplo, y no de otros valles cualesquiera, de otra zona peninsular, de sus altiplanicies o de sus costas, de sus depresiones o cordilleras interiores? Todo hay que estudiarlo; pero esta concentración investigadora en torno a un gran hecho geográfico sería superflua si éste no tuviese muchas cosas que decir, si de él sólo fluyese un saber comarcal que no va a verterse en los grandes problemas científicos generales.

También las Ciencias puramente humanas tienen sus Pirineos, sus grandes períodos; y calar en el conjunto polifacético de un gran enclave histórico puede ser más formador que exponer ligeramente el manual; éste debe conocerse y no está justificado ignorar el conjunto, pero no deja de ser formativo ahondar en el intervalo de la ruta.

La Ciencia no crece en el vacío y este gigantesco conjunto de hechos geológicos que constituyen las magnas cordilleras dilata la visión en direcciones múltiples. El conocimiento de los pisos de vegetación, de las asociaciones vegetales, de los perfiles de los suelos, nutrirán esas ciencias en formación, la Geobotánica, la Ecología, la Edafología. Y así en las demás. La montaña presenta una riqueza de casos, una intensidad de fenómenos, una gama de variantes, una cercanía de contrastes, un desarrollo de factores, una vida tan propia, que la convierte en paraíso del que la estudia. Una vida propia que es pasado y presente, folklore, derecho consuetudinario, economía pecuaria y forestal, archivos y problemas de hoy, arraigo y fuerza actual. Lleguen a la montaña la sensibilidad lírica y el turismo utilitario; todo tiene su misión. Pero también el estudio y la inteligencia pueden nutrirse de esta floración gigante de hechos. Cada cual en su ciencia ve cuan justificado está dedicar a la gran mole una atención especial.

Pero la montaña no es una isla. Y cuando conozcamos sus realidades vendrá su comparación. ¡Igual que Tesino, igual que Tesino!, exclamaba, sorprendido, un profesor de Zürich desde el pueblo de Panticosa. Esas cumbres de Europa donde convergen las lenguas y las culturas germana, francesa e italiana y de donde irradian las grandes corrientes fluviales europeas, sierras alpinas integradoras de la Confederación Helvética, prolongadas en los países contiguos: montañas de Baviera, del Tirol, de Saboya; y esos viejos sistemas montañosos que parecen arrumbados y decrépitos en las zonas centrales de las centrales nacionalidades europeas y forman como su núcleo permanente e indeleble, quizá desteñido por seculares erosiones, pero siempre imborrable; y aquellas moles graníticas, bordes atlánticos, de las espléndidas cordilleras escocesas y escandinavas; y tantas tierras altas de la Península, han de tener parentescos y diferencias, como magnos recodos vitales en cuyas márgenes prendió una flora propia y creció la rara planta de la originalidad, y todas sus diferencias y caracteres emergieron de un fondo que tiene mucho de común porque captó de la altura los reflejos de un mismo limpio sol. Cuando el hombre pasa a ser centro del mundo, la semejanza engendra el antagonismo y en las llanas tierras industriosas, homogéneas y al parecer solidarias, brotan abismos de intereses y de odios se llama patriotismo al amor a una tierra poseída, se hace de la patria pedestal y los ejercicios de acrobacia en el soporte son más ágiles que los impulsos de servicio. La montaña, como la verdadera sabiduría, da al hombre sus propias diminutas dimensiones. Pero es natural que el egoísmo, haciendo de pigmeos protagonistas, levante tinglados homocéntricos, llenos de apariencia.

El hombre vuelve de la montaña a las cosas, a sus cosas, a sus excavaciones o monumentos, a la modalidad lingüística o a la costumbre jurídica, al canto, al arte popular, a las rocas y formas, a las tierras y vegetaciones, a los usos e industrias, a las múltiples canalizaciones del gigantesco complejo geográfico, con un aire nuevo de la altura, que lleva a la llanada del estudio y del trabajo científico vigor de hechos, aliento fecundante, caudal de vida.

Hace algunos años se celebraban conferencias científicas de invierno en la capital que parecía poseer el clima invernal más benigno de nuestro Mediterráneo. Alguien propuso continuarlas en ciudad próxima fundado en datos meteorológicos aun más favorables. Eran, desde luego, interesantes, pero el paso de personalidades científicas por aquella zona no agregó nada al conocimiento del país.

Una Ciencia inmiscible, ofrecida esporádicamente en conferencias ante públicos heterogéneos, pasa por las ciudades sin elevarlas a la categoría de objeto de estudio. Después de haber desfilado quince, veinte oradores por la tribuna de la ciudad, puede ocurrir que nada nuevo se sepa acerca de ésta. Así pasan muchos tratados generales por las mentes escolares.

Lo universal es muy valioso, pero no debe servir para alejar de lo local, para formar hombres que estén siempre en la generalización, sino para formar hombres que comprendan mejor lo que les rodea. Es sintomático que la palabra utopía signifique lo que no está en ningún lugar, lo a-local.

Esa amorfía cultural —variadas conferencias sin articulación— representa una actividad que rehúsa dialogar con las cosas para verter sobre auditorios admirados esencias de no muy recientes destilaciones. Y éste es el caso inverso. Son las cosas las que interesan porque su estudio proyecta sobre nuestro vivir las huellas de un orden creador.

Es a lo largo de las historias clínicas donde se forma y acrisola el criterio de la medicina, como a través de consultas y pleitos, de casos en los que la realidad ofrece problemas básicos con figuras y diversidades de matiz, se forja la autoridad del jurisconsulto. Nada puede sustituir al contacto con la realidad. No puede formarse el filólogo sin la directa lectura de las obras literarias. Todo esto es muy claro, pero no siempre se tiene en cuenta bastante. Todo eso exige tiempo; en cambio, el manual y el resumen dan una idea rápida.

El tránsito de la montaña marco de actividades académicas a la montaña objeto de estudio, es el salto de un estar ameno o asombroso, decorado por la naturaleza con grandezas impresionantes, a un indagar extraordinariamente lleno de interrogaciones. La vida ciudadana con su cansancio, con la red apretada de sus exigencias, gusta de alternar con zonas de sereno reposo donde la humana actividad se siente pequeña y renuncia al burbujeo de sus apremios para discurrir con ritmo sedante. Crecer de los árboles, sedimentos y pliegues, resbalar de glaciares, majestad del crepúsculo, ascensiones fatigosas, moles enhiestas, vegetación lenta, pastoreo rumiador, tradiciones vivas, macicez románica, fijeza de hogar, continuidad patrimonial, todo encuadra al espíritu en un ambiente de firmeza, robustez y serenidad. El hombre agente, movilizador de tinglados y mecanismos ciudadanos, hervidero de avasallamientos, queda como disminuido en su pequeñez, en recio contraste con un mundo que se deja contemplar, pero no dominar, como no sea con el grave riesgo de perder lo más hondo de su hechizo. Un natural gusto de cambios lleva al hombre de la ciudad a la montaña en pasajera variación de medio, pero para bajar luego del granito al asfalto, de la calma gigante a la lucha pequeña; recorridos domingueros, cursos veraniegos, modestas intrusiones de la montaña en el vivir ciudadano, leve derrame de la urbe por el cauce montañoso. Se está bien en la montaña: se descansa bien, se lee con gusto, se pasea con interés, se estudia con quietud, se habla con sosiego, se nutre el organismo con sanos manjares. Paisajes soberanos, marcos todos distintos, estancias llenas de impresionantes visiones. En la economía material es rico el que se conforma con lo que tiene, porque es poseedor de una fecunda tranquilidad, que es riqueza muy superior a los desasosiegos de la avaricia; pero para el espíritu, navegante en el mar del vivir, "el mundo... es poco". Todo el contenido multiforme y vario de los viajes, con sus novedades, sus sorpresas, sus cansancios y admiraciones, da una impresión dilatada del mundo —el mundo es grande—, pero al mundo se le puede dar la vuelta. Un turista que no tuviese otra tarea que el puro turismo, en unos años de afanes viajeros habría casi agotado el interés de los grandes recorridos mundiales.

Correr y parar, caminar con esfuerzo y reposar, ir, venir y quedarse en calma, es un grato juego de contrastes y una saludable adaptación, pero es poco, y de la montaña puede sacarse más provecho. Puede ser satisfacción y estímulo. Puede ser el contraste no entre correr y parar, sino entre correr y descorrer. Para descorrer hay que fijarse. Fijarse es lo contrario de correr. Menos cursar y más estar. Bajo la cubierta superficial y excesiva de cursos repetidos y abundosos sobre las más dispersas materias yace intacta la cohesiva y gigante realidad de la montaña, con toda la abandonada riqueza de sus problemas científicos. Como los autobuses que corren y recorren repetidos itinerarios, pasan los cursos generales importados a la montaña sin agregar nada a su conocimiento, sin penetrar en sus cuestiones.

Esa montaña puede ser espiritual; puede ser, por ejemplo, una vigorosa acumulación bibliográfica debida a un empuje gigantesco humano. Y pasar por allí las consabidas rutas todos los años, sin excursionistas originales, sin iniciativas de investigación, sin lectores que estudien materias que nadie trató.

La Reunión de Estudios Pirenaicos celebrada en Ripoll en agosto de 1944 ofrecía posición y ambiente propicio a que tratásemos este tema. Y la labor del Instituto dedicado a esos estudios ha mostrado esta realidad apreciable en aspectos diversos. Puedo aducir el testimonio vivido. Hay una región universitaria en cuyos Cursos de Verano he participado un par de veces, y he expuesto unas lecciones generales de tipología de suelos. Pero a esa región he ido por tercera vez a recorrerla y visitarla, a estudiar sus suelos, a pasar todo el día lejos de toda aula y de toda posición de docente. Y allí he podido ver una riqueza de tipos edáficos, un desarrollo y madurez de perfiles, como no había visto en otro lugar de España, de considerable interés, aun para el profesor extranjero, conocedor de un área muy amplia de suelos del mundo, que tomaba parte en estos recorridos. Cualquiera pensaba que la presencia de varios profesores, uno extranjero, en una ciudad universitaria que está desarrollando sus cursos de verano, se debía a estos cursos. Y era precisamente no para *cursar*, sino para hacer *ex-cursiones*, y no excursiones de adorno, recreo o aditamento, sino de contenido esencial y exclusivo, sin cicerone ni guía, pues por primera vez se apreciaban unos hechos de la naturaleza.

Hay dos polos que hienden la actividad de esta clase de enseñanzas en dos hemisferios: docencia activa, general y colectiva, o docencia pasiva, particular y de tipo individual; el profesor que enseña a un alumnado lo que es sabido, y el profesor que aprende de las cosas lo que es desconocido. El profesor en actitud centrífuga hacia los alumnos o el profesor en actitud centrípeta hacia las cosas. Difusión o concentración. Pero la difusión sólo es posible con un desnivel de concentraciones. El cuerpo disuelto se difunde desde donde está más concentrado hacia donde lo está menos. En los cursos generales, al renovarse el disolvente, al llegar nuevas promociones escolares de un nivel anterior, cabe —con riesgos y según en qué materias— enseñar siempre lo mismo (aun así abundan los alumnos que repiten curso), pero esto es actividad de la reglada docencia estatuida.

No parece que deba verterse en el período de vacaciones oficiales lo que ya es objeto del período de clases. Hemos procurado trabajar en el invierno; el curso normal, con sus patentes defectos y sus escondidas virtudes, ha pasado, y viene una floración de cursos breves, de tareas académicas variables, que, evidentemente, no van a ser para prolongar el curso ya aprovechado. ¿Qué van a ser, pues? A una región natural se puede ir a enseñar Geografía de China, Historia de Grecia o Química teórica. Pero también se puede ir a estudiar la región misma. Se puede ir a enseñar o a estudiar. Todo está en que el centro sea el profesor o sea el país, sus objetos y constituyentes. En realidad, el profesor en actitud centrípeta, rodeado de las cosas a las que interroga, se puede considerar también como el hombre en torno a las cosas constituidas en centro. En la red espacial de los hombres y de las cosas, pueden tomarse los hombres como centros y las cosas como envolventes, o al revés. Lo importante es la dirección de la atención: las cosas enseñan y los hombres aprenden: la actitud humana es centrípeta.

Hay, pues, dos estructuras: el hombre es centro de los alumnos a los que enseña; les enseña lo que ya se conoce. Sistema cerrado que sólo puede prolongarse por la renovación del alumnado, piezas metálicas inmersas en el baño universitario para recibir la cubierta galvanoplástica —¡cuántas veces demasiado superficial!—. O las cosas son centro de la humana atención y los hombres se reúnen en torno a las cosas para indagarlas. También la vegetación tiene sus alternancias de dispersión y concentración, su invierno y su verano, germinación y fructificación, anillos claros y oscuros.

Ciertas enseñanzas generales están justificadas en cursos para extranjeros, para extranjeros en el país o para nacionales extranjeros en la disciplina. Realmente existen zonas de un interés tan actual y universal que no deben tener extranjeros. Pero esto requiere tino y medida. Con facilidad se toma el sendero transitado, la estática repetición rutinaria. Y esto, mientras se renueven los extranjeros puede ir tan bien como el cicerone de monumentos.

Otras veces, la posición homocéntrica, más que falta de esfuerzo refugiada en contar lo mismo a sucesivos grupos escolares, alcanza los caracteres de un homocentrismo total. Hay "sabios" que dicen sutil y bellamente cosas que el sentir popular sabe calificar de modo muy expresivo. El sentir popular señala con acierto a los hombres que "se escuchan". Asombra la participación que la pedantería toma en la formación de las pretendidas dictaduras intelectuales. Primero *se lo cree él* y luego lo cree toda la tertulia. Se dice que interesa el hombre, y es verdad, pero con nombre y apellidos. En España hemos conocido —y no se han extinguido— los consorcios intelectuales unificados para constituir el banco nacional de emisión de valores. Valores convenidos, sin reservas oro, hábilmente pagados y cobrados en contubernios de transacciones.

Hay una diferencia radical entre los cursos de carácter general y las reuniones o cursos monográficos. La misma que existe entre recorrer el valle con iniciativa, pisando el fieltro de sus musgos, la cubierta de sus hojas extinguidas, sus prados o sus matorrales, o circular rápidamente por su carretera fija, por aquella carretera trazada por el ingenio proyectista, quizá en lejano pretérito, para que en la sucesión de los años nadie tuviese que pensar en buscar camino: como *se* escriben algunos libros para ser cauce común y único de cómodos transeúntes de la cultura.

Si no salimos de repetidas vistas generales, quizá alcanzamos la burda ilusión de que conocemos el país. Una mezcla de conservas científicas parece satisfacer al más exigente apetito. Pero dejemos la vía común y demos pasos elegidos y orientados por nosotros mismos, si es que sabemos andar. Si no sabemos, busquemos guía. Alcancemos el momento en que el estudioso se encuentre pisando tierra sin sendas o al menos sin sendas asendereadas. Que se encuentre casi a solas entre unos árboles y unas rocas y unos perfiles de suelos y una topografía que están dispuestos a enseñar, a ser aprendidos. Que se encuentre entre utensilios, costumbres, fonética, cantos, monumentos, que están dispuestos a mostrar sus lecciones si a alguien interesan o a seguir en tranquila indiferencia y aun a llegar a morir y a desaparecer si nadie se les acerca. Pero se les ha de acercar, no a recoger la impresión grata de ver las cosas en su natural dispersión, sino a trabar ese diálogo docente en qué consiste la investigación: el llamado maestro ha pasado a ser alumno y el magisterio lo ejercen las cosas con las que trata.

Hay una visión de esquema difusivo de los conocimientos, que sólo considera una flecha vertical descendente, desde los que saben mucho hasta los que se considera que saben poco o nada. Extensión, divulgación, amplitud propagadora, que comunica los núcleos de arriba con los inferiores. Pero ese esquema es incompleto precisamente en materias que interesan de manera esencial a la vida popular y local. Porque esta vida concreta de los pueblos contiene una riqueza y peculiaridad de problemas que deben ser objeto de estudio, y otra flecha ascendente que plantee estos temas a los estudiosos es la que completa un régimen de circulación compenetradora. Hay ciencias cuya formación surge de núcleos reducidos, de laboratorios aislados, de esfuerzos intelectuales muy concentrados. La Física o la Lógica son poco ambientales. Pero la Agricultura ha de tomar sus temas de una experiencia difundida, realizada en el particularismo estricto y variable de miles y miles de parcelas[43].

El Arte, la Literatura, la Historia, tienen, sin duda, un indiscutible valor formativo. Pero la formación no sólo es un contenido, sino también un modo, y así cabe alcanzarla discurriendo por muy diversos géneros de objetos, por lo cercano y lo distante, por el reino de la Naturaleza y el del Espíritu. Para el que sabe leer, el libro del Mundo siempre tiene algo que decir.

LA ACTIVIDAD INVESTIGADORA Y LA FORMACIÓN

Cualquier tipo de investigación científica conduce serenamente a una potente montaña de conocimientos, a conjuntos gigantes que el experto sabrá cruzar por sendas rutinarias, pero el investigador necesitará conocer en sus impresionantes dimensiones, en su complejidad teórica y útil, en sus variados pisos y orientaciones.

Ciertamente, para el hombre que piensa, una larga serie de penetraciones investigadoras traslada a la mente la serenidad de la grandeza montañera. Pero además de esa visión, que pudiéramos llamar espacial, del avance investigador como fibras que se trenzan en un conjunto consistente, hay también en la actividad investigadora una suerte de orden temporal: cada una de esas fibras crece, día a día, centímetro a centímetro, y no es eclosión o estallido, sino flujo que avanza bajo una presión perseverante. Esta lentitud es consecuencia, al parecer paradójica, de la orientación; es el desorientado el que corre. Y esta lentitud es seguridad.

Hay otras actividades humanas que tienen toda la importancia que pueda tener la investigación, pero, evidentemente, requieren otro ritmo. No tratamos aquí de hacer el panegírico de la investigación y de medir la excelencia de las cualidades humanas en función de las que debe poseer el investigador. El mundo es complejo y necesita de muchas cosas distintas y de muchos trabajos que sería demasiado simplista considerar paralelos. No hacemos el elogio ni de la prisa ni de la lentitud. Hacen falta automóviles y hacen falta arados. Son precisas comunicaciones rápidas, difusiones inmediatas, noticiarios veloces, actitudes prontas, decisiones instantáneas. Desde el periodismo, con su maravillosa floración marchita en horas; desde la política, llena de apremios a plazo fijo; desde miles de actividades de la vida moderna, la investigación podrá aparecer como tarea que no sincroniza con un mundo de urgencias. En la unidad de la sociedad se interfieren unas posiciones con otras, y así hay también ese periodismo que intersecta sus segmentos diarios en la continuidad de una línea que llega a ser historia; y hay una política que por debajo del hervor de las momentáneas actualidades fragua construcciones duraderas; y hay, a su vez, la infiltración de la prisa en una investigación a corto plazo.

En todo cabe la profundidad o la rapidez. En el mundo de hoy es frecuente que la política, en países de primera importancia, acuda con precipitación a cerrar grietas, a remendar desgarros. "Politics has no background", me decía hace poco tiempo un ilustre norteamericano.

Y un amigo me contaba que una tarde de 1938, en San Sebastián, exponía a una personalidad científica, algo trasvasada a la política, el empuje de una juventud idealista y generosa y su decisiva influencia en la restauración de la vida cristiana. Y su interlocutor, interesado, como hombre de lucha, por todo lo que fuese empuje, reaccionó con máxima franqueza y le dijo: "Usted está en la luna; todo lo que tenga plazo de años es perder el tiempo. Nos jugamos el todo, y ese todo se decide ahora." Aquel día se había hundido el *Baleares*. Pero sé que en aquella hora alguna figura heroica de la ciencia y del mando militar seguía su servicio intenso, ininterrumpido, clavado en problemas distantes de la tragedia de aquel día, en problemas que no eran momentáneos. "Cuando el mundo se hunde...", se nos dice como condenación de cuanto no sea saltar, estallar. Pero el hombre, que puede producir catástrofes espantosas y desolaciones horribles, no llega a poder poner punto final al mundo, ni aun usando la pluma de la bomba atómica. La vida escapa al dominio del hombre. entre las ruinas quedan semillas y la mente humana fructifica en el páramo mismo de la tragedia. Asombra la continuidad de lo biológico. Y sin quitar importancia al apretado boxeo de los individuos o de los pueblos, toda la fuerza no está ahí, y *quien está, en la luna* puede apreciar que los mares ascienden y descienden, y no está excluida científicamente la existencia de hechos biológicos — señalados ampliamente por el juicio vulgar — relacionados con los lejanos movimientos de nuestro satélite, al parecer tan inoperante.

La investigación no yuxtapone, sino que hace asimilar los conocimientos y no para dar tejidos de reserva, sino para su utilización dinámica, para su eficacia continuada. Aquel "cobra buena fama y échate a dormir" es la más honda incubación de una decadencia. Si algo se decide de una vez para siempre, la decisión de un momento requiere continua reafirmación. Sólo cuando vivir es crecer está ausente el ocaso de nuestro horizonte. La continuidad del trabajo investigador modela cualidades educadoras del carácter. La investigación es un desarrollo que exige e impone orden, orden en diferentes direcciones. Un orden que sitúa el trabajo propio en un conjunto que aparece, con frecuencia, prácticamente inabordable por su magnitud, y así plantea al espíritu dos posiciones complementarias: humildad y sociabilidad, necesidad de integrar la pequeña dimensión personal en la amplitud humana. El desarrollo de la investigación ha acentuado ese carácter, y cada vez es más difícil el trabajo del investigador aislado.

La investigación, en efecto, al cultivar la continuidad, enseña que lo obtenido es limitado, parcial, incompleto; final sólo hay uno y sólo hay un "todo". La investigación imprime al hombre el sentido de la limitación.

Y esa limitación exige el orden, el análisis, la distribución.

La investigación es ordenadora de los hombres, aunque los hombres no sean siempre ordenados en realizarla. Ciertamente, el desorden la daña. Pero la investigación ordena, lleva a cada uno a su sitio. Como la investigación es exigente, admite en menor proporción que otras actividades mezclas espumosas. A todo se le puede "dar aire", pero hay materias más "jabonosas", más propicias a la espuma. No es fácil mantener mucho tiempo al investigador sobre un pedestal esponjoso. La investigación discierne entre la solidez laboriosa, afilada para la penetración inteligente, y el endeble tejido de la habilidad aparatosa.

La investigación tiene, cada vez más, un contenido de trabajo. El trabajo científico sobrio, macizo, tiene unas dimensiones escuetas e insustituibles. En la mayor parte de los casos al investigador le faltará popularidad. El que trabaja no habla. Y cuando habla, la palabra es estricta expresión del trabajo, poco difusible, escasamente comunicativa.

El hombre que busca una notoriedad puede adquirirla, por el lado científico, con paciencia, pasando años y años en los que apenas le conoce nadie, para llegar luego a un prestigio de solidez inexpugnable. Hay un sistema menos paciente que consiste en hacer ruido, pero el ruido daña a la investigación.

El lema social de abrir al trabajo las puertas de todos los pisos, por altos que sean, se realiza ejemplarmente en el trabajo investigador, donde el descanso o la distracción prolongados son pronta decadencia, y el esfuerzo mantenido, segura carrera ascendente. Difícilmente se encontrará un reactivo del trabajo intelectual tan sensible como la investigación. La investigación sitúa a cada uno según sus méritos.

La investigación criba y discierne, tiene un poder analítico humano considerable. Su principal galanura es la línea, la claridad precisa, la concatenación. No le va la nebulosidad o el difumino, elementos de inapreciable valoración para otras situaciones humanas.

La fidelidad entre el concepto y el término que lo expresa, exigencia de la palabra sincera, es más difícil de burlar en la investigación que en otras actividades. Un buen escritor no sabrá barajar palabras elegidas para dar altura a una investigación nimia. Y una investigación seria no variará mucho en valoración por cambio del estuche verbal; cualquier estuche correcto le irá bien.

Naturalmente esa corrección es necesaria. La *Royal Society* ha redactado un opúsculo práctico, dedicado a mejorar la redacción de los escritos científicos [44]. Hace muchos años que Miral se lamentaba de que "es deficientísima en los científicos la cultura literaria e histórica, y casi nula en los literatos la cultura científica", y así se produce una bifurcación entre los que "se pasan la vida emborronando cuartillas sin tener nada que comunicar a sus lectores" y los que "se llevan al sepulcro toda su ciencia, porque no saben escribir"[45].

La investigación concreta, perfila, se ciñe al objeto estricto, aunque de ese contacto broten nuevos derroteros. El investigador va derechamente al tema estrecho, agudo, al que va a aportar una modesta contribución. Al revés que esas solemnes exposiciones trascendentales en las que tres cuartas partes del espacio o del tiempo se consumen en demostrar que la magnitud del asunto no va a caber en los límites del artículo o de la conferencia. El investigador marcha paso a paso, siempre con el apoyo de la labor realizada, por sí mismo o por los demás. Tiene que actuar muy alejado de esa abundosa charlatanería indocumentada y efectista, apta para la extensa agitación superficial, incapaz de resistir un minuto de cata penetrante. Asombra el desparpajo con que gentes, incluso de formación científica, manejan la inexactitud y la tergiversación en materias, desde luego, que no tienen nada que ver con la investigación; son infiltraciones del apasionamiento que llegan a corroer la sensatez y a invadir la chabacanería.

La investigación es un cultivo de verdades y el hombre alcanza las verdades con trabajosa dificultad, con lento avance minucioso. Ha dicho un gran médico francés contemporáneo: *"Le savant d'autrefois était un homme qui savait. Le savant de nôtre temps est un homme qui cherche et parfois trouve"* [46]. Y aun al que tiene formación científica le cansan, a veces, esas vías. Hay muchos hombres que desean ser piel, hinchazón, osamenta, y no les atrae ser glóbulo rojo, pequeñísimo, interior, dinámico —empujado por el corazón galopante— y esclavo —todo para todos—; ansioso para captar oxígeno del aire —mejor, del aire purísimo— y humilde para ser receptáculo de lo que sobra; delicado para saber ahora absorber, luego desprender; vivificante, sin el que todo se anega y se asfixia. La investigación es una integración de circulaciones capilares.

La investigación es interioridad. La vida social está llena de ejemplos contrarios por falta de sinceridad o por dificultad de eficacia.

El valor humano de la investigación

Es muy corriente, llega a ser vulgar, la pintura del investigador como un ser deformado, como una mente polarizada, que no ve ni sabe del mundo más que aquella fracción insignificante de cosas que sirven al curso estrecho de sus trabajos. Se ha hablado mucho del investigador como de un maniático, estrecho, sin jugo, como una lámina estrujada entre cilindros que ruedan monótonamente a lo largo de una vida. Hombre que no sabe nada ni quiere saber nada fuera del microcosmos de su labor; hombre deshumanizado, cerrado a toda sugerencia que no caiga en la línea, muy larga y muy estrecha, de su discurrir. Hombre, por añadidura, que siente como única pasión la chifladura de su estudio especialísimo, y desatiende todo lo demás, y quita tiempo, si es profesor, al trabajo docente de la Cátedra. Esto se ha dicho y se ha repetido con insistencia. Y es verdad que la investigación tiene ese peligro, y aun puede exigir algo de eso; pero yo no sé de cosa humana que no tenga algún peligro o exigencia.

El auge de la investigación científica, sus éxitos a impulsos de una creciente especialización, sus exigencias de personal, cada vez más canalizado por un trabajo estricto, plantea con relieve destacado el problema de la educación, considerada como conjunto armónico, como visión cultural.

Educación es una palabra plástica bajo la que se entienden muy diversas cualidades, bajo la que acaso cada uno quiere que se entienda la plasmación de su ideal de perfección humana. ¿Hasta dónde ha de calar el fondo de la educación, o se entiende por tal una cualidad externa, ágil, superficial?... ¿Va a haber también una educación sin *background,* una amabilidad en el trato personal que tiende a compensar la lucha de ideas y de naciones, una suavidad de relación a la que se repliegan los individuos cuando chocan sus colectividades? Se mezcla, indistintamente, la educación de la mente y de la conducta, la que afecta a la extensión y contorno de los conocimientos y la que se refiere a condiciones morales, a sentimientos de satisfacción, de alegría o disgusto, de amplitud vital o estrechez mecánica.

El carácter limitado de la Ciencia y del conocimiento trae el fracaso de todas las utopías de grandeza totalitaria y de perfección integral basadas sobre la sola actividad intelectual. Hoy nadie sigue creyendo que la Ciencia, como un día proclamara Ortega y Gasset, represente: "la única garantía de supervivencia moral y material en Europa" [47]. Se puede, eso sí, achacar todos los defectos al especialismo y poner la confianza en el cultivo de un conglomerado de ciencias: Física, Biología, Sociología y Filosofía, por ejemplo. Hay, en cambio, quienes centran sus esperanzas en la capacidad formadora de las ciencias de la naturaleza.

Pero "por mucho que apreciemos el dominio de la ciencia y el conocimiento que las Ciencias naturales poseen, y aun cuando las consideremos como imprescindibles para la vida práctica o para hacer posible un régimen de vida razonable, puede decirse, sin embargo, que no ofrece sino un aspecto del Universo, el aspecto del *poder*; al otro aspecto, el del *deber*, no conduce la enseñanza científico-natural, o solamente lo hace en forma indirecta"[48].

Otros, consideran que son las humanidades las ciencias que mayor huella formativa pueden imprimir en el sujeto.

Van der Veldt nos ha expuesto el problema básico de la transferencia de los conocimientos; para el que aprende, "los conocimientos que adquiera en determinado campo, serán, andando el tiempo, de aplicación en otros campos[49].

Convendría llegar a una mayor precisión o, mejor, a ideas más acordes sobre lo que entendemos por formativo o por educativo. Que no existe sólo, sobre esos conceptos, la fácil unidad negativa, el endoso de todo lo que en este campo resulte incompleto o deficiente. El problema se complica si nos damos cuenta, además, de que hay una cuestión ambiental de mayor o menor adaptación. Un suelo tiene, desde luego, una fertilidad general, pero, además, su valor es mayor o menor para el cultivo de cada planta de exigencias distintas; la planta tiene su ecología. También la educación tiene su ecología.

Gaziel contaba, durante la primera guerra europea, que viniendo de Oriente embarcado en un pequeño vapor griego se desencadenó una espantosa borrasca. "Los mismos que una hora antes brindábamos juntos, nos atendíamos solícitos, ofreciéndonos mil cortesías amables y asegurándonos amistades sinceras, nos disputábamos uno a uno, entre empellones brutales y vigorosos atropellos, los cinturones de corcho. Y a medida que eran obtenidos, los que los arrebataban huían a esconderse con ellos, temiendo que otro más fuerte se los quitara por el mismo procedimiento y con el mismo derecho. Cuando al amanecer calmó el temporal y el capitán pudo orientarnos hacia el puerto, la tranquilidad renació por completo. Los que todavía andaban protegidos por el cinturón se apresuraron a quitárselo. Todo se olvidó en un momento... Entre comentarios y burlas del temor pasado, renacieron las sonrisas, y las amistades de la víspera volvieron a reanudarse. Pero vagaba por encima de todos un pestilente recuerdo y una oscura vergüenza. Cada cual, al mirar sonriendo al "amigo" vecino, se decía en secreto que ése era el mismo que la noche pasada le enseñó sin querer, pero con una elocuencia insuperable, la escondida desnudez de su alma..."[50].

En presencia de hechos como éstos, uno llega a pensar si tendría razón el filósofo alemán Windelband, cuando afirmaba que la cultura, más que hacer mejores a los hombres, refina su egoísmo. De cierto, en la raíz de una educación fecunda hay una visión de deber y de servicio. Frente a la hosquedad indómita o al desprecio negligente, el hombre educado oye, atiende, sirve y piensa que ése es su deber. Valora su misión, alta o baja, no en el sentido de una insociabilidad desdeñosa, sino en el contrario, en el de una entrega de su actividad a resolver lo ajeno y a cumplir lo propio. El móvil de esa conducta puede ser muy distinto. Para unos puede ser una señal de distinción, como el ir bien vestido; otros piensan en una captación de simpatías, para adornarse con ellas o para ofrecerlas a algo colectivo: la profesión, la ciudad, el país, una ideología; otros, viendo en cada hombre al prójimo, se elevan a una consideración de caridad: hay en el mundo muchos caminos de Samaría y muchos heridos junto al camino que necesitan el aceite del trato cordial... Si caben lobos con piel de cordero, aun será más fácil que haya confusión en la piel untuosa: de bálsamo aromático que derrame el alma o de vaselina calculada y destilada con arreglo a la escala de la vanidad y del egoísmo.

No puede abordarse, a fondo, la educación prescindiendo de una idea de finalidad. Como la investigación misma, toda actividad humana es bastante inteligente para que plantee la pregunta: y esto, ¿para qué?

La investigación, aunque sea educadora y formativa, no es panacea de los más diversos males, pero en ella, además de Ciencia, hay condiciones y situaciones aprovechables para una formación de cualidades humanas, educadoras del carácter.

El trabajo científico, el esfuerzo investigador, es propicio a desarrollar, en quienes lo cultivan, cualidades profundas, serenas actitudes de la mente, posiciones trascendentales, y también esas valiosas dotes que se consideran más superficiales o modestas, pero que, aparte su importancia, pueden ser la expresión de una luminosa comprensión interna, como tantas propiedades externas de los cuerpos que responden a su constitución y a su íntima estructura.

La laboriosidad investigadora da desarrollo científico y, al mismo tiempo, formación educadora del carácter.

El laboratorio científico busca conocimientos, verdades; tiende deducciones, opera con datos, planea experiencias, varía factores. Todos son procesos lógicos de la mente. Pero junto a la Lógica, servidora de la verdad, está la Ética, la conducta, la voluntad, que busca el bien. ¡Cuántas veces se han de lamentar consecuencias de descubrimientos que resultan trágicos! Crisis de finalidad. Esto, sí, pero, ¿para qué? "*C'est une chose deplorable* —se lamentaba Pascal— *de voir tous les hommes ne déliberer que des moyens, et point de la fin*"[51].

Dejemos ahora, empero, el problema de la finalidad de la investigación, del que trataremos en otro capítulo, y pensemos en esta modesta educación formada en el trabajo científico.

Si el laboratorio es el sitio en que se trabaja, y se trabaja en pos de la verdad, habrá que trabajar *de verdad*. Un análisis de la conducta ética en el laboratorio tendrá que empezar por consignar, como arranque esencial, *la laboriosidad*. Esta ofrece dos aspectos: cuantitativo y cualitativo. Hace falta cantidad de trabajo. No hay golpe de ingenio ni chispa momentánea que supla al trabajo continuo y perseverante. La verdad no es pieza de caza que cae de un tiro. Hay que frenar la imaginación, embridar la fantasía, someter la rapidez del juicio a la disciplina del trabajo. Pero, además, hay que atender la calidad. En el trabajo investigador, cuajado de intencionalidad, el detalle, la minucia, la perfección, la filigrana, son decisivos. El viento sutil de la indagación se pierde por los boquetes de un laborar tosco y brozoso.

El trabajo requiere perseverancia, continuidad. Las batallas de la pesquisa científica no se resuelven con *veni, vidi, vici*. El trabajo lleva a la mente a impregnarse lentamente de las materias y a avanzar con serenidad. Exige familiarizarse con las cosas; dar vueltas a las cosas.

Requiere también entusiasmo. Como el hombre no es un mecanismo, no funciona sin el incentivo espiritual del entusiasmo. Ni siquiera el animal, para la. Biología moderna, es una máquina, y Schrödinger en *What is Life* ha escrito: "las piececillas del organismo animal en nada se parecen a los toscos artificios con que el hombre construye sus máquinas: están hechas por Dios nuestro Señor de acuerdo con su mecánica ondulatoria".

Cuando se comienza a investigar concretamente, cuando el joven recién graduado ha recibido un tema de trabajo o cuando acaba de llegar a un Instituto extranjero a iniciar una ampliación de su labor científica, hay un desnivel o al menos una divergencia ambiental, entre el mundo en que el escolar se ha movido y este otro que comienza a vivir. Si sabe medir sus fuerzas y valorar las dificultades circundantes, no será raro que, aun con espíritu animoso y optimista, pase ratos de duda e incertidumbre. Porque por primera vez percibirá un conjunto de problemas que ha de afrontar y resolver muy personalmente. Cierto que verá con mayor o menor frecuencia al guía, pero tendrá que empezar a caminar solo por caminos insospechados. Días fecundos en los que, sin darse cuenta, está asimilando una manera de pensar y de trabajar y, como cuando aprende un idioma, se le está infiltrando un exterior que parecía no podía llegar a ser contenido propio. Y si al cabo del tiempo, cuando ya todo es familiar y la mente está impregnada de los temas y de las técnicas de aquel Centro, marcha a otro, marcadamente distinto, para enriquecer esa formación, otra vez el choque volverá, en mayor o menor escala. Y así esta capacitación progresiva será formadora, porque en definitiva la investigación es eso: un continuo vencer dificultades, una superación de horizontes, el curso de una inteligencia activa, acuciante, que, como uno río invertido, va jalonando terrazas ascendentes, niveles de trabajo cada vez más altos. Por eso la investigación es juventud, porque es crecimiento, porque es esfuerzo renovado, y el investigador se siente rejuvenecido por ese tono de necesaria agilidad continuada.

Trabajo serio, continuo y entusiasta forman como las condiciones personales del investigador; pero, además de nuestro yo, hemos de pensar en nuestra relación con el mundo y con lo que está sobre el mundo: el hombre, los demás hombres, Dios.

La investigación es fértil en cohesión, solidaridad, compañerismo afectuoso y enlace espiritual, en cristalización de núcleos de trabajo; exige disciplina, orden. Que no aviente nuestra labor el anárquico individualismo. Que podamos dejar las cosas de modo que las tome otro en el punto en que las dejamos. Que no seamos maraña de hilos enredados, sino tejido tupido, hilos paralelos y entrecruzados. Orden, orden, orden. Orden como exigencia del trabajo, como elevación del rendimiento, como eficacia de la labor, como disciplina de la mente y de la acción, como posibilidad de convivir y cooperar, como lenguaje común, como estilo de escuela científica, como respeto a las cosas y a las personas, como economía y como servicio, como mérito para alcanzar un orden de verdades practicando un orden de técnica y de conducta.

Algún pensionado español, al obtener en el extranjero un certificado de su trabajo científico, ha quedado sorprendido por leer, junto al juicio estricto de la labor investigadora desarrollada, apreciaciones del carácter, de sus cualidades de trato personal, de la manera de conducirse con los demás, de su perfil social. Hay figuras cohesivas y cuñas disgregantes. Y esto tiene importancia aun desde un punto de vista estrecho y utilitario de rendimiento de la investigación. Pero, además, el investigador es hombre, y no hay eminencia intelectual que justifique la falta de educación, los defectos de la humana corrección. La insociabilidad engreída puede tener un valor científico elevado, pero es un corrosivo que, aunque produzca científicamente, a la larga dañará el desarrollo de la investigación misma. Temperamentos definidores —erguidos en la llanada del desdén que prodigan a cuanto está en su torno—, sobrevalorados por sí mismos y por amigos de lo desorbitado, se dan con mayor facilidad en los períodos de debilidad de una disciplina, en los ambientes de la infancia científica, en los que el sabio puede surgir por autonombramiento. No es probable que formen discípulos.

Del mismo modo que el quehacer individual no es un trabajo de máquina y hay un entusiasmo personal que levanta y vibra, la compenetración de los investigadores no es un ajuste mecánico, sino una trama viva, cuyo cemento más compacto es el espíritu del director, del forjador de científicos, del creador de escuela. Orden, sí, pero orden con aliento, con espíritu, con vida humana, que alcanza su mayor tono y nivel al refractar luces divinas.

Otero Navascués, en su discurso de inauguración del curso 1946-47 de la Real Academia de Ciencias, dijo: "he tratado de afirmar la naturaleza psicofísica del fenómeno luminoso clave de su plena comprensión. Sin esta interdependencia de la luz y el alma, del alma y la luz, nada puede lograrse, pues como dijo Goethe, que tan bien supo tratar científicamente de luz, color y psique,

"Si el ojo no fuese él mismo luz

Nunca podría contemplar el sol,

Y para que nos subyugue lo divino

Es preciso que Dios aliente en nosotros" [52].

La ética del laboratorio trasciende de lo personal y de lo colectivo a una zona de deberes que nos impone la ley moral. Junto a esas cualidades señaladas, el que trabaja en el laboratorio necesita poseer una enorme objetividad, una objetividad escrupulosa, exacta, sin desviaciones; una objetividad ajena a las inclinaciones de la sugestión o a los tirones de la fantasía. No es que estas cualidades hayan de ser exterminadas. El investigador quizá fabrica en su mente la construcción mental previamente; hace lo que se llama "hipótesis de trabajo". Pero cuando llega el "control" de la experimentación, del laboratorio, ha de "ver" lo que hay, no lo que quiere que haya; ha de poseer una diafanidad de juicio, una objetividad, que llegue a ser "pasión de la verdad". Y esta pasión de la verdad es un reconocimiento al Creador, porque es la certeza de que lo más bello, lo más hondo y excelso, lo que más puede atraer la mente y deleitar el entendimiento, no es, en definitiva, lo que cada uno quiere encontrar, sino lo que realmente hay, la verdad, porque ésa es la obra divina. No hay belleza como la de la verdad, porque aunque a veces percibamos conclusiones sugestivas poco fundadas, razones poco elaboradas, fáciles, como cortacircuitos de la fantasía, a la larga, en conjunto, sólo la armonía total, amplísima, en la que se funden conocimientos que llegan por cauces muy variados, es la que reúne la solidez objetiva y el fulgor de la belleza.

Este servicio del trabajo, en el laboratorio, a la Verdad, lo eleva y lo ensalza. El trabajo ha de tener inspiración, ilusión, tono superior.

La investigación aviva y desarrolla las ideas de causalidad y de finalidad. Cierto que puede haber una investigación menguada, sorda a estos llamamientos.

Se pueden recorrer extensos olivares, alcanzar en su centro la ciudad y ver en su iglesia principal la lámpara apagada. Y se pueden contemplar molinos de aceite en cuyas paredes hay esculpida una Custodia; cuando los cosecheros tenían su aceite, no sus aceitunas, dejaban allí una cantidad de ese producto vegetal que arde y se consume íntegramente, sin dejar cenizas, dedicado al culto eucarístico.

Cuando llegamos a una ciudad quizá podamos encontrar a un erudito que no conozca más que una parte de un monumento y que pase su vida sin ver más, sin interesarle más, y puede hacernos pasar horas ante aquella piedra, ante aquel manuscrito, sin saber mostrarnos la calle donde hay un hotel. ¡Raquítica investigación la que, atada a un solo objeto, no conoce la ciudad, ni el trazado de sus calles, ni el plano o la vista desde la torre interior o desde el cerro cercano, ni las carreteras que la circundan, ni los edificios que la enaltecen; la que, viviendo en la ciudad, no sabe hacernos el programa de nuestra estancia porque no quiere saber desde dónde venimos ni hacia dónde vamos! Raquítica es toda investigación que no aumente el índice de refracción de nuestro espíritu para ampliar su ángulo de visión, su capacidad de comprensión, compatible con todas las limitaciones de la especialización que impone una técnica directamente ejecutada.

Hay muchos católicos, turistas o eruditos que, al recorrer el recinto de la catedral, se detienen ante este capitel o aquel retablo, o llevan su vista desde la policromía de las vidrieras hasta la suave luz del ábside, analizan una figura y observan aquella bóveda, mientras pasan y traspasan las naves..., y no han visto dónde está el Sagrario. Antípodas del Santo de Asís: "Dios mío y todas mis cosas." Investigar no puede ser perderse en las ramas.

"Darse cuenta" es una cosa muy simple y que a veces no parece muy frecuente. Hay conversaciones que no acercan, sino que alejan, mantenidas en franca falta de "darse cuenta". Se dispara lo que se quiere, caiga como caiga, y puede "caer muy mal". "Darse cuenta" es base de toda pedagogía y es, referido a los hechos, componente inexcusable de toda investigación; referido a las personas, condición precisa de toda formación investigadora.

IV. La investigación y las profesiones

Estudio y profesión

No se trata de buscar efectos de contraste. Ante toda conciencia académica o profesional debería estar siempre presente esta real y abundante contradicción, cuyos dos términos, sueltos, tantas veces oímos y repetimos: "hay exceso de estudiantes, inflación escolar". Y "todo está por hacer".

Debe ser materia de reflexión honda —alejada de utópicas ligerezas— el carácter de las enseñanzas por las que se obliga a cruzar a los jóvenes. Hay —para las distintas aficiones y aptitudes— enseñanzas que se cruzan y enseñanzas que se adhieren, que penetran e impregnan. Hay enseñanzas vivas y armatostes convencionales. Toda enseñanza puede ser valiosa y viva, pero no para todos, ni en la misma proporción. La inadecuación, la discordancia, hace que lo que para unos es vital, para otros sea carga inerte.

"...los que son rudos en una ciencia —escribe Huarte de San Juan— tienen en otra mucha habilidad, y los muy ingeniosos en un género de letras, pasados a otras no las pueden comprender. Yo a lo menos soy buen testigo en esta verdad. Porque entramos tres compañeros a estudiar juntos latín, y el uno lo aprendió con gran facilidad y los demás jamás pudieron componer una oración elegante. Pero, pasados todos tres a dialéctica, el uno de los que no pudieron aprender gramática salió en las artes águila caudal, y los otros dos no hablaron palabra en todo el curso. Y venidos todos tres a oír astrología, fue una cosa digna de considerar que el que no pudo aprender latín ni dialéctica, en pocos días supo más que el propio maestro que nos enseñaba, y a los demás jamás nos pudo entrar.

"De donde, espantado, comencé luego sobre ello a discurrir y filosofar, y hallé por mi cuenta que cada ciencia pedía su ingenio determinado y particular, y que sacado de allí no valía nada para las demás letras"[53].

La reforma de la Enseñanza Media inglesa "afirma como característica esencial del nuevo sistema el que 'ofrezca tal variedad de instrucción como sea deseable en vista de las *diferentes edades, capacidades y aptitudes* de los alumnos'. El propósito aparece ambicioso, ya que en él va entrañada la formación total de cada muchacho de acuerdo con sus características personales, diferentes en cada caso. El "uno" es lo que interesa frente a la masa, frente a la educación cómoda de tipo unificador y de un radio de acción parcial. La finalidad de la antigua ideología educativa se ha simbolizado popularmente en lo que llaman "las tres R's" (*"reading, w-ritting & a-rithmetic"*), a las que se oponen hoy "las tres A's" de la nueva tendencia (*"age, ability & aptitude"*)[54].

El simplismo convierte lo complejo y lo diverso en general, no mediante un alarde de síntesis, sino contando con todas las reducciones, anquilosamientos, podas y devastaciones precisas. En esta continua pugna entre las realidades complejas y los entendimientos simplistas brotan las fórmulas de panacea, elaboradas sobre el tópico.

La limitación es carácter esencial de lo humano; somos limitados en todo: en duración de vida, en extensión de conocimientos, en ángulo de visión, en capacidad de trabajo, en aptitud. Y la limitación impone la diversidad; diversidad en todo: en dirección, en magnitud, en idoneidad de actividades.

El amplio campo de la sociedad ofrece riquísima flora; crecen y fructifican multitud de especies con toda su variedad de formas y estructuras, anatomías y colores. Sería triste y pobre roturar toda espontaneidad e implantar un único cultivo. La vida engendra diferenciación. Una sociedad ha de tener riqueza y variedad de profesiones, y en éstas, riqueza y variedad de direcciones. Hay que poner en acción toda la potencia de cada profesión y desplegarla en fecundidades, no momificarla en rutina o estrecharla en polarización exclusivista.

Una primera mirada a la orientación de la juventud escolar española nos manifiesta desequilibrios y desenfoques fundamentales. La producción, en lo económico, se orienta hacia el consumo. Intelectualmente, sin embargo, nos encontramos con que lo que España desarrolla no va, no se dirige a lo que España necesita. Es un contrasentido que en un país donde tantas cosas están por hacer, haya —en período normal— tantas personas sin saber qué hacer.

Sin salir de las actividades del Estado, nos encontramos, por ejemplo, con que el conocí- miento geográfico y físico de España en diversos aspectos (cartografía, geología, meteorología, producción agrícola, etc.) está en una elaboración a la que no se ve fin; antes de acabar el mapa respectivo envejecerá el criterio con que se inicia. No pasemos a otras actividades menos productoras económicamente, como la catalogación de archivos, de monumentos. Y al mismo tiempo sobran funcionarios. Hay una discordancia, una dislocación, entre las tareas nacionales y la orientación docente de la juventud.

Hemos presenciado la absurda anti-España marxista; república de trabajadores en la que todo sobraba: sobraban el clero y los militares, y el cincuenta por ciento de los funcionarios, abogados y médicos, y eran conflictos los sobrantes eventuales de la producción agrícola. Es muy fácil comprender y alardear de talento cuando antes se recorta el objeto a la medida de la mente propia.

Al tratar, con buen sentido, de ordenar la orientación profesional de la juventud española, nos encontramos con evidentes desequilibrios. Las Facultades universitarias, en su mayor parte, algunas casi en bloque, desembocan en cargos del Estado. Las que aun no desembocan aspiran a ello. Frente al agobiante exceso de jóvenes universitarios, se ha hablado a veces de cerrar, de limitar; pero ¿se puede cerrar una puerta sin abrir otra? Hace falta desarrollar el trabajo intelectual productor, en sentido económico.

Antes de la guerra, en la época de un comercio fácil con el exterior, se nos mostraba cómo cada español, desde que se levanta y asea, comenzaba a utilizar manufacturas extranjeras; luego... el coche, el tranvía, la máquina de escribir... Un breve examen de sus actividades o de sus ocios mostraba cómo aquella producción que ha exigido técnica —trabajo intelectual— la tomaba, en parte elevadísima, del extranjero. Y esa importación se pagaba, en gran medida, con aquella "exportación de sol" de que habló un político: naranjas, vinos, aceites... productos de escasa técnica, de escasa "absorción" de trabajo intelectual. Así es bien conocido el caso de jóvenes extranjeros, a veces de menos de veinticinco años, que con una ajustada preparación técnica alcanzaban sueldos en excesivo contraste con la situación de los españoles. Hay que suscitar orientaciones hacia estudios para producir riqueza; corregir esa disociación, demasiado extensa, entre el trabajo intelectual y la producción. Tenemos, evidentemente, trabajo intelectual productor, pero la orientación de la juventud estudiosa por este camino necesita desarrollo y mayor extensión.

En la misma actividad del Estado hay que desplazar la burocracia de papeleo hacia los trabajos de conocimiento y valoración económica del país. La política no puede hablar sólo en nombre de "principios" —países abstractos de la Revolución francesa—, sino además en nombre de "conclusiones", "conclusiones" que resultan del estudio espiritual y físico del país.

La profesión y el estudio no deben ser dos actividades disociadas, como dos edades dislocadas. La vida es continuidad, no esfuerzo fugaz ni sucesiones inconexas, y si la carrera universitaria es aprender a hacer, el estudio ha de formar la profesión y ha de poder seguir influyéndola. El estudio vitaliza la profesión y vierte el caudal de los conocimientos en el cauce, de otro modo árido, del ejercicio profesional. Quien se sienta orientado por la Universidad hacia la enseñanza y la investigación, es provechoso que mantenga el contacto vivo con la profesión para la cual es la enseñanza. La profesión plantea problemas y da realismo al estudio, lo hace provechoso, dirigido, útil. La formación docente es para algo más que para una capacitación legal, y sería absurdo concebir la separación brusca de enseñanza y profesión.

LA INVESTIGACIÓN COMO PROFESIÓN

Si la investigación es un rebasamiento del mero estudio ordinario, un estudio activo —no sólo receptor—, directo —no sólo hecho de reflejos bibliográficos—, personalísimo, ¿se despegará la investigación de la llanura estudiosa de la profesión, habrá una divergencia entre el ejercicio profesional repetido y la investigación innovadora, entre el saber para hacer y el hacer para saber?

Está claro que el saber profesional no es exactamente el saber de la tarea investigadora. Por eso la docencia profesional quebraría si se dejase absorber por una formación investigadora. Pero entre investigación y profesión hay diversas relaciones. La investigación es, cada día más, una profesión. Y como, por otra parte, dilata sus frentes en extensiones considerables, esa profesionalización del trabajo investigador ofrece creciente importancia profesional. Es precisamente esa magnitud de los campos de la investigación la que impone dedicaciones numerosas y plenas y forja el profesionalismo investigador.

"Hasta hace poco —decía el profesor Lora Tamayo— el objetivo de los que colaboraban en trabajos de investigación era la Cátedra universitaria: a ella se encaminaban preparación y esfuerzo. Hoy, en cambio, no ocurre así; las Cátedras son, ciertamente, una finalidad muy limitada; pero es que, aparte de ello, son muchos los que se forman a nuestro lado sin esta aspiración docente, y sí, en cambio, atraídos por una vocación científica que se depura y disciplina en el molde formativo de la investigación.

"¿Qué hacer con estos hombres cuando, doctores ya, los juzgamos capaces de poder encauzar personales direcciones de trabajo?

"Es evidente que el Consejo Superior de Investigaciones Científicas no puede absorberlos a todos con suficiente remuneración; pero no es menos cierto también que, prácticamente, fuera del campo que aquél acota no hay organización alguna que pueda recogerlos.

"Entre tanto, junto a la gravedad que supone la situación de quienes alcanzaron una formación científica elevada y han de apartarse de ella por imperativos económicos, existe un problema de gran interés patrio. ¿Se sabe lo que puede perder España en ese desaprovechamiento de valores personales? Tenemos la natural preocupación de aprovechar para el bienestar patrio las riquezas naturales del país; ¿cómo no nos importa perder las riquezas personales, de rendimientos insospechados? Y apurando este discurrir, ¿no resulta doloroso este esfuerzo de fomentar la investigación si después no hay medio de utilizar en amplia irradiación el plantel cada vez más crecido de investigadores ya formados?" [55].

Ciertamente, en el Consejo Superior de Investigaciones Científicas existen colaboradores e investigadores científicos que en número creciente señalan una profesionalización del trabajo investigador.

Existen, también, otras instituciones en las que el hombre dedicado a las tareas científicas encuentra la profesión investigadora.

Pero por amplios y bien dotados que lleguen a ser los cuadros de personal científico en las instituciones específicamente dedicadas a desarrollar la investigación, si ésta se concibe como una dirección no ya distinta, sino divergente del común quehacer profesional, las relaciones entre investigación y profesión quedarán muy restringidas.

La investigación en las profesiones

El carácter profesional penetra en la investigación, pero ¿se da lo recíproco, la incursión del carácter investigador en las demás profesiones intelectuales?

Frecuentemente se expone y se difunde la idea que opone la dedicación profesional a la investigadora. Se busca el investigador concentrado en sus temas, en tensión descubridora, sin derramarse por la aplicación continuada de sus conocimientos, por los cauces repetidos del trabajo profesional. Y no se puede negar que hay algo de esto; que, dejando a un lado la consideración del investigador como profesional, hay una cierta bifurcación en cada ciencia entre el camino de la investigación y el de la profesión.

La misma formación que uno y otro deben recibir ofrece esa dualidad, y está patente, y en estas páginas se recoge, que sería equivocado y perturbador querer hacer con todo investigación, colocar la investigación como meta de toda enseñanza universitaria o superior.

Pero si para mantener el nivel profesional se requiere estudio, capacidad para absorber inyecciones que vienen de la corriente investigadora, también ocurre lo inverso; la investigación necesita incorporar a su cuestionario los temas planteados por la vida profesional. No se trata del problema de la investigación aplicada. La investigación no puede desdeñar ser útil, ni puede aceptar ser dirigida por todos (impulsos económicos, sociales, etc.) menos por sí misma (impulsos científicos). La vida profesional vierte en la investigación un rico caudal de hechos y realidades.

Investigar no es ya la tarea de unas perfiladas ciencias aristocráticas, sino el empeño de todas las profesiones insatisfechas con la zona dominada y deseosas de ampliarla más y más, y de todos los intereses que perciben en la investigación una fuente de riqueza. Como ha dicho el profesor Antonio Torroja, "que la técnica exige conocimientos científicos extensos y elevados es cosa harto patente y que acentúan de día en día los mismos avances ya logrados. Con la circunstancia de que los recursos necesarios para resolver un determinado problema son a las veces totalmente inconexos con éste, al parecer, y exigen al técnico el conocimiento y aplicación de una rama de la Ciencia bien alejada de su propia especialidad. ¿Quién pudiera haber pensado, por ejemplo, que la difracción de los rayos X hubiera de ser un instrumento precioso para medir las tensiones producidas en una pieza, en resistencia de materiales; o la moderna teoría astronómica de las órbitas periódicas, el instrumento matemático adecuado para el estudio de las máquinas síncronas, en Electrotecnia; o una sencilla pompa de jabón la que permitiera resolver, en el cálculo de estructuras, problemas diversos de torsión en piezas de sección cualquiera? Y como éstos son multitud los ejemplos que muestran la amplitud y diversidad de los conocimientos científicos que en cualquier momento puede el técnico necesitar hoy día para la resolución de sus problemas" [56].

Desde el momento en que la Ciencia deja de ser un reducido coto de selectos, vedado al hombre de la calle, en cuanto la Ciencia pierde su posición aislacionista para derramarse en la vida práctica, investigación y profesión no pueden ser territorios independientes, sino campos sujetos a fuertes y recíprocas influencias, ampliamente orlados de zonas de interferencias.

En un reciente "report" del *Nuffield College* de Oxford se habla de las industrias, que no pueden ser pensadas como excepcionales, y tienen necesidad de mantener relaciones cada vez más estrechas con la ciencia fundamental y de estar constantemente vigilantes aplicando sus descubrimientos. Se ha llegado más y más a percibir que el espíritu científico ha de penetrar en toda industria y que toda industria crece y aumenta manteniendo sus instituciones investigadoras y conservando las conexiones más estrechas con la obra hecha en Universidades, Laboratorios oficiales y establecimientos investigadores de toda índole...

"Es indudable que es necesario para muchos propósitos hacer una distinción entre la investigación fundamental y la aplicada, especialmente en el sentido de que en la industria es necesaria la última, guiada principalmente por motivos prácticos y económicos. Se ha puesto mucho empeño en mostrar esa distinción, y es un gran error intentar llevarlo demasiado lejos u olvidar que la investigación fundamental juega una parte vital, no sólo en la producción de nuevas ideas que conducen a nuevas industrias y productos, sino también en el desarrollo de los productos existentes y sus aplicaciones en una gran variedad de caminos...

"Se reconoce, cada vez más intensamente, la importancia vital que tiene la investigación hecha con un carácter fundamental, no dirigida a objetivos prácticos específicos que haya de acometer la industria especialmente, sino realizada por Institutos investigadores y asociaciones, así como por cuerpos académicos"[57].

Las investigaciones palpables, exhibibles, aplicaciones que rodean la vida y la enfermedad, interesan al hombre rápido[58]. Pero, como observa E. U. Condón, lo llamado "práctico" sólo difiere de lo "teórico" en el tiempo relativo de la aplicación, y el conocimiento fundamental y puro precede al aplicado.

Y que esa distancia temporal entre uno y otro momento disminuye más, cada día, es un hecho fácilmente comprobable. Veamos lo que dice Svedberg:

"El primer experimento con el vapor como fuerza motriz es mencionado por el filósofo griego Herón de Alejandría (en el siglo II antes de Jesucristo). Dos mil años pasaron hasta que, mediante la máquina de vapor de Watt y la locomotora de Stephenson, pusiéramos a nuestro servicio la energía del vapor.

"En el terreno de la electricidad, las máquinas de fricción estática aparecen en los siglos XVII y XVIII, y la pila galvánica a principios del XIX. Los generadores y motores eléctricos comenzaron a usarse a fines de este último siglo. El intervalo entre el experimento científico y la aplicación práctica se ha reducido, pues, a unos doscientos años.

"En cuanto a la tercera fuente importante de energía, es decir, el motor de combustión interna, encontramos que los primeros ensayos científicos sobre conversión del calor en energía mecánica datan de mediados del siglo XIX. Con el automóvil entró esta máquina en nuestra vida diaria, hacia fines del siglo pasado y principios de éste, y su perfección máxima la alcanza en el motor de aviación. El intervalo es, en este caso, de unos sesenta años.

"Citaré dos ejemplos más: Entre 1894 y 1900 Rayleigh y Ramsay descubrieron los gases inactivos: helio, argón, cripto y xenón, y ya unos cuarenta años después, estos gases encuentran aplicación en lámparas eléctricas incandescentes y tubos de iluminación. Entre 1920 y 1930 el científico ruso Kapitza — entonces en el laboratorio de Rutherford, en Cambridge (Inglaterra) — trabajaba en la licuación del helio y estudiaba los extraños fenómenos que tenían lugar en este líquido a una temperatura de cerca del cero absoluto. Durante la guerra era para Rusia de vital importancia aumentar rápidamente la producción de acero, especialmente por medio del método Bessemer; para la oxidación del exceso de carbón se necesitaba oxígeno barato, y Kapitza logró elaborar un método mejor y más barato para producir oxígeno del aire. Pues bien, este método se basa ya en el proceso de condensación del helio. Habían pasado alrededor de veinte años"[59].

Esta solidaridad de la investigación, esta supresión de fronteras entre lo llamado puro y lo aplicado, ha estimulado el desarrollo del conjunto y ha planteado problemas de organización que son temas muy actuales.

"Una cosa nueva ha llegado al mundo —dice Walter Lippman—. Lo nuevo es la invención de la invención. Los hombres no han inventado solamente las máquinas modernas... han creado también el método de inventar. El progreso mecánico ha dejado de ser una circunstancia casual o accidental para transformarse en un método sistemático acumulativo. Nosotros sabemos ahora, como ningún otro pueblo llegó a saberlo antes, que podemos hacer máquinas cada vez mejores." Y agrega Stuart Chase: "Antes de la guerra, el inventor era a menudo un tipo maniático que trabajaba con su burdo y pobre equipo de experimentación en algún sótano. Hoy, la mayor parte de las invenciones aparecen registradas en el catálogo de los grandes laboratorios que las industrias poseen."

"La invención —dijo Edison— es 98 por 100, de transpiración y 2 por 100 de inspiración, lo que expresado en otra forma quiere decir que la invención es 98 por 100 de organización y 2 por 100 de genio, tal como ha sido bien interpretado en lo que va del presente siglo por la mayoría de los grandes industriales y hombres de gobierno de los principales países del mundo, creando numerosos Institutos y Laboratorios de Investigación, cuya organización hace posible la gran cantidad de invenciones y mejoras técnicas logradas últimamente"[60].

No nos fatiguemos con la relación de las dimensiones que distintos centros investigadores oficiales y privados tienen en Norteamérica para servir un interés técnico, para crear un profesionalismo intenso. Pero conviene destacar que al dilatarse la investigación y el trabajo científico, en la zona de las aplicaciones, no se desvincula del cultivo estrictamente científico.

El trabajo hecho en los campos utilizados por la industria llega a menudo hasta la investigación fundamental; de esta manera lo que se hace en la industria repercute en las Universidades, lo mismo que la investigación fundamental seguida en las Universidades influye en la industria. Existen investigadores "fundamentales" que estarían totalmente fuera de su elemento si tuvieran que aplicar sus conocimientos a usos prácticos o industriales, como también hay muchos trabajadores dedicados "a la aplicación práctica" que se encontrarían asimismo desplazados en los dominios de la investigación fundamental. Pero esto no es exacto para el gran número de aquellos que forman parte de los equipos de investigadores de ambos campos y aun entre aquellos que hacen un trabajo primario o están al frente de laboratorios o de amplios proyectos de investigación; la mayor parte de las veces la diferencia es más bien cuestión de práctica que de material o aprendizaje. La guerra ha demostrado que muchos investigadores "fundamentales" poseen una gran capacidad para aplicar sus conocimientos a principios eminentemente prácticos.

Hoy se acentúa el carácter de una investigación básica que aparece como enclave entre las llamadas investigación pura y aplicada[61]. La investigación pura no tiene finalidad de aplicación; antes de que estuviese estrechamente acotado el campo científico era fácil que cualquier recorrido cosechase descubrimientos de importancia práctica; ahora está claro que unas investigaciones análogas en su carácter fundamental, según la zona en que se realicen, pueden resultar fecundas o estériles desde el punto de vista de la aplicación.

La investigación básica tiene caracteres comunes y diferenciales con la investigación pura y con la aplicada: es pura en la amplitud de sus objetivos y en el carácter fundamental de sus temas; es aplicada por la fecundidad de sus resultados. Y a su vez se aparta de esa investigación pura carente de finalidades prácticas y de esa otra investigación aplicada de alcance inmediato.

"Federico el Grande tenía presente ante sus ojos el porvenir de su país cuando en medio de los más graves negocios del Estado se ponía a dibujar, sobre la pizarra que llevaba siempre consigo en sus campañas militares, el perfil de un vaso o de una garrafa de Meissner para los obreros de la manufactura de porcelana de Berlín, o cuando hacía comprobar por sus hombres de ciencia las recetas que traían los periódicos de París. Para él era de la mayor evidencia la íntima conexión que existe entre la Ciencia y la técnica, y estaba convencido de que ésta debía ser encaminada hacia el provecho y el bienestar del pueblo. En cambio, cuando solicitó los medios económicos que necesitaba para crear y sostener un laboratorio para la enseñanza de la Química, halló frente a sí a sus sabios contemporáneos, que opinaban que 'la tarea de la Universidad debe ser el formar a los futuros servidores del Estado, y de ninguna manera la caterva de los boticarios, jaboneros, cerveceros, licoristas, fabricantes de pinturas, vinagreros, drogueros y herboristas'.

"Liebig, con su altísimo ejemplo, restableció la indisoluble unión de la Ciencia con la satisfacción de los cuidados cotidianos del pueblo que antiguamente era evidente para todos. Durante los años que duró su vida supo compaginar una labor muy fructífera en el campo de la ciencia química con otra, no menos provechosa, que atañía a la industria química, y de la compenetración de su tarea llevada a cabo sin desmayo ni descanso, surgieron los más impresionantes trabajos que aseguraron el porvenir de su pueblo"[62].

Sería interminable aducir testimonios y traer datos que demuestren la vinculación de la Ciencia, con sus aplicaciones, lo que se ha dado en llamar ciencia pura y ciencia aplicada. Pero tiene interés insistir en el tema porque existen muchas personas dedicadas al estudio y con escasa confianza en la Ciencia. No nos referimos ahora a la valoración trascendental y general de la Ciencia como factor de la humana felicidad, sino a la potencia de los conocimientos científicos para levantar y vigorizar la profesión.

Adecuación de la profesión

Profesión es servicio y, por tanto, adecuación. Varían con el tiempo los dominios científicos y las condiciones sociales. Si las profesiones intelectuales que aplican los conocimientos a las necesidades sociales no varían, no se modifican, quedan envejecidas, al margen de la demanda del país. Pierden valor profesional al perder adecuación a las necesidades sociales. Una investigación aguda, acaso iniciada en las armas o en la sanidad, en preocupaciones nacionales máximas, pasa a la industria, a la producción. Y es urgente que sea recogida por la docencia elaboradora de profesionales, si no ha de haber disociaciones entre el ambiente y la profesión. No pueden mantenerse planes envejecidos, engreídos de tradición, aferrados a continuar siendo molde de figuras gloriosas. Hay materias que tienen valoración más duradera, objetivos más fijos y exigen modelaciones menos variables. Hay conocimientos fundamentales, focos luminosos, que proyectan en siglos el flujo soberano de su doctrina; hay en las ciencias temas que no pueden variarse sin peligro, tratables, como los cimientos, con precaución; bases que excluyen la ligereza y requieren consolidaciones. Que por sorber la actualidad de la quincena no se renuncie a conocer el caudal de los decenios y de los siglos. Pero tampoco cabe pararse, fijar un día el calendario y no quitarle más hojas. Porque aunque no le quitemos hojas al calendario, el saber seguirá discurriendo.

En las ciencias experimentales, el avance y la diversificación han impuesto caminos distintos de estudio. Con las matemáticas como base o como instrumento han surgido ciencias cada vez más extensas y diferentes. Al modernizar un plan de estudios se advierte que se le da más contenido de aquella ciencia a que específicamente se dedica, y hay que restarle ciencias contiguas. El plan español de Ciencias Químicas, antes de 1922, tenía cuatro asignaturas de Química y cinco de Matemáticas; el plan posterior tiene diez de Química y dos de Matemáticas. Por fundamental que sea una ciencia, no se eleva un edificio si todos se dedican a excavar y profundizar cimientos; el edificio necesita cimientos y necesita también algunas bagatelas: ventanas, sillas, cortinas, marcos de cuadros. Cada ciencia tiene ya su perfil y no basta un común relleno de hormigón por muy fundamental que se presente. Existe, desde luego, una investigación técnica cuyo desarrollo exige creciente formación matemática. El profesor Antonio Torroja ha planteado la dificultad que lleva consigo esa necesidad de una base matemática cada vez más sólida y más amplia: "La cuestión es, pues, de la mayor importancia. ¿Cómo dar al técnico superior la difícil preparación exigida por la moderna investigación? Dos parece que pueden ser los caminos para lograrlo; caminos que coinciden en lo que a los años de formación se refiere y que pudieran condensarse en forma quizá paradójica en la siguiente frase: menos Matemáticas y más espíritu matemático. Me explicaré.

"Si se admite, y ello parece evidente, que no es posible hoy día dar al futuro técnico en los años de su formación todas las teorías y los métodos matemáticos que pueda necesitar más tarde para el estudio de los nuevos problemas que se le presenten, el camino que se ofrece como más hacedero es el de darle una formación intelectual que le permita en todo momento adquirir con facilidad los conocimientos requeridos por el problema o grupo de problemas técnicos a que su especialización profesional le conduzca. Al reunir los elementos de trabajo de todo género: teóricos y prácticos, bibliográficos y de laboratorio, necesarios para su investigación, habrá de incluir entre ellos los conocimientos científicos y en particular matemáticos de que esa investigación precise. Parece lo más natural y lo más sencillo, y es lo que han venido haciendo constantemente quienes en caso semejante se han encontrado.

"Desde el momento en que no es posible dar al técnico todas las teorías matemáticas que puede necesitar más tarde, parece preferible restringir el número de las que se adquieran a cambio de poderlas estudiar más a fondo; en el sentido de que en ellas se expongan con la máxima claridad y toda la precisión posible los conceptos fundamentales de la Matemática, las líneas directrices de sus teorías, el carácter de sus métodos y la forma de interpretar con ella la realidad material"[63].

Pero hay que huir del enciclopedismo anegador de toda línea concreta de trabajo. La Ciencia exige cultivos cada vez más profundos y más parcelarios. Y la aplicación no aparece como un extenso espigueo superficial, sino como un hondo cultivo en bloque. Cuando en España se ha modificado el plan de Ciencias Químicas, se ha aumentado al mismo tiempo la altura científica teórica y las aplicaciones técnicas.

El mundo, dentro de sus incertidumbres y de sus dolores, presenta un panorama progresivo de trabajo cada vez más estimulante, cada vez más preciso. En todos los países, dada la potencia del trabajo científico, sus posibilidades, sus rendimientos, se aspira a aumentar el número de los que trabajan en ciencias, y a aumentar la eficacia de su labor. Se ha visto la Ciencia como una posibilidad rentable. Siendo esto así, no se puede plantear el problema profesional precisamente de modo inverso a como es en realidad. No se puede decir: para hacer A, basta saber X; para realizar el trabajo profesional A, dando a A un valor lo más rutinario posible, basta saber X, cuando a X se da la escasa cantidad de conocimientos suficientes para la realización del exiguo valor de A. Hay que decir: cuando se sabe *tanto*, se puede hacer *cuanto*. Todo lo humano encierra una potencia que hay que actualizar y esa potencia hay que estimularla, elevarla, darle realidad. Así, la Ciencia forjada por la elaboración investigadora ha ido creando profesiones.

En España, el estudio de la Química ha logrado fraguar una profesión; se dice "el químico" como se puede decir el médico o el abogado. No han tenido ese éxito las otras secciones de las Facultades de Ciencias; no se dice el físico o el biólogo. Y, sin embargo, el portentoso desarrollo actual de la Física y de la Biología, la hondura de sus problemas y el horizonte de sus alcances no justifican ese menor empuje hacia la actividad profesional. Hay que tener el convencimiento operante de que el estudio sirve para muchas cosas distintas. Sirve, desde luego, para enseñar a enseñar —formación de viveros de profesores capaces de difundir conocimientos que sean ornato intelectual de la juventud—, sirve también para alcanzar un solemne reconocimiento oficial —triunfo en oposiciones, ingreso en cuerpos burocráticos—. Pero, además, sirve para hacer avanzar la Ciencia —investigación—; para conocer las realidades espirituales y físicas del país y superar la situación de su aprovechamiento; sirve para la producción, y por eso el estudio puede fraguar profesiones fecundas. La eficiencia proviene de la Ciencia.

Es importante un estudio morfológico y sistemático de la Naturaleza, en la amplitud de sus tres reinos, para formar profesores de enseñanzas medias naturalistas; pero no pueden dejarse otros enfoques. La Geología sin Química inorgánica y sin Óptica queda considerablemente mutilada, y nada digamos de la Fisiología sin Química orgánica.

Al dejar esa zona que necesita la convergencia de los estudios químicos y de los geológicos o de los biológicos, se han producido lagunas importantes y lamentables no sólo desde el punto de vista científico, sino también del de sus aplicaciones. De ello se resienten conjuntamente el empuje investigador y la valoración profesional.

Alemania tenía, hasta hace pocos años, una sola Facultad de Filosofía, en la que estaban incluidos todos nuestros estudios de las Facultades de Ciencias y de Filosofía y Letras. Con un título de Filosofía se llenaba ese campo inmenso, que quizá es más fácil señalar por exclusión; todo lo que no es Teología, Derecho, ni Medicina, entraba en la Facultad de Filosofía; desde la Agricultura hasta las lenguas antiguas o modernas, desde la Geología hasta el Arte y la Historia. La gigantesca especialización de la Universidad alemana se desarrollaba en el amplísimo marco de esa Facultad. Cuando en los últimos años se ha desgajado de la Facultad de Filosofía lo que aquí incluímos en la de Ciencias —todas las Facultades son de ciencias— se ha llamado a la nueva Facultad *mathematisch-naturwissenschaftliche*. Ha sido fatal, entre nosotros, escindir prolongadamente de la Física y de la Química su consideración de Ciencias de la Naturaleza y atribuir este carácter con cierto exclusivismo a los aspectos sistemático y morfológico.

La especialización no requiere esa división de Facultades a que ha llegado la organización de la Universidad soviética: la Universidad de Moscú tiene Facultades de Física, de Mecánica y Matemáticas, de Química, de Biología, de Geografía, de Geología y Ciencia del Suelo, de Historia, de Filología, de Filosofía, de Derecho, de Economía y Departamento de Enseñanza por Correspondencia, que tiene rango de Facultad[64].

Nosotros, desde principios de siglo, establecimos la división en Secciones de nuestras Facultades de Letras y Ciencias, pero con tal rigor, que cada Sección ha venido a ser una Facultad entera. Entonces ha llegado la crisis de todos aquellos sectores de conexión, de todas aquellas ciencias puente tendidas entre esas Secciones. Por eso vinieron luego los proyectos de Secciones intermedias, y se pensó en Ciencias físico-matemáticas, físico-químicas, químico-naturales.

Ciencia y eficiencia

El estudio vigoriza la profesión, la renueva, la dota de posibilidades fecundas. Tratábamos, en una ocasión, este tema entre farmacéuticos. Sobre la Farmacia pueden pasar visiones superficiales y externas, deformadoras y corrosivas. ¡Cuántas veces se oye decir que para vender específicos no hace falta tanto estudio! Es evidente que la concentración industrial, al llevar a cabo la gran industria farmacéutica, ha disminuído la actividad del arte personal, del trabajo individual. Pero ha fraguado ese plan industrial farmacéutico que es un nuevo campo de trabajo de la carrera, aparte de que las concentraciones, por amplias que sean, nunca llegan a destruir la fuerza y el valor de lo individual. En las grandes urbes, junto a otras magnas manifestaciones del trabajo, está surgiendo ese esfuerzo de la industria farmacéutica; pero, además, la profesión farmacéutica tiene rutas con que oponerse al carácter absorbente de la concentración centralizadora. Junto a esas concentraciones existe también toda la espléndida dispersión de la Farmacia por los pueblos y tierras de España. Y si nos enseña la Coloidequímica que los sistemas dispersos son sistemas activos, podremos concebir la trascendencia que puede alcanzar una profesión dispersa y compenetrada en las tierras de España. Esa Farmacia rural —en la que una superficialidad más zafia que original sólo ve estériles tertulias— constituye muchas veces un núcleo vivo de pensamientos y de estudio de los problemas reales arraigados en la intimidad del territorio patrio. Cuando los grandes organismos nacionales, cuando los servicios estatales tengan que inquirir la situación efectiva de la vida española en muchos aspectos, en la Farmacia podrán encontrar un conjunto de informaciones serenamente sedimentado a lo largo de los días. Y cuando los funcionarios de la producción, los encargados de fomentar la riqueza del país, necesiten puntos de vista y colaboraciones que alcancen todos los detalles del retículo nacional, la Farmacia podrá proporcionarles juicios cabales, datos precisos, apreciaciones objetivas. A pesar de todas las caricaturas, nadie confunde el tono generoso de lo que se entiende por *rebotica* con el perfil de suspicacia y reserva que da sentido a la palabra *trastienda*. La misión de la Farmacia rural es algo más, mucho más que vender productos farmacéuticos. Lo que puede realizar la Farmacia en España no depende sólo de reglamentaciones legales, sino de su altura efectiva, de su capacidad realizadora, y esto depende directamente de los estudios universitarios.

Existía un plan de Farmacia que era el más antiguo y el más anticuado de los planes universitarios. Ese plan ha sido modificado para incorporarle, junto a una mayor amplitud química, un adecuado desarrollo biológico, hasta el punto de que la Facultad podría llamarse de Farmacia y Bioquímica, como en la República Argentina.

El plan liga las Ciencias Químicas y las Naturales en una profesión que tiene una realidad social de arraigo en la extensión del territorio nacional, en las grandes ciudades y en la red de la vida rural. Mediante esa convergencia científica se puede levantar la profesión activamente, no buscando soportes legales de exclusivismo, sino fecundas colaboraciones, amplias y abiertas.

En un vivir quieto y, al parecer, logrado, la investigación puede aparecer como una superación innecesaria, como un lujo intelectual y un tanto desligado del quehacer de la profesión.

Pero la investigación está tan esencialmente unida a la Ciencia, que una profesión científica pronto percibirá el alcance de incorporarla. Las ciencias experimentales han abierto profesiones a golpe de trabajo investigador. Cada una de las grandes industrias no se ha constituido por un solo empuje. Una gran fábrica ya establecida ha crecido porque en cada una de sus vías la investigación ha limado dificultades y perforado nuevos aprovechamientos y aplicaciones.

"En 1865 mostró Kekulé que existen compuestos del carbono que poseen una estructura catenaria y que otros la tienen cíclica. Vio en sueños, como él mismo nos lo ha descrito, el anillo del benceno. Los distintos átomos de carbono e hidrógeno danzaban ante él una danza diabólica, enlazándose en largas cadenas que se movían 'como serpientes, retorciéndose y girando; una de las serpientes acabó por morderse la propia cola". Miró entonces más atentamente y ante él se mostraba la fórmula estructural del benceno; seis átomos de carbono se mantenían entre sí formando un anillo, una estructura sólida, en la cual cada uno de los átomos de carbono poseía libre una valencia que se unía a un átomo de hidrógeno.

"La importancia de esta concepción nos la ha explicado Hofmann con las siguientes palabras:

"Con la concepción del anillo hexagonal del benceno, el número de los compuestos orgánicos subió, de un golpe, podríamos decir, hasta el infinito. Se nos dio con el núcleo bencénico una tierra fertilísima, de la cual han brotado, ante nuestra admiración, inmensurables árboles, nuevos capítulos de la Química orgánica hasta entonces conocida. ¡Qué cantidad de trabajo se hizo repentinamente imprescindible y cuántas manos laboriosas se pusieron a él vertiginosamente!... Nadie vio jamás a Liebig con la mano en la esteva del arado labrar las sementeras y, sin embargo, él fue quien hizo progresar más la agricultura que lo habría hecho toda una generación de labradores. Lo mismo puede afirmarse de Kekulé... Nunca, por lo menos que yo sepa, tuvo en sus manos una materia colorante y, sin embargo, al establecer su teoría del benceno fomentó la industria de los colorantes derivados del alquitrán, muchísimo más que todos nosotros, que todos cuantos hemos consagrado largos años de nuestra existencia a la investigación de las materias colorantes' "[65].

En cuanto el ingrediente investigador ha aparecido como productivo, es natural que haya ganado valoración profesional. En la gran técnica industrial, crecida al empuje de los grandes y pequeños descubrimientos, extendida por redes de patentes, organizada por mentes creadoras de mundos fabriles, se percibe claramente el papel decisivo de la investigación. Pero hay zonas en las que la potencia humana se ve muy inferior. Hay una naturaleza que despliega la magna complejidad de sus seres y de sus fuerzas, el hecho prodigioso de la vida con la variedad ingente de sus formas y de sus procesos, y a medida que vamos de lo inorgánico a lo biológico, la inteligencia humana ve disminuido su poder, amortiguada su iniciativa, para tomar una posición más observadora, para hacer algo más que el espectador, pero mucho menos que el forjador de empresas, que levanta ciudades mecánicas, canalizadoras de multitudes proletarias, gobernadas paralelamente a las máquinas, por el cálculo.

Hay materias cuyo cultivo trasciende fácil e inmediatamente a la investigación. El erudito local penetra en los archivos, se apasiona por las excavaciones, reúne libros antiguos, objetos artísticos de interés arqueológico, cataloga la flora y llega a hacer investigación cuando un ambiente favorable a ella constituye en muchas ciudades núcleos de trabajo científico. Son esos temas, la historia, la arqueología, la bibliografía, acaso las ciencias naturales, los que integran la actividad entusiasta de los investigadores locales.

Frente a esta libre investigación que crece en un clima de espontaneidad, podríamos situar esa investigación técnica utilitaria, con la que tiene que contar la empresa industrial como un obligado integrante de sus planes. Libre o de organización forzosa, por deseo de estudio o por exigencia económica, brota abundante la investigación en el reposo de las ciudades históricas o en el tráfago de las concentraciones industriales con carácter y desarrollo muy distintos.

Las profesiones intelectuales que van a la industria recibirán el impulso investigador como algo propio; la agricultura representará una zona mucho menos propicia al esfuerzo investigador. Por eso tiene especial interés considerar la influencia de la investigación en la agricultura desde ese punto de vista de la eficacia productiva que condiciona su penetración profesional.

Porque lo que caracteriza a la profesión no es sólo su factor ideal, vocacional, sino su sentido práctico, su capacidad bienhechora, su rendimiento económico, que le hace cauce, no sólo de individualidades especiales, sino de grupos humanos, sometidos a la ley general del subsistir.

Para que exista profesión hace falta una necesidad social, que exige un servicio que garantiza un interés económico. Un tema aislado de trabajo científico produce un estudioso; pero sólo una necesidad colectiva produce un profesional. Por eso la producción económica es fuente de profesiones (industria, agricultura). Las pugnas de intereses, la distribución de la riqueza, dan profesiones económicas; la enfermedad y la salud desarrollan la medicina y sanidad.

La vinculación entre el trabajo investigador y la actividad profesional aparece muy clara en aquellas profesiones que tratan problemas difíciles, que tocan la zona misma de la investigación. Clínicas médicas, laboratorios industriales, representan a veces una franca incursión del trabajo profesional en la investigación misma. Pero la vida agrícola presenta trabajos profesionales cuyos ejecutores inmediatos no reciben la formación científica dilatada y honda de médicos y técnicos superiores.

Investigación y agricultura

Si en la diversidad profesional hubiésemos de elegir casos desfavorables a la relación con la investigación, tomaríamos como ejemplo la Agricultura, y ello por el doble motivo ya apuntado: por la mayor complejidad biológica de su objeto y por la dificultad en la transmisión de los descubrimientos y en el planteamiento de los problemas.

Hay ciencias cuyos objetos son de suyo muy generales, y sus hechos se recogen en leyes de pocas variables. A veces es el grado de elaboración avanzada el que lleva a esas formulaciones amplias que son firmes y esbeltas nerviaciones de la construcción científica. Hay un predominio de la deducción. De la encrucijada de una ecuación arrancan vías que penetran dominios muy extensos y encuentran la igualdad en la diversidad de las cosas. Pero hay ciencias formadas por acumulación de hechos muy dispersos, difícilmente abarcables, irreducibles a formulaciones simples, que no pudiendo expresarse en la condensación de la fórmula necesitan la extensión abigarrada del mapa. En cierto modo el mapa es la negación de la ecuación. El mapa expresa un multiforme complejo de variables, a cuya inagotable diversidad de notas sólo cabe aproximarse con la extensión de la representación gráfica, llena de signos convencionales.

¿Hasta qué punto la ciencia fundamental debe penetrar en el investigador técnico, en el técnico concretísimo de la Agricultura?

Descubrimientos, técnicas físicas y químicas trascienden, en efecto, a la Biología: primero a la Medicina; es después cuando pasan a la Agricultura. En verdad, el tipo concreto, inmediato, que desarrolla la vida agrícola parece muy distanciado del carácter abstracto, teórico, que predomina en la investigación. La investigación agrícola ofrece objetivos muy complejos, de exigencias muy precisas; ha de afrontar ambientes de recelo y suficiencia; no puede ofrecer la brillantez creadora de la industria ha de actuar en el lento curso de densas tradiciones, no en la cadena rápida de inventos deslumbrantes. ¿Cómo se ve el problema de la investigación agrícola? ¿Podrá afectar al campo de un modo normal y habitual la elaboración investigadora? ¿Trascenderá la investigación a la profesión, a la profesión auténtica del cultivador?

Un día de invierno llegaba un agricultor benemérito, científico, a unos olivares de la zona del Ebro, en período de recolección; acompañaba a dos ingenieros agrónomos, profesión por la que sentía entusiasmo cordialísimo. Cuando los labradores oyeron que allí había unos ingenieros, llenos de admiración agradecida, exclamaron: "Ustedes, los que hacen los puentes..." La palabra mágica de la profesión de ingeniero la asociaban a lo que era para ellos motivo de asombro y gratitud: el puente, cruzar el río en seco, en toda época, durante las grandes avenidas como durante los estiajes. Las huertas que el río vitaliza y deja a sus orillas habían quedado años y años separadas, a merced de pasos eventuales e inseguros o de barcas incómodas, hasta que un día llegaron unos ingenieros y unieron las orillas por obra, por maravilla de un puente. ¿Cómo podían creer que aquellas tareas simples, rudas, seculares, del cultivo llegasen a ser objeto de una ingeniería?

Eficiencia

El primer punto que debe quedar claramente resuelto es el de la eficacia de la investigación agrícola. El Departamento de Agricultura de Estados Unidos publica un "report" anual de la administración de las investigaciones agrícolas. El de 1946 comenzó mostrando la rentabilidad de las inversiones en investigaciones agrícolas. Por ejemplo, en treinta años las investigaciones en híbridos del trigo han costado unos 5 millones de dólares al Departamento de Agricultura y una cantidad igual a las Estaciones Experimentales de los Estados. De ese gasto total de 10 millones de dólares recogen anualmente dividendos de 75 millones anuales, como mínimo.

Se estableció un plan para organizar Asociaciones Agrícolas que produjesen algodón de la más alta calidad, otorgando premios importantes. Este programa descansaba fundamentalmente en la investigación, porque sin variedades mejoradas no había ningún incentivo entre los labradores para organizar esas Asociaciones que cultivasen una sola variedad. Aquellos labradores que participaron en este programa tuvieron unos aumentos de producción y unos premios que alcanzaron el valor de 50 millones de dólares.

La investigación salvó el cultivo de las plantas azucareras. En 1926 la producción anual de azúcar de caña había caído de una media de 300.000 toneladas a 50.000 debido al virus productor del mosaico. Toda la industria de la caña de azúcar, cuyo capital en fábricas, ferrocarriles y otros equipos alcanzaba 150 millones de dólares, amenazaba con extinguirse. Un gasto de menos de un millón de dólares en investigación en un período de varios años ha dado variedades resistentes a la enfermedad y, además, muy mejoradas. Y en los años recientes la producción anual ha fluctuado entre las 400.000 y las 500.000 toneladas de azúcar. El aumento producido por el cultivo de la caña de azúcar, debido a esta investigación concreta, es de más de 20 millones de dólares anuales. El beneficio financiero de esta industria en Puerto Rico alcanza cifras considerables, debido a esta investigación de la enfermedad del mosaico. Lo mismo puede decirse de la producción de azúcar de remolacha, afectada por una enfermedad producida por un virus "rizado de la hoja" *(Curly*

Top). La investigación de los métodos para producir semillas resultantes ha dado un beneficio de unos 75 millones por año. Y así pueden contarse las cifras en investigaciones de ganado, en el campo de la fitopatología, etc.

En el "report" de 1947 se anota la larga lista de descubrimientos realizados en corto plazo, y la de las investigaciones que progresan en tiempo más dilatado. Aquí nos encontramos con problemas científicos de primer orden, que tienen toda la densidad teórica propia de las más destacadas investigaciones. La Ciencia sigue siendo fecunda aun en objetivos muy limitados. Y si en los comienzos de la Química agrícola (hace poco más de un siglo) encontramos las experiencias que en la finca de Rothamsted realizó su propietario, el joven Lawes, cuando, recién descubierta la fosforita, la trató por ácido sulfúrico, obteniendo los primeros superfosfatos que fueron aplicados en aquel campo de Barnfield; en nuestro tiempo nos encontramos con que el uso de un contador Geiger, un aparato de registro de la presencia de algún elemento radioactivo, puede mostrar el curso del fósforo radioactivo, y así encontramos que existen tipos de suelos en los que el fósforo procede en su mayor parte dei suelo mismo, aunque se hagan amplias aplicaciones de fertilizantes fosfóricos, y suelos en los que el fósforo procede principalmente de ese amplio abono fosfórico. Los resultados que se derivan de estas investigaciones pueden traer cambios radicales e inmediatos en el uso de los fertilizantes fosfóricos.

Pero ocurre frecuentemente que el labrador descubre en la práctica innovaciones útiles, y sólo al cabo de años se encuentra la razón de aquel éxito. Así, la limonita se ha usado para evitar el marasmo enzoótico del ganado, enfermedad que dejaba sin valor los prados de extensas zonas. Los agricultores descubrieron que la limonita triturada finamente dada a lamer al ganado impedía dicha enfermedad. Se suponía al principio que los animales usaban la limonita por ser mineral de hierro, pero la administración de preparados de hierro resultó ineficaz. Se supo luego que la limonita que se usaba contenía seis décimas de cobalto por mil, e inmediatamente la investigación marchó hacia el estudio de contenido de cobalto en los suelos, en los pastos, en la caliza y en los abonos. Existe en Escocia una división tajante entre la zona sana y la zona enferma del ganado. La zona enferma coincide con las montañas de granito y riolita, carentes de cobalto. Nueva Zelanda, antes que Gran Bretaña, usó un superfosfato cobaltizado para eliminar dicha enfermedad.

Las dificultades económicas propias de las guerras determinan investigaciones concretas para suplir lo que es difícil conseguir. Nueva Zelanda, como Gran Bretaña, necesita importar fosfatos. La guerra dificultó esta importación, pero se sugirió que los superfosfatos podrían diluirse en serpentina finamente triturada, y ese silicato hidratado de magnesio existe en grandes depósitos en distintas partes de las islas. Estas in vestigaciones comenzaron en 1939; en el período de 1940-41 se hicieron experiencias en 237 parcelas de los principales tipos de suelos, comparando el superfosfato con la mezcla de superfosfato y serpentina. Sin dar por terminado el problema, puede decirse que el superfosfato admite un 25 por 100 de serpentina, dando iguales rendimientos[66].

Difusión

La organización de la enseñanza y de la investigación agrícola no debe desviar los temas del carácter práctico y económico que han de alcanzar. Pero hay que evitar otras dificultades. Esos éxitos logrados en la investigación son soluciones de problemas, y ¿quién planteó esos problemas, cómo llegaron al campo? Porque el investigador es más dado a leer revistas o celebrar coloquios con sus colaboradores que a hablar con los campesinos y a recorrer las tierras. Y, además, cuando el descubrimiento se produce, ¿cómo llega al campo, cómo se difunde?

Interesa mantener el alto potencial investigador y al mismo tiempo tener la red distribuidora de ese continuo progreso agrícola. Esa es la labor encomendada en Estados Unidos al *Extensión Service*.

Se habían creado Escuelas Agrícolas y Granjas y existían Estaciones Experimentales, pero había la convicción de que muchos procedimientos que introducían cambios radicales en la

Agricultura no habían sido incorporados suficientemente a las prácticas generales. Así, el uso de fertilizantes, la transmisión de enfermedades por microorganismos, el tratamiento del ganado enfermo con sueros y vacunas, el papel de las leguminosas en el suelo, la aplicación de las fuerzas mecánicas al cultivo, amplios problemas de la alimentación humana y de la alimentación de los animales, nuevos conocimientos en la administración de las granjas, en las compraventas del mercado y en otros sectores de la economía agrícola.

Todo este avance se aplicaba en alguna medida en las granjas del país, pero la media de los beneficios de los cultivos quedaba, según los datos disponibles, por debajo de lo que correspondía al cultivo tipo. Los Departamentos de Agricultura Federal y del Estado se habían dedicado a la divulgación mediante boletines, informes, conferencias, consejos en la prensa, pero la difusión de estos conocimientos aparecía demasiado restringida. Existía el convencimiento de que las prácticas en la Agricultura de la nación estaban atrasadas en comparación con los conocimientos agrícolas del país; existía, pues, un sistema imperfecto de difusión y para superarlo se dio el Acta del *Extensión Service (Smith-Levere Act*, 8 de mayo de 1914), que es la base del actual sistema de la divulgación agrícola de los Estados Unidos.

Lo esencial de esta Acta era organizar un cuerpo de profesores, técnicamente entrenados y de sentido práctico, para enseñar a los agricultores cómo se aplican los nuevos conocimientos agrícolas a los problemas de cada día, con el fin de que se cultive con más eficacia y se obtenga más rendimiento en el mercado, se incremente el beneficio neto, aumente el nivel de vida del campo y la satisfacción en la vida rural.

La nueva ley no intentó suprimir las publicaciones, folletos y boletines anteriormente establecidos por Colegios o Departamentos agrícolas, sino que trató de aumentar los medios anteriores con personas que por vivir entre los agricultores pudieran dar demostraciones visibles de los nuevos métodos en las condiciones en las que el granjero se desenvuelve.

En 1947 el sistema de Extensión Agrícola de los Estados Unidos contaba con unos 11.000 empleados, 8.500 de los condados y los demás del Estado o de trabajos de supervisión. El presupuesto del año fiscal 1947-48 era aproximadamente de 56 millones de dólares, dividido por servicios de modo que el 50 por 100 procedía de fondos federales, 25 por 100 del Estado y 25 de los condados; se cuentan por millones los agricultores que cada año se deciden a cambiar su método por un procedimiento mejor.

El sistema de difusión agrícola ha tomado como unidad territorial el condado. Existe el agente agrícola del condado *(country agricultural agent)*, el agente de demostración doméstica *(home demonstration agent)* y el *leader* del Club 4-H. De los 8.111 condados, 280 cuentan con agentes del condado; 2.017 con agentes de demostración doméstica y 242 están incorporados a los Club 4-H (datos de 30 de junio de 1945). Aunque existe una labor de compenetración con las familias rurales, el agente del condado se dirige en primer término a los hombres y a los muchachos; los trabajos de demostración doméstica tienen carácter femenino y los Club 4-H son para muchachos y muchachas.

Esencialmente se basa la enseñanza en demostrar al agricultor, a su familia y a la comunidad rural, cómo se aplican los resultados prácticos de las investigaciones y estudios del Departamento Federal de Agricultura, de los Colegios agrícolas del Estado y demás Institutos, a los problemas de la granja y de la comunidad rural. La enseñanza no se basa en libros, sino en la granja misma, la huerta, el granero, la casa, la lechería y el mercado. La demostración práctica y el contacto personal se prefiere a las conferencias y libros.

El Club 4-H es la última célula de la difusión agrícola, que debe su nombre a las iniciales de *head, heart, hand* y *health*. Ese es su lema: cabeza para pensar, corazón para ser leal, manos para trabajar y salud para vivir mejor. Los agricultores se reúnen en este Club agrícola en los que surge un *leader* voluntario. Reciben las publicaciones del *Extensión Service,* pero, además, reciben visitas de los expertos de dicho servicio. Los mismos campos de demostración que organizan las entidades públicas no bastan para difundir los conocimientos. Frecuentemente, en Norteamérica, como en todos los países, un agricultor piensa que su caso no es igual que el de los cultivos que se realizan por entidades públicas que disponen de otros medios. La mayor eficacia está en aquellas experiencias que realizan por su cuenta los mismos agricultores dirigidos por los agentes del *Extensión Service*. Psicólogos de las Universidades de Missouri y Yale reconocen el influjo considerable que este tipo de difusión de los conocimientos ejerce en *el* carácter de la vida norteamericana[67].

La labor del Club 4-H es una empresa de educación especializada para la juventud rural. Como tal, comparte objetivos comunes con todas las instituciones y movimientos de educación en lo que afecta al desarrollo de la capacidad individual, de la formación del carácter intelectual y moral.

También en Inglaterra existe una organización, *Young Farmer's Clubs* (Asociaciones de Jóvenes Agricultores), que, desde hace unos treinta años, se preocupa de la formación agrícola de sus miembros.

Esto no es propio, únicamente, de la gigantesca organización norteamericana. Es ejemplar, en este aspecto, un país como Holanda. En 1926, Hudig descubría la importancia de las sales de cobre en los suelos de turberas, pero este descubrimiento no sirvió para una cita de tesis doctoral o para una conferencia, sino para que, a los dos años, más del 50 por 100 de los cultivadores de suelos turbosos hiciesen uso de las sales cúpricas.

La articulación de la enseñanza agrícola en la primaria es, en Holanda, de una eficacia magnífica. Y la dedicación investigadora al conocimiento agrícola del país ha alcanzado un detalle asombroso. Cuando un nuevo *polder* se desarrolla, allí están, juntos, el servicio de investigación (edáfica, microbiológica, botánica, agronómica) y el de extensión.

El *Institut Pedologique* de la Universidad de Lovaina ha sido la base del servicio de información para los agricultores que desean conocer el estado y las necesidades de fertilizantes de sus tierras. Establecido de modo autónomo desde 1945, ha realizado sobre un millón de análisis en favor de la agricultura belga. Análogas investigaciones se encuentran en los demás países del Norte y Centro de Europa.

Inglaterra y Gales tienen organizado el *National Agricultural Advisory Service*. El territorio de Inglaterra y Gales se divide en ocho provincias, éstas en condados que, a su vez, se dividen en distritos. Existen, en cada centro provincial, los laboratorios en los que trabajan el químico vegetal, el de suelos, el entomólogo, el bacteriólogo, el fitopatólogo de virus, hongos, etc. Existe, además, el técnico de Zootecnia, Praticultura, etc. Todo este personal, con titulación universitaria, resuelve los problemas que desde los condados y los distritos plantean los agricultores, mediante los *advisers* locales, también titulados.

Junto a una investigación relevante, la proporcionada difusión de las enseñanzas superiores necesita el desarrollo de las enseñanzas medias agrícolas. El tipo del experto, del intermediario entre los Centros de investigación agrícolas y el campo, es indispensable. El lleva los problemas del campo a los Centros de investigación, y las soluciones encontradas retornan por él al campo.

No se crea que para la formación de estos investigadores no hayan surgido opiniones distintas, pugnas entre el carácter general teórico de los estudios superiores y el aprendizaje de técnicos inmediatos y concretos.

CARÁCTER

En 1927, cuando Marotta ocupaba por primera vez el Decanato de la Facultad de Agronomía y Veterinaria de Buenos Aires, decía que "la enseñanza debería ser suficientemente aplicada, pero sin esa superstición de la práctica que desnaturaliza la instrucción universitaria porque malea o debilita ese substratum de teoría y de hechos científicos en que se afirma su razón de ser".

Y agregaba que, aparte de profesionales idóneos, el país necesitaba, con urgencia, "investigadores de las ciencias agronómicas y veterinarias para que exploren el campo inmenso, casi virgen, de nuestra naturaleza; para que nos revelen sus ingentes posibilidades y surja así una técnica propia que enseñe en cada caso el modo de hacer por el profundo conocimiento del medio y de los factores que lo condicionan.

"Empero, el culto de la ciencia no ha de entenderse en forma absoluta y exclusiva en una Facultad de Agronomía y

Veterinaria, descuidando la parte práctica, de aplicación, que constituye realmente la capacidad profesional de los egresados, no sólo porque la investigación exige dotes especiales, que no todos poseen, sino también porque el país reclama la colaboración de los ingenieros agrónomos y médicos veterinarios, que sean capaces de desempeñarse en el campo práctico de sus actividades"[68].

Oigamos opiniones distintas. Holmes nos da a conocer cómo se desarrolla la enseñanza agrícola en Nueva Zelanda. "Es en los Colegios Agrícolas donde noté las diferencias principales entre los Dominios y la Gran Bretaña. Nosotros tenemos dos Colegios; los dos son Residencias y en ambos tienen los alumnos que aprender a llevar a cabo las operaciones que se presentan durante el transcurso del año. La regla general establece que la mitad del día se emplee para trabajo granjero y la otra mitad para clases o trabajos de laboratorio. Pero durante la época de la recolección y esquileo se emplea el día entero en trabajos de campo. Figúrense mi sorpresa cuando, visitando varias granjas que dependen de Colegios ingleses de Agricultura, me enteré de que los alumnos visitan la granja sólo alguna tarde y que además solamente observan a empleados pagados para hacer el trabajo. Más sorprendente aun era ver que en agosto, cuando el trabajo de una granja está en plena tarea, los alumnos tenían vacaciones, porque sus cursos estaban acoplados a los de las Facultades de Arte, Ciencia y Derecho.

"Creo que Nueva Zelanda es quizá el único país en el mundo donde se sigue trabajando con intensidad en las granjas, en vez de contentarse con los conocimientos adquiridos respecto a la Agricultura. El estudio de la Economía Agrícola puede dar al alumno sólo un punto de vista académico o de libro de texto. No quiero decir que el tiempo empleado en estudios de Botánica, Química, Zoología y Economía sea tiempo perdido. Todos estos estudios son necesarios para entender a fondo el manejo moderno de una granja. Sin embargo, es imposible sustituir experiencias prácticas por instrucciones teóricas. En Nueva Zelanda hemos procurado ajustar los estudios teóricos de los alumnos a las experiencias prácticas, por un entrenamiento cuidadoso de la técnica da manejar una granja. Tales conocimientos son de gran importancia, independientemente de que el estudiante quiera ser luego granjero, dedicarse a las enseñanzas agrícolas o a las investigaciones en el Departamento de Agricultura; así se han formado estos jóvenes, que por su entrenamiento inspiran confianza al granjero, al cual ellos tienen que tratar. Sería inútil en Nueva Zelanda que vaya un hombre a una finca para dar consejos, digamos, sobre formación de silos, si sus conocimientos proceden de libros americanos de texto; nunca obedeceríamos a un consejero de la producción de semillas, por muy bien que sepa los nombres botánicos de las hierbas de los prados" [69].

La investigación en estas materias necesita dotes que, a primera vista, parecen incompatibles, pues hace falta especializar cada vez más y hace falta también no perder la visión de los problemas de conjunto, pero no mediante superficialidades extensas, sino mediante integraciones y convergencias. Existe el peligro, decía Holmes, refiriéndose a Nueva Zelanda, que se vaya entusiastamente por una tangente, y la labor sea descubrir más y más sobre menos y menos. En un país pequeño, añade, es posible mantener estrecha relación entre los investigadores y los campesinos y conservar a los primeros razonablemente "sobre raíles" y con esto llegar a resultados de valor económico en el menor tiempo posible.

Un autor norteamericano sostiene la línea teórica: "No podemos separar la ciencia agrícola de toda la Ciencia. Los investigadores agrícolas usan los principios elaborados en las ciencias fundamentales o básicas —como Química, Geología y Botánica— y también contribuyen a ellos. El término "ciencia agrícola" es útil, pero equívoco. Por él nosotros pensamos generalmente todos los principios científicos tal como se aplican al campo y a la vida rural. Pero los principios no podrían existir aparte de todas las ciencias. Nosotros no podríamos tener una Química Agrícola aparte de la Química, ni una Economía Agrícola aparte de la Economía; los principios fundamentales de la producción económica son los mismos, bien se apliquen a la organización del campo o a la fabricación de automóviles.

"Buscando relaciones y problemas agrícolas, es frecuentemente necesario profundizar en la investigación, en las ciencias básicas naturales y sociales para desarrollar principios de aplicación."

Comber señalaba el carácter complementario de las dos posiciones[70].

"La rapidez del trabajo de los científicos en la Agricultura produjo cierta separación, que todavía se nota bastante en la actualidad, entre aquellos agricultores que tienen más fe en lo que se aprende por experiencia que en lo que los químicos y científicos les pueden enseñar, y, por otra parte, aquellos que estaban bien dispuestos para buscar y emplear las experiencias científicas. Según mi opinión, esta discrepancia ha sido muy saludable. Sé que hubo incidentes donde las gentes de los dos campos se irritaron y decían y escribían algunas palabras fuertes. Pero, como digo, solamente eran incidentes. Para el desarrollo agrícola durante el pasado siglo ha sido de mucho provecho que la importancia de la tradición y experiencia haya sido defendida por sus partidarios y que la importancia de los conocimientos científicos, de la comprensión y de las nuevas ideas, haya sido recalcada por los otros. Ciertamente, la oposición rotunda de la comunidad de agricultores contra los adelantos que provienen de la Ciencia hubiese producido serios perjuicios; pero no quiero imaginarme lo que hubiese ocurrido si los agricultores se hubiesen sometido enteramente a la dirección de los científicos.

"Las relaciones y la cooperación entre la práctica y la Ciencia no se han podido establecer en un solo día, y, por tanto, era muy conveniente ceñirse a la importancia fundamental de la experiencia"[71].

"Mientras gran parte de los trabajos cientí-cos químicos y analíticos han sido acompañados de experimentos en el campo, los experimentos en el campo en sí no requieren más conocimientos químicos que los que tenían los agricultores desde el principio. Los agricultores romanos poseían notables conocimientos sobre el uso de la cal en determinados casos de infertilidad en el suelo, y nuestros químicos especializados en la ciencia del suelo pueden observar —no sin cierta humillación— que ningún agricultor romano había recibido enseñanzas sobre el significado del pH o sabía algo sobre el procedimiento del análisis volumétrico de ácidos por álcalis"[72].

"La agricultura es mucho más heterogénea que cualquier otra industria. Tiene grandes variedades de oficios e implica múltiples ciencias. Por tanto, el interés de las personas es muy diferente —de un extremo, los intereses son netamente prácticos, del otro, puramente científicos— con todas las gamas intermedias posibles de intereses prácticos y académicos"[73].

Hilgard realizó, en la Estación Experimental Agrícola de California, la ejemplar integración de teoría y práctica, como se nos describe en un "report" sobre la agricultura de aquella zona: "A menudo se dice que una institución es la sombra de un hombre. En el caso de la Estación de California, el hombre era Eugenio Hilgard, cuya sombra física era relativamente pequeña. Su sombra espiritual, sin embargo, que formó el diseño de esta institución, se incrementa cada año que pasa. Hilgard llegó a la Universidad como escolar ya formado e investigador inveterado. Era químico, geólogo y biólogo, con facultades lingüísticas que eran la desesperación de sus colegas académicos. El reemplazó al primer profesor de Agricultura que había sido empleado por los fundadores para enseñar Agricultura, cumpliendo así el Acta Mo-rrill, la cual hizo posible la existencia de la Universidad. Este profesor había sido informado de que la Agricultura debería mantenerse a un 'nivel altamente académico', y él había interpretado esto en el sentido de que los temas de sus conferencias no deberían tratar de asuntos tan vulgares como la producción de la cosecha, fertilizantes, terneros o pollos, a menos que estos asuntos estuvieran consagrados por los agricultores clásicos.

"Naturalmente, los granjeros del Estado se rebelaron y protestaron. Hilgard tomó sobre sí las protestas de los agricultores, los cuales solicitaban un 'granjero práctico' para enseñar a la juventud en las áreas rurales del Estado. Hilgard determinó que un entrenamiento científico básico sería la clave de una adecuada preparación de las ciencias agronómicas. Recorrió el Estado de cabo a cabo hablando en las reuniones de los granjeros, en institutos rurales y en todas partes en donde encontró quien tuviese consultas que hacerle. El escuchó sus problemas y sus explicaciones de los fracasos y éxitos. Aunque muchas de las materias tratadas eran nuevas para él, fue capaz, aplicando sus conocimientos científicos y experimentales, de hacer indicaciones prácticas que causaron respeto y confianza. Sin perder el contacto con sus recientes amigos, él y sus ayudantes se sumieron en actividades de investigación para encontrar la explicación a una multitud de problemas agrícolas. Investigaron las leyes fundamentales de la fermentación alcohólica, el ciclo evolutivo de la *Phylloxera,* el problema de los suelos alcalinos, la clasificación de los suelos de California y otras muchas cuestiones, cuyo resultado aún se considera como clásico en la investigación científica. Así se fundó la Escuela Experimental Agrícola.

"En todas estas actividades Hilgard tuvo la capacidad de identificarse con el desarrollo de la Universidad de California. Iba a los granjeros sin alejarse de la Universidad. Hizo esto porque a la vez disfrutó y apreció el intercambio de ideas entre los científicos en otros campos y porque sintió que el saber agrícola ganaba en cada oportunidad en que se le aplicaban conocimientos generales. El se proponía y recomendaba a sus colaboradores no solamente un conocimiento fundamental del suelo y sus productos, sino también un sano aprecio del hombre, de sus problemas y de sus relaciones entre sí.

"El programa de Hilgard era tan exactamente el prototipo de la política actual del Colegio de Agricultura, que la línea de las posiciones de hoy parece repetirlo"[74].

¿Teoría, práctica? Puede asegurarse que, casi sin excepción, ningún problema de investigación ha sido emprendido por una Estación Experimental que no tuviese como fin la resolución de un problema práctico. Igualmente es cierto que de los pocos proyectos que se emprendieron para satisfacer la curiosidad académica, todos dieron un resultado valioso, inesperado, de naturaleza práctica. Por ejemplo, un estudio académico de genética emprendido para explicar el mecanismo de la herencia en la planta del tabaco y no con el fin de producir una cepa de valor comercial, condujo a una variedad híbrida junto con el conocimiento de su constitución genética, lo que hizo a este híbrido el vehículo para transmitir la capacidad de resistir la infección del mosaico del tabaco a las cepas de valor comercial.

Hay quienes piensan que basta constituir altas zonas investigadoras de las que inevitablemente vendrá la difusión del conocimiento científico y la formación renovadora de la enseñanza. No cabe duda que algo de esto se realiza, pero es muy lento confiar sólo en un proceso de difusión sin favorecer directamente la vitalización de la enseñanza. Pero hay otra visión, quizá más peligrosa. Hay quienes piensan que no hay problema de producción científica, sino de extensión de los conocimientos. Aplicando a la Ciencia un criterio sacado quizá de lo social, parece que lo apremiante y necesario es levantar el nivel inferior y expandir la Ciencia que poseen las clases muy altas, de las que no hace falta ocuparse Pero lo cierto es que no hay riqueza científica si no hay producción científica, si no se está al día, y nadie podrá presumir de rico en Ciencia si no existen instituciones investigadoras poderosas. Hay que articular lo uno y lo otro, y esto es factible aun en un caso al parecer tan desfavorable como el que presenta la Agricultura, cuya investigación parece más compleja y sujeta a incertidumbres y cuyos ejecutores, en las aplicaciones finales, parecen tener una instrucción más deficiente.

El volumen y la naturaleza de la obra investigadora en marcha muestran con claridad que la investigación está íntimamente vinculada a diversas profesiones, pero además constituye una profesión por sí misma.

La situación especial del investigador que actúa en el terreno de la Agronomía —dice Boerger— se debe precisamente a la característica de esta ciencia como materia destinada a propender al mejoramiento cuantitativo y cualitativo de la producción agropecuaria. Lógicamente, cualquier descubrimiento o resultado científico de largos años de paciente investigación que pudiera registrarse en alguna de las distintas ramas agronómicas, tendría que beneficiar sin pérdida de tiempo al mayor número posible de campesinos, llamados a ejecutar lo que la ciencia descubre y enseña. La cooperación armoniosa entre el cerebro dirigente y el brazo ejecutor representa, pues, en este caso, más, tal vez, que en cualquier otro, el postulado ineludible que debe ser contemplado para que el hombre de ciencia pueda llegar a servir a la colectividad sobre una base realmente amplia[75].

V. La investigación científica como profesión

La vida del detalle

La investigación no aleja de la vida. El hombre enciclopédico, ansioso de beber en todas las fuentes de la cultura, está probablemente más distanciado de una visión real o práctica de la vida que el investigador, que lleva su interés científico a caballo de un vivir realizador, rico en complejidades y en menudos problemas cotidianos. Lo enciclopédico lleva al simplismo de las síntesis pretenciosas; sobre el mapa del mundo sólo se ven grandes urbes, capitales a las que afluyen redes ferroviarias y vías de todas clases, en cuyas calles se alinean grandes edificios centrales de la cultura, del poder, de la riqueza o de la diversión. Pero fuera de esto el mundo tiene el encanto de valles apartados, de cúspides solitarias, de remansos acogedores, de fecundas llanuras. El hombre sintético desprecia todo lo que no sea volar en avión, y ¡hay tantas cosas en el mundo que sólo pueden ser conocidas recorriéndolas a pie! El profundo conocer requiere familiarización con los temas, y no cabe difundir la familiarización, que es de naturaleza íntima y limitada.

Difundir el espíritu investigador es aniquilar la rutina, calar, ahondar, arrollar. Es quebrar el anquilosamiento, corroer estériles artefactos, dar tensión al espíritu y elasticidad a la mente, habituar a pensar antes de hacer, ampliar la visión y dotarla de poder penetrante. Es conjugar la serenidad con la prisa, excitar la pasión de hacer, de crear, de levantar; transmitir vibración a la inteligencia, entusiasmo al trabajo. No se trata de hacer frases; por mi memoria desfilan cuestiones y cuestiones, que llevarían derroteros más lisonjeros si una inoculación del espíritu investigador las removiese. El espíritu investigador es la negación del catastrófico "hacer como que se hace"; sabe arrasar los convencionalismos y trazar la recta, frente a los abúlicos meandros. Y junto a este sentido efectiva y sinceramente revolucionario, implica reflexión, planteamiento diáfano, continuidad, vigor coordinador tan irreconciliable con lo rutinario como con lo utópico. Necesita saber de dónde se viene y a dónde se va.

Pero todas estas excelencias no pueden ser gratuito fruto espontáneo. La investigación es trabajo, trabajo y trabajo. Si este libro es anticuado, si aquel mapa sigue sin renovar y esta industria permanece en el atasco, si tal escrito es una copia y aquella explicación un eco demasiado perfecto y repetido, si ese trámite es un rodeo y esa oficina una covachuela, si esa frase es un tópico, si tal interpretación es un absurdo y puede su autor ser un falso prestigio, si ese plan no es sino palabrería, si tantas críticas son sólo corrosivas, si aquellos servicios son estériles convencionalismos y, por tanto, condenable despilfarro; si estas aparentes actividades son una rutina... es porque todo ello, atasco, rutina, convencionalismo, es más cómodo que el panorama del trabajo.

Hay conceptos e ideas a las que se pueden reprochar fallos y crisis; pero en realidad no tienen la culpa de que el espíritu humano haya querido verlos con dimensiones desorbitadas. Podrá hablarse con descontento de la Ciencia y de la investigación, si se ha llegado a pensar que la Ciencia y la investigación lo son todo en el mundo, que no hay ningún problema que resolver ni otro ideal que anhelar sino el puro conocimiento de las cosas. Es entonces cuando se opone a esta visión intelectualista el vigor, el dinamismo, el sentido práctico, la coordinación y el equilibrio que representa la vida. No hay por qué encarecer la excelsitud del conocer, pero no podrá ser estable una ciencia deshumanizada que llegue a borrar esta cosa tan ligada a mí mismo como es la vida.

La investigación es vida, y la vida no admite destrenzamiento; es el triunfo de la unidad, de la coordinación, del entronque; es la superación de todas las diversidades en el íntimo fluir de lo que permanece; es el río a través de la variedad de los accidentes de la cuenca; es la fuerza que enhebra la diversidad de los actos y de las cosas con el hilo de una finalidad. Y entonces, la investigación, que es vida, no puede verse desligada del hecho total y mucho más amplio de la vida. Es una parte de ella y tiene que servir a la vida. Y la vida, en su continuidad, busca derramarse; un sentimiento de insatisfacción la impulsa a salir del cauce repetido, del derrotero trillado. También el río, que nuestra efímera estancia sobre la tierra considera fijo, va alterando su cauce y lo profundiza continuamente y abre nuevos caminos a la perenne circulación de sus aguas. La investigación ha de servir a la vida, y ésta a su vez le inocula un anhelo de servir, un perenne buscar el más allá.

La vida nutre la investigación al ofrecerle su rica variedad de problemas y cuestiones, unas veces con el ritmo sereno de los días normales, otras con la urgencia apremiante de los momentos difíciles.

La investigación sirve a la vida mediante laboriosas realizaciones que requieren amplitud y continuidad de trabajo de muy distintos niveles; por eso, no sólo admite profesionales, sino que exige cada día más la profesionalidad.

La investigación y la sociedad

Nuestra existencia en el mundo es vida; existimos en cuanto vivimos, y una ciencia sin investigación queda todavía más deshumanizada que el cuadro que puede presentarnos el más maniático de los investigadores. Porque todo el mundo se mueve y vive, una ciencia sin investigación aparece dislocada de las cosas. El ímpetu juvenil verá en un magisterio alejado de la investigación arcadas fijas de un puente que van quedando atrás, mientras el empuje de la vida lleva sucesivos derroteros. Pero la situación se agravará si esa disociación entre el vivir y un saber petrificado no se produce, si el vivir no se desarticula de una ciencia parada para seguir otros senderos; si la ciencia estática capta, cohíbe y cerca al hombre en formación.

La investigación no es un valor independiente —¿qué puede haber independiente en el mundo?—. La investigación ha de servir; lo que no sirve a nada, no sirve para nada. Servir es suprema grandeza de lo humano frente a todas las rebeldías más o menos encubiertas.

La investigación cala, profundiza, penetra y abre caminos hondos y, sin embargo, a pesar de estas condiciones fecundas, existe una frivolidad de la investigación; son muchos los móviles humanos, no precisamente de tipo científico, que se mezclan en el deseo de investigar y lo enturbian y tergiversan y a veces lo degeneran. La investigación es una palabra prestigiadora, y son muchos los deseos no tan prestigiosos que buscan su sombra y su cobertura. Tiene, evidentemente, muchos peligros la investigación.

En períodos de escasa madurez cultural, el hombre que toma el estudio de una disciplina considerablemente especializada, está con frecuencia solo en su país y se erige en dictador intelectual; y ausente toda posibilidad de crítica y de cotejo, crece la medida de su propia estimación en proporciones completamente desorbitadas. Cuando faltan tradiciones científicas y sobran miras interesadas seudocientíficamente, se presentan peligrosas apariencias de genio, en las que la fuerza efectiva está muy por debajo del empuje del engreimiento.

La investigación ha de dirigirse hacia el servicio austero y cordial de la verdad, del país, de todos los hombres. No hay disociación entre el desarrollo auténtico de la Ciencia y el servicio de la colectividad patria. Porque si hasta la experiencia científica es utilizable para pedestal deególatras, la Ciencia es un primer valor para la vida nacional. Y, a su vez, la fortaleza nacional es protección y empuje para la Ciencia, y es, en la enorme complejidad de un país próspero, área dilatada de problemas incitantes y de sugestiones seductoras para la investigación.

La ciencia como profesión: Vocación, organización, retribución

Las relaciones entre Ciencia y profesión han dado lugar a muy amplios y diversos comentarios. La Ciencia, en su captación original para la investigación científica, puede estar disociada de la profesión. En los comienzos del crecimiento investigador, cuando han comenzado nuevas rutas de trabajo, el investigador ha podido aparecer como un ser extraordinario, separado de la realidad cotidiana y enfrascado en elevaciones o sutilezas disociadas del común pensar de las gentes. Todas las actividades comienzan por un empuje original, por una elevación singular. También los primeros aviadores o los primeros radioescuchas hubieron de ser hombres heroicos o llenos de ingenio, aparte del nivel medio de la sociedad. Pero toda actividad humana tiende a difundirse y hoy ser piloto es una profesión y ser radioescucha constituye una aptitud abierta a todos. También la investigación, que hace años pudo ser una aptitud aparte, ha producido una profesión y ha penetrado en la actividad misma de muchas profesiones.

La dilatación del conocimiento científico en qué consiste la investigación se presenta hoy en amplísimas latitudes. Hace años, el investigador era una personalidad aislada, un trabajador original, suelto, un rico productor de ciencia, un hombre que, no contento con la actitud pasiva, receptiva, de estudioso de lo conocido, se lanzaba a explorar nuevas regiones ignoradas, a descubrir, a indagar, a buscar lo nuevo. Y esto se producirá siempre en el mundo, aun sin organización científica. Algo bulle en el seno del espíritu humano que pugna por romper limitaciones, por ir más allá, anhelos de un alma a la que sólo puede saciar lo infinito. Pero creció la investigación, los investigadores formaron escuela, se forjaron equipos, se percibió la utilidad que reportaban los descubrimientos: la Medicina, por ejemplo, percibía nuevos mundos... Y aquella inclinación individual, destacada, originalísima, se ha ido "profesionalizando"; al individuo sucede el equipo; a la libertad del genio, el objetivo dirigido; a la afición obsesionante, la jornada de trabajo; a la vocación, la profesión. La Sanidad, la industria, el Estado, perciben la gran utilidad de la investigación y la organizan y costean.

La investigación brota inicialmente como avidez espiritual, en cuya sucesiva satisfacción despierta nuevos estímulos; la investigación es tendencia personalísima, gusto o capricho individual, afición eficaz, decisiva. La impulsa un natural deseo de conocer, acaso una vanidad íntima o abierta, desde luego una delectación mental al percibir orden y armonías, desarrollos y enlaces, convergencias y síntesis.

Este puro anhelo humano encaja preferentemente en determinadas profesiones. Hay hombres dedicados a enseñanzas superiores. Entre ellos tiene que surgir quien no se limite a recolectar la ciencia elaborada, sino que la cultive por sí mismo. Los objetos de un mundo ordenado por una inteligencia creadora pasan por el espíritu humano excitando vibraciones y resonancias. El profesor viene obligado a ser estudioso y el estudioso pasa fácilmente a una posesión activa de la Ciencia; son tres actitudes que no son forzosamente solidarias, pero es normal que se sucedan: repetir, adquirir, producir.

Pero en el profesor la investigación ha podido no ser una obligación estricta, sino un rebasamiento. No es ésta la única profesión en la que se forman investigadores. Los archivos, depósitos documentales de Historia; las clínicas y hospitales, muestrario y cauce de enfermedades y dolencias; las construcciones, las industrias y los cultivos, todo aquello que incluye problemas que admiten nuevas soluciones ha sido, en diversa medida, plantel de investigadores. La investigación ha aparecido entonces ligada a una actividad profesional, a la que ha dado empuje y prestigio.

El ejercicio de una profesión intelectual ha sido científicamente vitalizado por un aditamento investigador. Pero si esto se ha dado en profesiones varias, de modo central y decisivo tenía que darse en la forja de las profesiones, y en la Universidad la investigación arraigó en terreno propio.

La llamada investigación pura, la investigación sin objetivos prácticos inmediatos, creció en las Universidades; pero desbordando sus cuadros de enseñanza, constituyó instituciones exclusivamente investigadoras.

La industria vio su rendimiento económico ligado a su perfección técnica, y ésta, pendiente de la capacidad investigadora. Y así, los Institutos científicos y laboratorios industriales fueron, principalmente, los que engendraron la profesión del investigador. Hoy día la investigación no aparece ya sólo como una calidad relevante del profesor, del técnico o del médico, sino como tarea fundamental, como trabajo principal. No es ya sólo aditamento meritorio o complemento necesario de las profesiones, sino que ella misma pasa a ser una profesión. Y no es simplemente que la investigación constituya una profesión, sino que se está forzando la producción de los profesionales de la investigación científica.

Profesionalizar la investigación es pasar de individualidades aisladas, seleccionadas por la dedicación, que han forjado en el trabajo libre su libre titulación investigadora, a conjuntos extensos cuyo número puede dañar la calidad y exige creciente ordenación, normas más generales, hasta reglamentación. Castillejo expresó esta bifurcación de situaciones al pensar en "núcleos de investigación científica y de formación personal" emancipados de la reglamentación académica y de las restricciones jerárquicas y oficiales, "flexibles para adaptarse a las condiciones de cada hombre y de cada problema, rápidos para recoger los mejores cerebros, sin exigirles títulos, nacionalidad ni otros requisitos, libres para fijar y alterar retribuciones y dispuestos a extinguirse y a renacer según el grado de su vitalidad y no por resolución soberana.

"Mientras que en este sistema no hay otra cosa decisiva más que la persona, la organización universitaria se basa en la organización de los cargos o cátedras, y por eso consagra la igualdad potencial de todos los catedráticos y tiene que poner a disposición de cada uno que los pida los mismos medios de trabajo, utilícelos o no."

Y después de aludir a la invasión de la Universidad por avalanchas de estudiantes, añadía: "Porque masa es nivel medio, igualdad, disciplina, jerarquía, repetición y regulación, mientras que la investigación es libertad, vocación, privilegio, minoría, régimen específico y flexibilidad"[76].

Pero hoy la investigación ha ampliado sus dominios y necesita equipos y hasta masa, y por eso necesita regulación y hasta organización administrativa. También la visión ideal de una Universidad que nace sería más halagüeña con esos caracteres asignados a la organización investigadora: libertad, privilegio, minoría, régimen específico y flexibilidad. Pero a medida que un organismo crece, necesita mayor ordenación, más normas generales. La investigación, al desarrollarse, va dejando de ser minoría y privilegio, pierde flexibilidad y en muchos casos libertad y tiende hacia cierta igualdad, hacia una mayor disciplina y jerarquía. Y, sin embargo, si la investigación llega a ser esto y deja de ser aquello, habrá socavado las raíces mismas de sus mejores impulsos.

La investigación necesita, esencialmente, iniciativa, y la enseñanza puede tener altura y eficacia y mantenerse, en gran parte, en la zona de la repetición, y el resto en la del estudio renovador. La realidad de la existencia de una investigación de dimensiones gigantescas, que no puede quedar contenida en una sola institución, aparece patente. Pero ni es preciso que toda la Universidad sea totalmente "nivel medio, igualdad, disciplina, jerarquía, repetición y regulación", ni se puede a estas alturas organizar la investigación prescindiendo completamente de esas, condiciones. Es el mismo crecimiento investigador, es la magnitud y diversidad de problemas de la investigación, lo que determina una necesidad creciente de dar a las entidades investigadoras reglamentación reguladora.

Y, sin embargo, el peligro de los criterios mecánicos y niveladores existe y lleva a situaciones corrosivas. Cuando se constituye un Instituto investigador con numerosas secciones; cuando se patrocinan trabajos de diversas cátedras, lo más, sencillo es dividir la cantidad disponible por él. número de secciones o cátedras y asignar esas, partes iguales a cada una; es decir, otorgar la misma ayuda económica a una empresa científica en marcha, impulsada por el entusiasmo y el trabajo y hasta el peculio de un profesor rodeado de colaboradores, y a una apariencia estéril "que no va".

Cuando el volumen de las instituciones aumenta es más difícil distinguir, discernir, apreciar casos, y se tiende a esas igualaciones que llenan lo superfluo con lo que necesita lo fecundo. De ahí esa tendencia al régimen de ensayo, contrato, retribución por trabajo hecho, que no puede ser aplicada más que a un sector de la labor investigadora.

La formación del investigador ha de tener adecuación, solidez, realismo.

A veces, un Cuerpo oficial, un grupo estatal, establece organizaciones docentes obligatorias, sin que se perciba la adecuación entre la enseñanza y su dedicación. Al final se pide —no siempre se consigue— que a la carrera académica *se le den salidas*. (Desde luego, una carrera sin salida tiene que consumirse dando vueltas.) A veces, la carrera se restringe arbitrariamente para privilegiar las salidas, originando lo que alguien llama el maltusianismo de los títulos. Resulta entonces más grato percibir el razonable camino inverso. El Estado, al desarrollar una *política* de Ciencia, establece y patrocina organizaciones investigadoras y advierte la necesidad de disponer de más trabajadores científicos. Y se modifican y se amplían los estudios para que sirvan a esa formación. Ejemplos de una y otra dirección se dan en muy variadas latitudes. Pero en todas partes la formación del investigador es forzosamente realista.

Hay demasiadas actividades alejadas del espíritu de realismo. A veces puede parecer que es el entusiasmo el que se desborda y ve con el deseo muchos planes como si ya fuesen realidad. Pero cuando el entusiasmo tiene solidez tiene también exigencia.

En una política verbal, enunciar programas tiene una consideración elevada. Una buena par te del juego de la lucha política se basa en oponer la visión externa, simplista y radical, a la realidad más compleja, externa e interna, abundante en dificultades, sobria en soluciones rotundas.

La mayor parte de las posiciones vistosas y estériles se resienten de una falta de planteamiento completo, de una ausencia de visión conjunta; se toman esquemas arbitrarios, aspectos particulares, y los enfoques muy personales de los problemas muy generales, es frecuente que sirvan más para ser expuestos que para ser realizados. La investigación necesita integrar aspectos, fraguar conjuntos.

Los puntos de vista sobre formación de investigadores han cambiado como consecuencia de un conjunto de hechos que forman parte de la última guerra. La investigación ha pasado de ser una superelevación científica, un lujo intelectual, una fuente de desarrollo industrial, a constituir una necesidad pública apremiante, una exigencia militar, el fermento técnico indispensable para el desenvolvimiento económico, solidario de la normalidad y de la defensa nacionales. La investigación que ha crecido hasta los últimos años podía llamarse pura en el sentido de que, en general, su motor tenía la misma naturaleza intelectual que la investigación misma; era el aliciente de la propia investigación el que captaba el empuje intelectual humano. Pura y libre ha crecido la investigación como abierta conquista de la inteligencia derramada sobre las cosas —campo gigantesco de todas las ciencias en crecimiento— a la hora misma en que se criticaba su capacidad objetiva. Pero la investigación era la fuente del progreso industrial, y la industria no podía ser ajena a su aprovechamiento. Y así surgían en ella secciones investigadoras, derivaciones de aplicación del curso general de la investigación, conducido por Universidades e Institutos. Y con la industria, la guerra, no sólo en lo que tiene de industria, sino directamente, podía recibir también ventajas de la investigación.

Pero ya esta visión resultó endeble. No se trata de obtener auxilios y provechos; es que la guerra, convergencia de los máximos esfuerzos nacionales, tensión mantenida hasta el límite de lo irresistible; la guerra, sacrificio que por lo increíble hay que presentar por ambas partes como forzado, cúmulo inmenso de pérdidas y horrores, sostenido por la esperanza de un desenlace favorable y por la certeza de que la derrota extremaría la tragedia, la guerra puede ser decidida por la investigación. Y entonces el Estado, que lleva a la guerra la movilización de todas sus potencias, ha incluido la investigación en el área de su actuación directa e inmediata. Y se ha planteado el problema de la formación y movilización de investigadores. Problema que depende fundamentalmente de tres variables: vocación, retribución, organización.

Vocación

Debe haber en el investigador un factor de esa vocación, que, si se requiere para cada profesión, es necesaria más intensamente para el trabajo investigador. La investigación despliega ante el estudioso un desarrollo de contenido que estimula y capta o... deja indiferente. La investigación aparece propia, no ya del estudioso, sino del estudioso esforzado, del que quiere dilatar las fronteras científicas.

Pero en toda elección profesional no hay sólo un punto de vista ideal, de ilusión intelectual; hay un problema práctico de subsistencia material. Inicialmente, la investigación era un gusto, suplemento de trabajo, del "amateur" o del hombre de ciencia que encontraba en esta actividad satisfacción íntima y amplia recompensa de prestigio y gloria. Pero la investigación ha exigido cada vez mayor dedicación. Y el investigador ha necesitado creciente ayuda. No vayamos a hacer historia con el fácil establecimiento de tres períodos: lirismo inicial gratuito o poco más; fomento y auxilio con suplementos gratificadores; profesionalización. El hombre que se dedique plenamente a la investigación ha de vivir de la investigación, pero puede mantener todo el lirismo de las primeras horas. Entre un investigador profesional lleno de ilusión, y un profesional dedicado a la investigación con el mismo interés que a cualquier otro trabajo igualmente retribuido, hay un abismo, no simplemente en la posición personal subjetiva, ideal, sino en la materialidad del rendimiento.

Será fatal que la investigación se retribuya muy por bajo de otras actividades accesibles al que investiga, porque su magnitud, cada vez más amplia, no puede fundarse sobre el heroísmo. Y será fatal que la investigación sea un fácil y seguro negocio, abierto a quien subasta su trabajo en la bolsa de las colocaciones.

La dedicación no es sólo un externo problema económico; es también, y primordialmente, una cuestión íntima, de carácter, de ideal, de fijeza, de deseo de profundizar y calar hondo.

Hoy mismo, hay hombres plenamente dedicados al estudio. Hay quienes estudian sólo durante la carrera académica; hay quienes, con más ímpetu intelectual, estudian unos años más, y si toman la vía del profesorado, pasan por ella para alcanzar otra posición: con frecuencia, política, económica. Pero hay quienes permanecen en el estudio; y son plenamente profesores, y dejan otras posibilidades más brillantes, y arraigan en una Universidad, acaso apartada de circulaciones espectaculares. Y allí viven y allí enseñan y allí fraguan, trabajosamente, año tras año, núcleos de vigorosa actividad científica. Y alguno de sus muchos alumnos reflexiona sobre lo que significa llegar a tener un maestro, un hombre con capacidad para fijar mentes valiosas que por allí pasan; un hombre que dejó otros sugestivos caminos, para ser camino de unos estudiosos que así encontraron orientación. Y en aquel recinto sosegado de la Universidad hay quien puede encontrar satisfacción y recompensa.

No todos estiman el ruido en la calle. También hay quien llega al campo, lejano, sereno, y le impresiona la fragancia y armonía del silencio.

Organización

Le sobra trascendencia a la investigación, en la ingente variedad de su sustancia, en la inacabable longitud de sus rutas y en el valor de sus aplicaciones sociales, para justificar y constituir una profesión. La investigación exige algo más que suplementos y aficiones. Y si constituye profesión, ha de lograr razonables equiparaciones económicas. Pero esta profesión exige garantías, exige una organización.

La línea de la investigación ha de ser clara, de trazos bien definidos, pero además ha de ser solidaria, ha de estar trabada por nexos y relaciones. El monolito no constituye un monumento investigador. La investigación exige el equipo; pero esto es poco: exige el equipo articulable. Exige esquema interno y enlaces con lo contiguo. Exige integrar y reunir las integraciones, atar cabos, no dejar las cosas sueltas, seguir el perpetuo juego de terminar para comenzar. Pero terminar, eso sí, cada parte hasta el final.

La investigación exige trabajo, un trabajo firme, sólido, efectivo; trabajo concentrado, que se dilata para concentrarse, que no divaga, sino que marcha hacia sus objetivos con constancia y claridad. Ese trabajo es acción, obra. No basta que sea intenso; existe también el factor tiempo. Y esa actividad perseverante, prolongada, esa cantidad de trabajo, requiere, además calidad. La calidad tiene también cierta relación con el tiempo. No es fácil que una cabeza que lance las ideas a borbotones las produzca del mismo valor que una mente reposada, en la que cabe la sedimentación y el trasiego y el cotejo.

La investigación es vida y no se expresará exactamente con metáforas mecánicas. El trabajo investigador exige calidad. Dicen, en Jerez, que los vinos se hacen, pero el de allí nace. De la investigación podría decirse que no es una simple producción, porque vive y crece.

En esta hora de inquietudes apremiantes, de investigaciones bélicas, de urgencias y carreras, se apreciará en qué medida la Ciencia puede ser producto de fabricación. El espíritu humano tiene un ritmo que no se puede forzar impunemente. Pero también se apreciará el fruto de una gran tensión de trabajo, de una concentración de esfuerzos sistematizados; la cosecha del cultivo forzado frente al aparente azar de la floración espontánea. El mundo necesita lo uno y lo otro; disciplina que no ahogue, que no asfixie la libertad; esquema que no paralice la iniciativa.

"Un investigador sólo realiza obra valiosa si es enteramente libre y estudia lo que puede atraer totalmente su interés y permite el juego libre de su imaginación creadora"[77].

Sin iniciativa, sin libertad, se secan las fuentes mismas de la investigación; pero con sólo iniciativas y libertad hay el peligro de que abunden los caprichos dispersos, los temas inconsistentes, el mariposeo arbitrario de cuestiones leves.

Porque del mismo modo que igual se cría el árbol selecto que el vulgar, y cuesta tanto un edificio con gusto como sin él, también, con los mismos medios, puede forjarse una investigación valiosa o inconsistente. Puede montarse una investigación que sirva para estar, en bibliografía, al día, para publicar artículos, para mantener el diálogo internacional, para asistir a congresos y para poco o nada más. También el tema baladí moviliza los factores de la investigación. Y cuando el acoso de la utilidad pone en peligro la libertad de la inteligencia y, por tanto, la fecundidad del pensamiento, hay que defender este pensar ancho y abierto; pero no basta que la mente discurra libremente para asegurar que actúa con hondura, que aborda los problemas más científicos, que prefiere la penetración a la bagatela. A un lado está la investigación cohibida y sierva de un interés, pero en el otro extremo está la investigación intrascendente, muy libre y muy superficial.

La investigación es ordenadora de las aptitudes del hombre, y, a su vez, a la investigación no le es ajena la sensatez y el equilibrio humanos.

La investigación industrial plantea más intensamente el problema económico. Surge el espíritu de empresa. Pero hay que aceptar conjuntos, no picotear ventajas. La empresa: mayor retribución, mayor exigencia, menor libertad, menor fijeza; tareas más concretas y temporales; contratos, plazos, términos, resultados. La empresa ha de buscar lo inmediato, ha de actuar con apremio. No se trata de que una falta completa de comprensión de los problemas investigadores, erice a la empresa de impaciencias incompatibles con la seriedad del trabajo, de recelos fiscalizadores, bajo los que no es posible alcanzar soluciones. La empresa comprensiva, abierta, confiada, sin impaciencias, ha de ser en todo caso concreta, aplicada, es decir, inmediata. La empresa no siembra, injerta. No está en la zona amplia, general, permanente, de los sistemas radiculares, sino en la inserción local y adecuada. Claro que la savia es la misma, pero el aparato conductor no puede estar extensamente difundido, sino estrictamente canalizado. La actividad investigadora ha de tener en la industria una circulación restringida por las dimensiones de la eficacia visible. Se busca lo previsto, y aunque puedan encontrarse otras cosas, rara vez serán flores espontáneas. Se persigue el rendimiento, y, en definitiva, la utilidad —en sentido directo, cuanto más directo mejor— es el objetivo real e inexcusable.

Una intervención creciente del Estado en la investigación tiende a dar ese carácter de empresa concreta, en mayor o menor grado, a la investigación. Se pasa de la investigación libre a la investigación ordenada. Será, sin embargo, difícil que una investigación realizada por entidades estatales o públicas pueda asemejarse a una empresa privada. Rusia cristaliza su máximo intervencionismo estatal en obligar a cada Instituto a formular planes y a dar cuenta de su realización, de un modo rígido, expuesto a la crítica de la prensa soviética, cultivadora del sensacionalismo científico. Y nos dice Ashby que la ejecución del plan queda asegurada, retrasando como propuestas lo que se ha realizado, dando como planes los resultados obtenidos.

Sin duda, hay que salvar la libertad de investigación, mas sin que, como en tantos aspectos, la libertad sea la cómoda anarquía, la divagación aisladora, el logro de nimiedades dispersas, lo caprichoso frente a lo sistemático, los individuos inasociables en grupos colaboradores, los saltos sin ruta, las cabriolas.

Siempre y en toda investigación hacen falta objetivos concretos y planes definidos, pero siempre existirá larga distancia entre la pregunta estricta y acuciante de la investigación industrial y el frente de avance de las instituciones investigadoras dedicadas al crecimiento científico.

En estas instituciones, el investigador tiene otra posición. La investigación continua en las ciencias fundamentales ha sido y es, en gran parte, obra universitaria. Ya hemos considerado algunos aspectos de la relación entre docencia e investigación. Ciertamente, la dilatación creciente de la investigación rebasa los límites docentes, pero la investigación aislada de la docencia tiene mayor dificultad en la formación de escuelas científicas. Y la docencia, aislada de la investigación, se anquilosa y decae. Por eso el personal investigador será siempre, en gran parte, universitario. Y hay que ayudar y fomentar esa dedicación investigadora de instituciones y personas universitarias. Pero a quien tenga capacidad y vocación para este trabajo científico no se le debe presentar el profesorado como acceso único a la investigación. Sería perturbador para todo. Y así, es preciso llegar a la profesión investigadora, en las ciencias generales como en las aplicadas, en las instituciones científicas como en la industria.

Es necesaria la existencia de investigadores en los centros científicos en condiciones de fijeza y de retribución comparables a la del personal docente que tiene la investigación como tarea importantísima.

Ya hemos visto que los cursos de Universidades investigadoras, tan importantes como la alemana y la inglesa, conceden amplios períodos de tiempo, mediante extensas vacaciones en la estricta actividad docente, a la tarea investigadora —más interesante para el prestigio universitario y para la vida nacional que el encargo de examinar bachilleres—. Resulta así razonable comparar el personal de las instituciones investigadoras con el docente investigador. Es algo cuya solución se persigue en Francia a través de un sistema de asimilaciones y permutas entre el *Centre National de la Recherche Scientifique* y la

Universidad. Por lo que se refiere a España, quedaban relevados de sus funciones docentes en aquellas Instituciones en que desempeñaban su profesorado, quienes eran propuestos por la Junta para Ampliación de Estudios para una plena dedicación a las tareas investigadoras[78]. También la actual Ley de Ordenación de la Universidad Española da cabida a esta posibilidad.

Pero el establecer investigadores oficiales tiene sus riesgos. La fijeza ofrece peligros de burocratización. El profesorado tiene la continua fiscalización de los alumnos, de la lección pública. La verdad es que la Universidad parece que vive en un escaparate. Cualquier transeúnte la enjuicia; cualquier espontáneo la vitupera. Pero la Universidad merece el afecto de los que la penetran, porque gracias a sus detractores están patentes sus defectos y quedan calladas sus virtudes.

El crecimiento de la investigación, la amplitud de sus conexiones, la potencia de sus medios le han dado en muchos casos estructura de colectividad y se ha pasado del individuo excepcional, de la aislada capacidad intrépida que cala o arrolla, pero en una u otra forma perfora, al grupo, al equipo, con directores, colaboradores, auxiliares. Aumenta día a día la complejidad instrumental de material, la bibliografía, la exigencia de continua renovación, el aparato externo de la investigación, todo lo que rebasa la acción individual y el trabajo aislado.

Ya no opera el genio suelto, sino el conjunto sistematizado. Lo exige así la extensión de los temas ampliada por la difusión de las investigaciones y la magnitud de cada problema. Una vez más aparecemos como sistemas incompletos que exigen el tránsito de lo individual a lo asociado y traen el triunfo de los conjuntos.

"Pasó ya el tiempo en que un investigador aislado podía realizar investigaciones completas. Hoy debe trabajarse en *team*, por un grupo o escuela, con espíritu de cooperación o ayuda. El aislarse o no saber colaborar es un rasgo de inferioridad mental o de vanidad subalterna. El trabajo en cooperación debe ser tal que estimule la iniciativa individual y no la aplaste"[79].

Como la investigación ha rebasado la capacidad de trabajo de una persona y ha requerido la labor en equipo, la fuerza de la integración solidaria y la perfección de los factores auxiliares tienen enorme importancia. Lo auxiliar ha adquirido también carácter profesional y puede alcanzar eficacia decisiva.

El trabajo auxiliar de la investigación alcanza importancia creciente. Puede ser un trabajo directamente de ayuda a la investigación misma: ejecución de técnicas repetidas, habilidad manual, ingenio realizador de instrumentos. Hay investigación que se desarrolla con firmeza sobre casos singulares estrictamente controlados y allí la perspicacia que matiza variaciones desea articular a su servicio al operario diestro que, en el taller, a veces construye y siempre repasa, modifica, adapta. Hay investigación que opera sobre series de datos obtenidos en determinaciones experimentales rutinarias: extensa cantidad de trabajo realizable por auxiliares. El laboratorio no es un reguero de bengalas: también hay que conservar, catalogar, hacer cálculos repetidos. Amplia cantidad de trabajo que no necesita iniciativa, sino continuidad, exactitud, paciente fidelidad ejecutiva, dominio primoroso de técnicas; manos más que cabeza. Las manos son trascendentales en la investigación. El investigador ha de tener manos propias, ha de saber hacer materialmente las cosas, pero su capacidad realizadora se dilatará con una perfecta articulación del trabajo auxiliar.

La investigación ha multiplicado gigantescamente su potencia, porque se ha aplicado, y en gran medida, a los medios instrumentales, y nuevas técnicas de trabajo científico han puesto ante la vista lo que antes eran lejanías inaccesibles. Pero a este avance instrumental se ha llegado porque el investigador no es el trabajador pasivo que manipula con lo que le dan; no es que unos se dediquen a inventar aparatos y otros a ver para qué sirven; el aparato sirve porque es la realización de unas posibilidades que percibió el investigador, porque es la adaptación al pensamiento que explora y desea avanzar. Es frecuente que investigadores destacados de una ciencia sean también autores de complicados aparatos requeridos por su trabajo, y es general, en algunos países, que en ciencias experimentales se reciba una formación manual que da capacidad para la construcción o reforma de algunos instrumentos y, sobre todo, permite ligar al investigador con el mecánico, articula el laboratorio con el taller y hace de éste integrante esencial del Instituto científico.

Podría decirse, con alguna exageración, pero con un fondo de realidad, que los que hacen ciencia hacen sus instrumentos; al menos los modifican y perfeccionan; cuanto más se recibe la ciencia hecha, más pasivamente se reciben los instrumentos fabricados. La finalidad no puede estar ajena a la formación y mejora instrumental.

No quiere esto decir que, en la mayor parte de los casos, el investigador no haya de recibir el instrumental científico ya fabricado; pero lo ha de recibir con aquel conocimiento interno que sabe apreciar ventajas y sugerir perfeccionamientos.

El investigador necesita, además, información. Quizá alguna vez al genio le moleste tener que enterarse de lo que hacen los demás. Quizá alguna vez la bibliografía alcance caracteres agobiantes. Pero las revistas forman el caudal del avance científico, son expresión de la labor continuada, floración del trabajo. La bibliografía es el diálogo, molesto para la dictadura científica del monólogo. La difusión de la investigación ha impuesto la magnitud de volumen de la bibliografía y la necesidad de organizaría. Su peligro consiste —aparte su exageración debilitante— en olvidar su carácter de instrumento. La organización de la bibliografía lleva consigo una enorme cantidad de trabajo auxiliar de la investigación.

No es eso sólo. La organización de la investigación científica nos muestra una especialización creciente, una delimitación cada vez más estrecha y aguda de los órganos investigadores.

La finalidad de cada Instituto, Estación o Centro investigador, ha ido reduciendo su extensión, y un proceso de crecimiento y división progresivo se aprecia en Suecia o en España, en todas partes. Y esta división requiere a su vez una mayor conexión de los órganos. Tanto es así que hoy día ya no la investigación, sino la organización de la investigación es tema actualísimo en todos los países, aun en aquellos que poseen historia y nivel culminantes en la elaboración científica como garantía de que sus órganos han trabajado bien.

Pero ni lo gigante de la organización, ni la cuantía de los medios económicos, ni la diversidad de los instrumentos, ni la extensión del personal, pueden desdibujar el factor esencial humano del investigador. Si lo que antes hacía uno, hoy exige quince, estos quince no se mueven si falta aquel uno.

Cuando el avance científico ha logrado ocupar varios puntos estratégicos, existe una labor de ampliación, de contactos, de comunicaciones que requiere el paso de sucesivos equipos que acaban por dominar toda la zona. Pero elegir los puntos y ocuparlos exigen genio y valentía personales. No hay mecanismo capaz de sustituir a la personalidad o de suplir sus deficiencias o de superar sus arranques o sus reflexiones. Se podría iluminar esta consideración no ya con fulgores geniales, sino con reguero de pequeñas anécdotas radiantes.

Libros, máquinas, edificios, instalaciones, equipos, no funcionan ni rinden si falta el espíritu y la capacidad investigadora. Todo eso son condiciones, pero no agentes de la investigación, que hoy como antes es obra del científico laborioso, orientado, inquieto, ávido. Y esto que parece claro, y que seguramente obtiene asentimiento unánime, plantea un problema que no sé si lleva división de pareceres, pero desde luego ha tenido y tiene tratamientos diversos. La investigación la realiza el investigador; pero toda la organización que condiciona el trabajo del investigador, ¿la dispondrá y regirá el investigador mismo, o será obra de organizadores no investigadores? La opinión tiene trascendencia.

Porque la investigación es vida, la investigación no puede ser organizada adecuadamente por quienes no son investigadores; porque organizar no puede ser un verbo formal, que prescinde de la materia organizable. Es temible el proceso que, sacando un factor común, instrumental, adjetivo, de productos muy distintos, lo sustantiva e independiza, y el factor común, por razón de su extensión mayor, llega a dominar al factor específico, fundamental, sustantivo. Burocracia, Bibliografía, Metodología, la misma diplomacia, cuando se aplica a todo lo que no es su sustancia política. El organizador, como elemento autónomo e independiente de la materia a organizar, en el mejor de los casos será arbitrario, inadecuado, engreído de una técnica generalizadora, que es la negación de enlace entre materia y forma. Pero en más casos será esterilizador.

Cuando se hace de lo cultural un departamento de lo político, cuando se convierte en un negociado sin personalidad, se realiza en principio un desvarío, se desdibuja toda línea doctrinal: al fin, prácticamente se trazan caricaturas, se forjan anecdotarios grotescos. Serían divertidos si no fueran más caros que las realidades serias. Caros e ineficaces. Ineficaces —perturbadores— para la cultura; pero ineficaces, también, para la política misma. Porque cada cosa sólo puede dar fruto siendo lo que es. El germen es el sello profundo, específico, que lleva el fruto. Nada tan fecundo como la semilla; nada tan específico como la semilla.

Son importantes el trámite y el protocolo, pero cuando se anteponen a lo sustancial y básico, y pasan a ser lo principal, no sólo se produce un grave trastorno, sino que, además, acaban por ser lo exclusivo. Y lo sustancial se aniquila. "La letra mata..."[80]. En un plan de ruido cultural, la primera víctima es la investigación, porque es interioridad, trabajo silencioso.

Al establecer una organización investigadora es esencial que ésta no pierda su carácter de instrumento, que la organización no sea el esquema rígido que desarrolla un pensamiento lógico y que se levanta con la agilidad y precisión de un edificio que crece en el aire. La organización ha de acomodarse, en cada momento, a la efectividad de lo que va a realizar. Aun puede llegar a actuar como antecedente estimulante, pero dispuesto para ser pronto desarrollado como realidad.

La investigación, como todas las cosas humanas, es un producto complejo e importa darse cuenta de qué es sustantivo en ésta. Requiere, desde luego, la conjugación de varios factores: investigadores, medios instrumentales y bibliográficos, auxiliares, instalaciones, organización. Salvando dificultades temporales de realización, podría, "grosso modo", reducirse todavía ese conjunto a dos aspectos: lo humano y lo económico. Y es interesante darse cuenta de la importancia que lo uno y lo otro ejercen en el desarrollo de la investigación.

Tendemos hacia la visión mecánica, simple, macroscópica, de los problemas. Pensamos que un tesoro histórico bibliográfico hay que salvarlo de los peligros del fuego o del robo mediante fuertes corazas incombustibles e indestructibles. Pero allí dentro la vida puede operar y desplegar legiones de insectos que corroen y aniquilan.

Es peligroso que la simple visión mecánica domine a la visión biológica.

Transformar el secano en regadío no es sólo un problema de embalses y canales; es una modificación de las relaciones del hombre con la tierra en variedad de direcciones, con esencial finalidad agrícola. Esa amplitud de visión plasmó, en 1926, las Confederaciones Hidrográficas.

Una institución científica, una Universidad, requiere edificaciones cada vez más amplias; pero éstas no son más que el estuche de un contenido, cada día más rico, de unas instalaciones cada vez más precisas y llenas de exigencias. Sólo la vida científica hará que ese contenido exista y actúe, sin quedar como tesoro de almacén o de exposición.

La investigación es una actividad de carácter muy interior, de matices cuya finura escapa a la visión externa. No es fácil fiscalizar la investigación; no es fecundo aplicarle tratamientos correctivos. La investigación sale de dentro: de la capacidad, de la formación actual, de la voluntad de trabajo. Y sigue un curso retirado, ajeno a la exhibición y al ruido. Reacciona frente al control mecánico. Requiere un régimen de confianza, y si los caminos que ésta abrió son poco fundados, tiene mal arreglo. Reclutar el personal investigador por pruebas externas que garanticen conocimientos, sin adentrarse en dotes de laboriosidad, de continuidad activa, de entusiasmo, ha de dar mal resultado. La mentalidad del que trabaja hasta alcanzar el cargo, y no ve en éste una mayor facilidad de trabajo, sino una recompensa, con derechos adquiridos, es incompatible con cualquier labor seria y es corrosiva y asoladora para la investigación. Para dedicarse a investigar hace falta la satisfacción de la fijeza administrativa, pero es necesario proceder con precaución extrema. Hay que conocer al candidato, no sólo por sus publicaciones, por su labor realizada, sino además por su espíritu de trabajo, por su constancia decidida; hay que conocerle en acción.

"Es esencial —ha escrito Demolon— ocuparse en reunir y formar el personal investigador con más atención de como se hizo hasta ahora, ya que se ha utilizado un modo de selección en que se ha dado más importancia a los conocimientos adquiridos que a las cualidades individuales y a la personalidad"[81].

Nada que pueda ventilarse en la rapidez de unos ejercicios debería bastar para alcanzar puestos fijos. Es indispensable la garantía de un itinerario solvente, claro, firme, abierto, sin estación de término. Y aun así, seguramente convendrá que la retribución que proceda otorgar no llegue entera con fijeza de sueldo, sino que tenga una parte importante que represente la continua ratificación de una confianza ganada cada día.

Retribución

Para poder obtener investigación hacen falta hombres, hace falta dinero. Pero no sé de nada importante que tenga como arranque inicial el dinero. Existe difundida la creencia de que el dinero lo hace todo y de que los que más hacen es porque tienen más dinero; pero existe también la contundente realidad de que algunas sumas considerables dedicadas a labores científicas no han dado apenas rendimiento. La realidad es que hay Centros investigadores en donde se elabora fecundamente la Ciencia y que están mucho más cerca de lo ajustado y aun estrecho que de lo superfluo. Sus publicaciones, sus muebles, su tono general, tienen una sobriedad digna, alejada de aquella inflación lujosa y deslumbrante a que propende la escasez de contenido. No se trata de construir monumentos estéticos, sino de establecer instalaciones activísimas.

Antes, la investigación aislada, espontánea, personal, era ideal o "chifladura" de una vida. Hoy, la investigación profesionalizada ha de ser medio de vida. Pero que este medio no sea tan denso que absorba y extinga el ideal.

Hay una mentalidad impulsiva, realizadora, que levanta construcciones gigantes ampliamente concebidas, abundantemente dotadas. Cuando esta visión incide en la actividad investigadora, se piensa con facilidad que la investigación es fundamental y, casi exclusivamente, un problema de dinero. Con dinero se yerguen costosas edificaciones y se llenan de instrumentos valiosísimos y se dotan con bibliotecas exhaustivas y se logra el personal que se quiere; si no se encuentra aquí, se contrata en el extranjero. La investigación aparece como una articulación de piezas hechas u obtenidas cada una —cosas y personas— con el poder irresistible del dinero. Las piezas mecánicas se articulan, los hombres se contratan y la máquina investigadora marcha.

Pero quien considera que la investigación es vida no ve su realización tan sencillamente. No la ve como máquina; no ve los hombres como piezas por muchos equipos que se forjen; cree en el individuo, en el maestro, en la formación, en el crecimiento, en la propagación. No sé cuál será el porvenir económico, los medios materiales futuros de Alemania; pero puede asegurarse que Alemania seguirá siendo investigadora.

"Los factores más importantes de toda actividad científica, ya sea en la industria o en otra parte, no son tanto el dinero y el equipo como los hombres y quien los dirige; sobre todo, una dirección que comprenda a los hombres y sea susceptible de hacer que todos los miembros de un equipo de investigadores sientan su esencial importancia; una dirección, en fin, que sepa hacer compartir a todos la alegría del éxito y la desilusión del fracaso"[82].

En su libro sobre *Vocación y Ética*, Marañón afirma que el progreso de la Ciencia no depende de la ganancia pingüe: "Suele decirse que sin el incentivo de la ganancia personal disminuirá, la iniciativa para el trabajo; y el nivel de la ciencia y de la profesión se hará más bajo a su vez. Pero esto es, fundamentalmente, inaceptable. Lo que tiene de noble el arte médico, es decir, lo que tiene de socorro al dolor humano y de anhelo por llegar a la verdad —el sacerdocio y la investigación—, todo esto no sólo no padecerá por la disminución del aliciente pecuniario, sino que se hará más refinado y eficaz. La menor ganancia eliminará a los hombres de la vocación espúrea. Pero el médico de la vocación verdadera se sentirá más dentro de ella y no echará de menos el lujo y la vana consideración social. Lo demuestran a diario aquellos médicos que pueden optar por cualquiera de los, dos caminos: médicos de gran reputación, que sacrifican con gusto la práctica remuneratoria por la atención desinteresada, durante la mayor parte del día, a los enfermos del Hospital o a las improductivas tareas de la investigación. Yo conozco, como todos, a muchos, y yo mismo, ¿por qué no?, me incluyo en su categoría"[83].

"En los países latinos —decía el profesor Sousa da Cámara— se habla de que hay que pagar bien la investigación. Yo diría que hay que pagar lo suficiente. Hay que pagar lo suficiente para vivir sin miseria, pero con pobreza. Algunos hablan de que hay que pagar cantidades considerables. Los Centros que se creen con estas dotaciones recibirán gente... buena, sí, pero no *sé* si con bastante espíritu. Se llenarán de aventureros, es decir, de los que van a quien más da"[84].

Además, no es que falten personas de temple trabajador, deseosas de labor fija e intensa. Pero en cuanto alguien empieza a fallar, su ejemplo perturba, corroe y paraliza. Es un muestrario de abandono. Y el mal ejemplo de una ausencia interesada, que elude la aplicación firme y toma otras rutas simultáneas e incompatibles, cunde más que el estímulo de los que permanecen en su dedicación investigadora.

El criterio de que hay que pagar poco o hay que pagar mucho es de un simplismo inestable. La investigación, normalmente, no puede ser sacrificio agudo ni superfluidad paralizante. Es perturbador que el Estado desnivele con desigualdades de contraste la orientación profesional. La investigación no puede confiar únicamente en el germen lírico de la "chifladura" científica; no puede ser postergada a otras dedicaciones menos acuciantes y aun menos productivas a la economía nacional. El investigador ha de vivir para pensar, más que pensar para vivir. Pero ha de pensar con agudeza, ha de vibrar con serenidad, ha de ser capaz de entusiasmo que brota de la verdad, no del dinero. Extirpar ese *interés desinteresado*, tratar de mover la turbina intelectual con *caudales de acaudalados*, es quebrar o marchitar la investigación. Sí, el factor económico, la retribución suficiente, es importante en la investigación. Pero la corriente de los tiempos trae la idea de que el investigador ha de estar pagado con tal esplendidez que le permita incorporar a su vida todos los lujos, menos el de la dedicación científica. Se forman mentalidades para las que la Ciencia ha de ser siempre dinero y dinero, y no puede ser nunca abnegación, gusto o capricho; sólo puede condimentarse en abundante salsa monetaria.

El estudio, el trabajo científico no tienen menos capacidad para encender entusiasmos de la que pueden alcanzar el capricho, el juego, el deporte, la diversión. Y todavía quedan en el mundo espíritus receptivos para la influencia atractiva del conocer. Todavía hay quienes trabajan científicamente con pasión, no como otro cualquier medio de vida. Desgraciadamente, no abundan quienes trabajan en el estudio sin necesidades económicas; pero abundan quienes desearían no tenerlas para mostrar con su labor la ilusión de sus actividades.

Todavía hay trabajo que no se realiza por dinero, tiempos que rebasan las horas del deber estricto sin querer hacerlas ni llamarlas extraordinarias, para satisfacción de una actividad que germina y crece por estímulos extraeconómicos.

Vienen a la memoria situaciones y episodios en los que la dedicación científica tiene caracteres heroicos, de un heroísmo perseverante y hasta retirado, en rincones de la nación o de la ciudad, vidas sencillas enfrascadas en el trabajo callado, que a veces ni se intenta publicar, mientras bulle la urbe, llena de ruido y de exhibición. Hay agua que se precipita en espumosas cascadas trepidantes, y hay agua invisible y silenciosa que sube, despegada de las hojas, hacia más altas regiones, después de haber dejado en el vegetal rastro fecundo de su paso.

Ese factor interno es una calidad excelsa de la investigación. Algo hay en las cosas, apartada su rentabilidad, para captar la mente y el deseo, para traer y retener el espíritu y entretenerlo en considerarlas. Algo hay en las cosas que las convierte en cautivadora estancia del pensar. Alma desterrada que otea por los horizontes de los mundos huellas superiores, prodigios que yerguen su admiración.

Sobre ese entusiasmo interno y personal, sin medios económicos, no podría buscarse una investigación amplia, eficaz, solvente. Pero con éstos, sin aquél, sólo se obtendría el desprestigio caricaturesco de la investigación, la inflación de los aspectos más secundarios, fáciles e inoperantes de la investigación.

Ese entusiasmo es el principio de la investigación que permanece. Y la investigación, como todo lo humano, necesita principio. Pero existen quienes quieren empezar por los medios. "No se puede hacer nada, no hay medios." Pero la realidad nos dice que los medios son fruto del factor interior. "No se puede hacer nada por falta de medios." Como nos muestra la esterilidad de los medios abundantes en los que faltó el aleteo vital. Es fácil echar la culpa a factores externos o a lo imponderable.

Los hombres se quejan muchas veces de los medios. Pero si éstos hablasen, oiríamos muchas más veces quejarse a los medios de los hombres. Llega un estudioso español a una ciudad universitaria alemana y escribe: "una cosa he advertido inmediatamente, y es la voluntad científica de estos hombres, que siguen trabajando con entusiasmo en medio de las ruinas, en edificios con la cal aun húmeda y el constante martilleo de los albañiles. Me acordaba, en el Instituto, de las "cuestiones previas" que entre nosotros se plantean para trabajar: que si las habitaciones son bonitas, feas, muchas o pocas" (29 de noviembre de 1949).

La investigación gradúa, mide, analiza. Los hombres de visión excesivamente global leen los presupuestos totales de las grandes instituciones investigadoras, y suponen que el trabajo marcha en una abundancia económica irresistible, algo así como una lancha sometida a abundoso oleaje. Pero todo el que ha ido a trabajar a una de estas instituciones ha tenido que dejar la vista general o la vista panorámica para recluirse en una estricta sala de trabajo. En aquellas direcciones abarcables ha visto que la abundancia de medios consiste en que puede llegar a todo aquello que le es preciso, pero siempre se está a cien leguas del despilfarro, y, en general, a mucha distancia del lujo, y con frecuencia en el límite de lo alambicado. Los medios abundantes, en manos que no los saben utilizar, sirven de poco y no es posible que una institución gigante pueda llegar a todo si tiene como norma el derroche. En toda institución investigadora seria se miran con cuidadoso rigor los gastos. Hay dinero porque hay orden y porque hay trabajo que rinde y sabe ganar confianzas.

El investigador no puede ser ya un loco o un mendigo; es un hombre cabal, que vive en este mundo, pero que no puede dejar de mirar otros mundos.

Una retribución suficiente debe asegurar, eso sí, la dedicación plena a la actividad investigadora. La dispersión es deplorable para la investigación. El factor trabajo es esencial en la investigación. Nada suple el valor de esa cantidad efectiva. Y la cantidad de trabajo no puede ser apreciable si se desdeña el tiempo. Sin tiempo no hay trabajo ni investigación. Todos los reductores —prisa, impaciencia, brevedad, rapidez— son enemigos de la investigación. Pero el tiempo tiene, además de ese factor, cantidad, otro cualitativo que se refiere a la intensidad penetrante, a la riqueza de matices perceptibles, a la finura de captación. Y este factor se aniquila por la dispersión. La investigación exige mentes concentradas, corrientes nutritivas de estudio, pausadas reflexiones, una impregnación que no cabe en la frecuente mudanza de tema o asunto. El hábito de pensar por determinadas áreas fija en el entendimiento unos problemas, que allí permanecen en fecunda germinación. Pero cuando falta esa atención, traer cada vez de nuevo el problema a la órbita del pensar, exige un gasto de energía. Recuerdo a aquel profesor de Zürich que distribuía sus clases en la semana llevando a la primera mitad las más afines y dejando el otro grupo para los días finales. Esta fijeza en el pensar no se logra cuando se pretende hacer muchas cosas a un tiempo.

En la investigación hay hoy una firme tendencia a rectificar esa distribución, en mosaico, del microtrabajo, y a mostrar que un día es más que dos semidías. Esa tendencia es preciso vigorizarla: primero, porque la investigación es trabajo, y en el mundo auténtico del trabajo —donde cada uno sólo tiene un oficio— se gasta la jornada —claro está que entera— en hacer seriamente una cosa; pero, además, porque las tareas mecánicas aun podrían mudarse en horarios distintos, pero la mente necesita connaturalizarse con los temas, cultivarlos, vivirlos.

Por eso interesan a la investigación los horarios plenos. Por una aparente economía mal entendida, en la vida del trabajo intelectual o auxiliar se fomenta lo contrario, y lo frecuente es que quien trabaja mañana y tarde en tareas o instituciones distintas perciba bastante más que quien dedica todo el día a una sola labor.

La investigación ha de procurar que ese proceder tan difundido se rectifique en la medida posible; ha de tender a aumentar juntamente retribuciones e incompatibilidades.

No es que la investigación haya de estar exclusivamente en manos de sus profesionales; no sería posible; tampoco sería conveniente. La investigación no es coto cerrado donde se aíslan los selectísimos. Su difusión a las más amplias zonas de la vida aumenta sus contactos profesionales y docentes. Nunca dejará de ser importante la aportación que lleven a la investigación hombres dedicados, además, a la enseñanza o a otra profesión. Pero la investigación será, cada día más, profesión por sí misma, profesión que no puede hacerse brotar de un golpe, que exige desarrollo, cautela, arraigo.

¿Qué perspectivas de difusión ofrece el campo investigador en este aspecto? ¿Los investigadores deben ser muchos, pocos? ¿Se puede extender la realidad investigadora con garantía de que no hay desvalorización de objetivos ni aflojamiento de ejecución? Porque la investigación puede ser organizada con criterio distinto sobre la amplitud de personas llamadas a realizarla. ¿Será camino abierto para muchos o transitable sólo por minorías muy restringidas?

La diversificación científica exige hoy muchas, muchas personas dedicadas a la investigación. Pero hay que puntualizar.

Reunir unas cuantas personas cultas de una disciplina y darles un rótulo, organizar conferencias abundantes no publicables, buscar hombres que tengan un nombre en la ciudad o en el país sin ninguna relación en el exterior, en lugar de descubrir al trabajador modesto y eficaz, al que no tiene un nombre difundido porque no tiene tiempo para cultivar amistades publicitarias..., son maneras de hacer ruido, que no tienen nada común con la investigación.

La investigación exige hoy un número creciente de personas. Pero que la cantidad no haga desmerecer la calidad. No hay que pensar que la investigación es la obra de unos vértices singulares, excepcionales, que atraen a su dificilísimo magisterio a algún aislado montañero esforzadísimo, en general, sin éxito. Una altura que no sea fecunda semeja un picacho abrupto, sin nieves, sin vegetación, sin valores ambientales. Es distinto subir y sólo ver que se desplaza la aguja del altímetro o percibir variadas sucesiones ecológicas. Seguramente será más difícil, más meritorio lo primero, la ruta descarnada; pero hay una investigación de carne y hueso.

Muchas veces no hay relación entre la capacidad de una mente dedicada al estudio y su obra investigadora. Asombra lo poco que hacen, con frecuencia, cabezas privilegiadas, y el rastro que dejan entendimientos normales, que por ser claros empiezan por percibir su limitación y mientras trabajan y forman discípulos directos, orientan y encauzan a otros por caminos científicos, y los introducen en otras direcciones de trabajo, bajo otros profesores, que enriquecen así y ramifican y extienden la escuela.

La investigación no puede ser excepcional patente de superhombre y tampoco supuesto acumulable a todo título profesoral. Para iniciarla, como en una empresa económica, hace falta crédito, confianza. El tiempo se encarga de confirmar o de quebrar ese crédito. Cuando pasa el tiempo, cuando hay arraigo, historia, la selección es más fácil y la exigencia para otorgar esa confianza puede ser mayor. Cerrar puertas a la libre actividad estudiosa que desee penetrar en la investigación es egoísta miseria de espíritu estrecho. Derramar nombramientos investigadores sin revalidarlos día a día por el trabajo científico es arruinar la investigación, corroer su esencial fibra laboriosa.

El número de los que se piensa que pueden dedicarse a la investigación depende, entre otros factores, de la visión optimista o pesimista que se tenga sobre el crecimiento del trabajo científico.

La investigación no puede tratarse con confiada despreocupación, como algo que casi forzosamente "ha de salir bien". Exige muchos cuidados, mucha atención, porque ha de conjugar visiones amplias con minuciosos detalles. No llega a cuajar en el contenido difuso de las extensas generalizaciones y se asfixia en la cuadrícula de la minuciosidad atosigante. Necesita panorama dilatado y ruta concreta. Hay una optimista ligereza propicia a las síntesis prematuras, en la que no arraiga la investigación. Y hay un rigor de exterminio en el que no puede desarrollarse la investigación.

El optimista inconsciente no pesa en la investigación; si llega a ella, la abandona pronto, no le va la rigidez de sus métodos, la serenidad trabajadora de su ambiente. Pero el pesimista se da en el campo investigador y está, a veces, ricamente dotado para estas tareas científicas. Tiene una gran potencia esterilizadora. Existe, evidentemente, un pesimismo fundado, objetivo, producido por la desfavorable realidad de las cosas en un problema, en un tiempo o en una situación determinados. Pero hay un pesimismo temperamental que tiñe todos los enfoques con tintas de atardecer, cuando no de noche cerrada. El pesimista, con frecuencia, elabora una filigrana de juicios seudorealistas y paralizadores. Hay en él un desequilibrio entre la capacidad de pensar y la de actuar. El lucido despliegue de su exposición parece, a veces, más difícil que la actuación precisa para realizar, para hacer. Asombra el despego de espectador con que destila lamentaciones quien está obligado a prodigar o a gestionar realizaciones. Se siente uno incitado a interrumpir: — Sí, esa entidad vive muy mal, pero esa entidad es usted y otros que se limitan a oír a usted; ¿qué han hecho para que vaya bien? ¿Qué ha puesto usted en esa empresa científica aparte de un juicio demoledor?

El pesimismo conduce a la inhibición en el actuar, y esta inhibición esteriliza y además no valora el esfuerzo, poco o mucho, que requieren las obras; no roza la cadena de las dificultades que el que hace ha de vencer, una tras otra. La crítica efectista opera en el vacío, y en el vacío todo aparece muy sencillo, todos los cuerpos caen con la misma velocidad, no hay resistencias. Pero el hombre que desfila entre las cosas —no piensa que su sitio esté en la tribuna— aprecia el valor de cada paso, y ve que el movimiento en el aire de la vida está afectado por muchas variables, y hay que considerar el tamaño y la forma y la densidad de esas cosas. Es precisamente el realizador el que valora las dificultades, las mide y calcula el esfuerzo que exigen. El pesimista llega a no necesitar valores; llega a ser un totalitario negativo.

Cuanto más se acerca a esa visión total —víctima vocinglera de dificultades integrales— menos razón tiene. El que hace va concretando, uno a uno, los obstáculos que encuentra y se esfuerza en superar. El que no hace, todo lo engloba en densos y terribles nubarrones y acaso, como dijo un político, invierte la frase "después de mí, el diluvio"; para pensar: "después del diluvio, yo".

Para iniciar o para extender la investigación hay que preocuparse de la formación de investigadores.

En los países en los que existe un trabajo investigador potente y amplio, pero se considera que es preciso disponer de más investigadores, ese trabajo investigador influye en los planes docentes y los modifica y los encauza hacia la posibilidad de una especialización efectiva. Esta es la posición actual de diversos países. En Inglaterra existe actualmente una vigorosa campaña entre los medios científicos e industriales para equiparar la educación tecnológica y de ciencia aplicada a la universitaria, y se ha pro puesto la creación de Facultades de Ciencia Aplicada dentro de las Universidades y la de Colegios Tecnológicos, íntimamente ligados a las Universidades, aunque independientes, cursándose en ellos los estudios superiores de Tecnología y de Ciencias fundamentales, sin omitir estudios humanísticos —al igual que los Colegios Tecnológicos norteamericanos o la Escuela Politécnica de Zürich— para dar una formación a un tiempo universitaria y especializada. En Rusia, la Facultad está organizada en departamentos, cátedras, muy especializadas e independientes unas de otras[85], y los estudiantes siguen dos cursos de las diversas materias[86]; el tercer año eligen una cátedra en la que trabajan para especializarse y siguen cursos en otras según la dirección que les señale el profesor, y los de último año trabajan casi exclusivamente en la cátedra elegida. Y ésta ha sido la posición permanente de Alemania, con la libertad de elección de materias a estudiar, con la tendencia en los alumnos a pasar de una Universidad a otra en busca de maestros determinados (es lástima que en el pensamiento de muchos universitarios nuestros haya dominado un criterio contrario, basado en la rigidez y la desconfianza).

En los países con una posición desventajosa en el mundo de la investigación se ha acudido a la importación de la producción científica de los centros más avanzados. El programa para salvar el desnivel consiste en llevar pensionados a formarse en el extranjero o en traer profesores destacados de las instituciones investigadoras más adecuadas. Cada uno de los dos métodos ha sido discutido y se han valorado sus respectivas ventajas y defectos.

Parece más económico y de mayor rendimiento importar maestros que exportar discípulos. Y, sin embargo, esto es más frecuente y general. Traer profesores es menos costoso y de más rendimiento. Pero trasladar a un país profesores de otro, si ha de ser fecundo, ha de reunir condiciones que quitan al problema su aparente sencillez. El traslado de un hombre no es suficiente, y ha de haber allí, donde el profesor extranjero ha de trabajar, personas y medios que hagan posible la continuidad de sus investigaciones. Cuando el pensionado va a un centro extranjero, allá está todo dispuesto, encuentra un trabajo en marcha, se incorpora a una tarea en desarrollo. Ahí es donde basta el trasladar a la persona; pero cuando es el profesor el que viene, hay que disponer las cosas de modo que su estancia pueda dar un rendimiento de trabajo científico. No es que esto sea en muchas ocasiones difícil, pero exige previsión y organización.

Por eso lo frecuente es que las invitaciones a profesores extranjeros sean solamente para dar conferencias y esto atenúa considerablemente la influencia de su estancia. Es eficaz combinar los dos métodos. Aun cuando el profesor viene solamente como conferenciante, permite un cambio de puntos de vista y un fraguado de planes y de pensiones que puede alcanzar el mayor interés. Siempre la investigación exige articulación y sistema. Unas conferencias sueltas sirven de muy poco; unas conferencias entroncadas en un plan son muy fecundas.

Las pensiones en el extranjero tienen aspectos que les dan valor insustituible. El pensionado llega a otro país, conoce su ambiente, adquiere otro idioma y percibe una sensación de aislamiento que le muestra que allí sólo tiene una tarea que desarrollar, en contraste muchas veces con su situación en su país, en donde las exigencias de la vida dispersan con frecuencia su trabajo. Y vive un período de concentración que forja una sólida educación científica.

Pero también tiene sus peligros la formación científica recibida en el extranjero.

Los becarios, a veces, no dieron el resultado deseable "porque no tenían preparación suficiente antes de partir, o fueron a varias partes en lugar de a un solo punto, pretendieron estudiar demasiadas cosas o quedaron un tiempo muy corto"[87].

Además es necesario abrirse a los problemas universales de la Ciencia, pero hay que cuidar de no quedar aprisionado en particularismos que no tienen adecuación alguna al país propio. Hay que cuidar de no convertirse en un sutil hilo de lo que en el país extranjero será tejido, pero en el propio no pasará de maraña.

Los trabajos generales son siempre fecundos, sin que se justifique esa aversión a la técnica aplicada que ha caracterizado algunas tendencias investigadoras. La técnica es relación social, y cuando nos apartamos con exceso de la sociabilidad científica hay el peligro de que se formen castas, pretendidos islotes de selección, abroquelados en un dominio de idiomas, en un conocimiento de revistas, en un tono extranjerizante detrás de los cuales puede haber un desconocimiento radical de cuestiones esenciales y de cuestiones referentes al enlace de la investigación científica con las necesidades del país.

La primacía del factor personal no puede rebajar la importancia de lo instrumental, de la bibliografía, del material científico. Dificultades en proporcionar éste pueden anular el fruto de las pensiones. Los pensionados no salen al extranjero sólo para saber lo que se hace allí, sino para hacerlo luego aquí. Por eso las pensiones sólo tienen sentido y utilidad, integradas en un plan científico en el que lo personal se articula con lo material (publicaciones, instalaciones, aparatos).

El pensionado va a desarrollar una actividad científica que luego ha de vivir en el país propio[88]. Cuando ya el país tiene investigación iniciada, la estancia del pensionado en el exterior ha de estar perfectamente articulada entre la formación recibida en las instituciones nacionales y la dedicación posterior que quizá será en los mismos laboratorios y seminarios, desde luego en la misma línea de trabajo. Ese es el deber y la ilusión del que tiene espíritu científico. Y sentido de la justicia para apreciar que las pensiones no pueden ser vivero de petulanciasególatras, sino empuje y servicio al crecimiento científico del país. Y, a estas alturas, ya no deben ser invitaciones a que quien lo desee vaya adonde le parezca para estudiar lo que quiera, sino desarrollo de un plan formativo, serio y fecundo. En la novena reunión anual del Consejo Superior de Investigaciones Científicas decía su Presidente, el profesor Ibáñez Martín: "han pasado dichosamente los tiempos en que España, sin experiencia científica propia, debía mandar docenas y docenas de becarios para iniciar su especialización en el extranjero, aun a sabiendas de que el provecho es poco cuando en el corto tiempo de la pensión hay que aprenderlo todo. Hoy, el nivel de nuestros Centros de Investigación permite evitar el caso estéril del pensionado que llega desorientado a los medios científicos extranjeros, y después de una dolorosa y a veces deformadora formación se encuentra desencauzado al reintegrarse a la vida española. En nuestros Institutos se trabaja ya con los mismos temas de investigación, con la misma bibliografía, de momento con menos abundancia de material científico, pero sirviéndose de las mismas técnicas usadas por los Centros extranjeros, a los que hay que llegar con absoluto dominio y conocimiento de lo que se hace en nuestro país. Nuestros laboratorios y nuestros seminarios tienen amplitud y vitalidad bastantes para que la vuelta de los pensionados no implique la triste renuncia a los nobles planes de trabajo que se concibieron y acariciaron durante la ausencia de España. Hoy, las becas y las pensiones en el exterior no deben ser para los españoles sino un paréntesis en la propia investigación: tiempo de fecundo enriquecimiento en doctrinas y técnicas, pero arraigado en la tierra ya abierta por la antigua labor, y tiempo vivido con los ojos adelantados hacia temas científicos, de un permanente interés español, nacido de los dones de nuestro suelo o de la tradición histórica de nuestro espíritu. No es el número, sino la selección, la clave de un buen régimen de pensionados, y si las pensiones, concedidas con sacrificio económico de nuestro país, han de rendir un máximo provecho, bueno será que los propios Centros de investigación escojan entre sus becarios más destacados los hombres que deben ampliar sus estudios en tierra extraña, porque sólo en los organismos científicos reside la capacidad de estimar las dotes intelectuales de los pensionados, de calibrar el valor de los estudios solicitados, de señalar el medio intelectual extranjero más propicio para la investigación proyectada, y de encauzar la genialidad solitaria hacia empresas de fecundidad colectiva y social".

EL DESARROLLO MUNDIAL DE LA INVESTIGACIÓN

El desarrollo de la investigación en el mundo, en la época moderna, presenta el hecho destacado de una potente sistematización en la que fraguan amplios conjuntos vigorosamente organizados.

La investigación científica tiene una historia, dilatada o modernísima, en casi todos los países. Cuando un país joven, lleno de vigor, quiere recorrer con rapidez las etapas que le lleven a la categoría internacional a que aspira, se preocupa de organizar la investigación científica y establece los organismos que la desarrollan con firmeza y con amplitud. Cuando un país tiene ya una tradición científica secular, y, a partir sobre todo del pasado siglo, ha visto sucederse los descubrimientos en sus laboratorios y ha presenciado el crecimiento de las ciencias por el trabajo de sus investigadores, y ha tejido, con largas hileras de revistas, la trama de una bibliografía consolidada, si hasta ahora dejaba fluir las fuentes más o menos espontáneas de la producción científica, en este momento procura sistematizar y desarrollar organismos que, abarcando amplísimas zonas investigadoras, sean motor de avances más intensos. La organización ha pasado a ser problema capital, y en todos los países, en los antiguos y en los nuevos, existen proyectos u organizaciones recientes para poner en marcha una investigación más intensa o para reforzar y señalar nuevos objetivos a una investigación ya tradicional.

El desarrollo de la investigación científica en distintos países presenta la huella de la época en que ese crecimiento tiene lugar. Y así, al presentar distintos cuadros o acaecimientos de la vida científica de varios países, a la variedad de sus puntos de vista se unen los cambios ocasionados por el distinto enfoque que los tiempos imponen a los pueblos.

Sería curioso penetrar en los móviles que han impulsado el avance de la investigación, aun ciñéndonos a este siglo, en varios países de Europa y América. La investigación crece en climas extremadamente distintos. Sale como flor de jardín bien cuidado y crece en Universidades destacadas como cultivo del puro saber, como elaboración de inteligencias penetrantes, actividad continuada de épocas de sosiego y riqueza. Pero otras veces la flor del descubrimiento se abre en la zozobra plena de necesidades y de inquietudes de las guerras exterminadoras. Empuja la investigación el móvil económico de las empresas industriales que amplía fabricaciones, perfecciona métodos, elabora técnicas de nuevos productos e instrumentos. Y crece bajo la presión de un puro afán estudioso; exigencias de un espíritu insatisfecho con lo ya conocido y dominado, impulsos ávidos de nuevos horizontes.

Pero está claro que la organización que se está dando actualmente a la investigación científica exige una profesionalización intensa que se manifiesta no ya sólo en las características del régimen de trabajo, sino además en la formación; pues, de una parte, como hemos visto, se orientan y adoptan planes y períodos de estudios con vistas a la investigación y, de otra, se establecen becas y pensiones para impulsar y lograr esa formación, señalada como una de las principales finalidades de las organizaciones investigadoras que se establecen.

Podemos enfocar la situación que se ha dado en distintos países en el tiempo que se ha plasmado la organización de su investigación científica.

Alemania. — Al referirnos a las relaciones de la Universidad con la Investigación, nos ocupamos ya del surgimiento de la *Kaiser Wilhelm-Gesellschaft* en la Alemania de principios de siglo, La *Kaiser Wilhelm-Gesellschaft* atravesó pronto las dificultades de la primera guerra europea. Sin embargo, creció, pues contaba en su comienzo con siete Institutos, y en los años de la primera guerra se crearon ocho. La quiebra de tantas economías privadas impidió a la Sociedad disponer de créditos bastantes para el sostenimiento de los Institutos, y hubo de acudirse a la ayuda oficial, que comenzó en 1920. Inicialmente aportaban cantidades iguales el Estado prusiano y el Reich; luego se amplió más y más el apoyo económico del Reich y del Estado. Pero este influjo creciente del Estado no extinguió las ayudas privadas, y la Sociedad siguió aportando un apoyo que durante la pasada guerra se cifraba en unos tres millones de marcos. Los Institutos dedicados a la Ciencia pura fueron luego sostenidos esencialmente por el Reich, y la economía privada sostenía los Institutos de ciencias aplicadas y los gastos generales de la administración de la Sociedad. Y así, la intervención oficial protectora no mermó el desarrollo de la Sociedad como entidad privada; el número de los socios era de 199 antes de la última guerra y subió luego a más de 700. La *Kaiser Wilhelm-Gesellschaft* se desarrolló fuera de Prusia y llegó a ser una poderosa corporación autónoma, integrada por destacadas figuras de la Ciencia y de la Economía e incorporada al Estado. Harnack fue su primer presidente, desde la fundación, el 11 de enero de 1911, hasta su muerte en 1930, año en que fue designado Max Planck.

Al terminar la última guerra, la *Kaiser Wilhelm Gesellschaft* fue disuelta, pero se ha constituido en la Alemania occidental, con su sede en Göttingen, la *Max Planck Gesellschaft*, nombre que testimonia con elocuencia el valor de la continuidad en la investigación científica.

Existen también otras instituciones científicas alemanas de importancia, como son la *Notgemeinschaft der Deutschen Wissenschaft*[89], que fue constituida en 1920 por representaciones de todas las Universidades y Academias científicas de Alemania y de la *Kaiser Wilhelm Gesellschaft*, cesó en sus actividades al terminar la última guerra y se restauró en 1949, teniendo como misión, según sus estatutos, "conjurar el peligro de total derrumbamiento que amenaza a la investigación científica en Alemania, a causa de la difícil situación actual". Dicha entidad tiene autonomía en lo administrativo; su máxima autoridad reside en un Consejo compuesto de veinte miembros científicos y un representante de cada Ministerio de Educación de los once países de la Alemania occidental.

La *Notgemeinschaft,* para cumplir los fines propuestos de ayuda a la investigación alemana, concede apoyo económico a los investigadores que presenten proyectos concretos y que anteriormente hayan sido aprobados por los órganos competentes de dicha entidad, limitándose ésta a facilitar los medios de trabajo.

La principal aportación económica que ha recibido la *Notgemeinschaft* desde su primera fundación en 1920 ha sido la estatal, ascendiendo ésta durante el año 1949 a dos millones y medio de marcos. Seis meses después de su restauración se había emprendido el estudio de 700 proyectos presentados por los diversos comités técnicos, de los que se solucionaron definitivamente 231 casos.

Fuera de estas becas, la *Notgemeinschaft* no otorga ayuda económica para retribuir al investigador, sino para los medios de trabajo que requieren los planes concretos presentados y aprobados (aparatos, publicaciones, también viajes que no sean para asistir a Congresos científicos[90].

Con el criterio, no ya de proteger las investigaciones propuestas personalmente por los investigadores, sino de organizar y planificar la investigación alemana, fue creado en el mes de marzo de 1949, a propuesta de las Academias de Ciencias de Baviera, Gottingen y Heidelberg y de la *Max Planck Gesellschaft,* el *Deutsche Forschungsrat,* con sede en Stuttgart, y que posteriormente se ha fusionado con la *Notgemeinschaft der deutschen Wissenschaft* para una mejor coordinación e intensificación de las investigaciones científicas, denominándose la nueva entidad *Deutsche Forschungsgemeinschaft*[91].

De nuevo funcionan Institutos y Universidades y se reanuda con creciente ritmo la publicación de revistas y libros científicos.

La vida investigadora continúa latiendo entre ruinas y miserias. A pesar de las destrucciones impresionantes, a pesar de las gigantescas montañas de escombros, el espíritu científico se muestra capaz de revivir en la tragedia de la postguerra como una afirmación de la dedicación investigadora frente a las dificultades ambientales.

Inglaterra[92].—La culminante potencia industrial de Inglaterra, que siguió a su economía agrícola y marinera en el pasado siglo, encontró ya hacia fines de esa época una competencia de mercados que le llevó a acudir a la investigación científica sistemática, y fue, sobre todo, en la industria eléctrica y en la química donde se produjo una conexión de las industrias con los científicos universitarios. Esta visión de que la labor investigadora es un factor del progreso económico fue arraigando en la Gran Bretaña en la centuria actual, y aumentó la preocupación por el desarrollo de la investigación al servicio de los progresos industriales y de la defensa nacional. Las guerras mundiales han significado un sacudimiento decisivo que ha llevado del estímulo a la necesidad imperiosa.

La distribución de las empresas es factor decisivo en la organización investigadora. En Inglaterra existen hoy unas mil empresas que cuentan con laboratorios propios de investigación; pero, según datos de 1945, un 94 por 100 de empresas industriales disponían de fábricas con menos de 1.000 empleados. Esta dispersión industrial se refleja en la organización de los laboratorios, que, si en las grandes empresas pueden ser propios para realizar investigación científica, en las pequeñas industrias se requeriría un sistema de Asociación, que es el que patrocinó el Gobierno en 1916 como consecuencia de la primera guerra mundial, otorgando un millón de libras al Departamento de Investigación Científica e Industrial para establecer un sistema de Asociaciones cooperativas con la pequeña industria. Las empresas son miembros voluntarios de una organización que crea los órganos investigadores de todas las industrias asociadas.

En los primeros años de este sistema se crearon 23 Asociaciones, pero más tarde algunas fueron desapareciendo y las Asociaciones tenían que gastar energía en convencer a las empresas de que les era conveniente mantener su unión cooperativa y sostener los gastos de su investigación en beneficio común. No había un sistema fijo para señalar la contribución que cada entidad asociada debía aportar, y no tuvo éxito ni en 1927 ni en 1933 un proyecto de ley por el que cada industria había de satisfacer un impuesto para sostener dicha investigación, aun contando con que dos terceras partes de cada industria fueran partidarias de este sistema.

En 1944 una ley *(Finance Act)* estableció que los gastos de investigación no se tomarían en cuenta para la deducción de impuestos. Las Asociaciones no sólo han consolidado una situación destacada, sino que los sucesos y los éxitos científicos de la última guerra, y su trascendencia en el curso de la contienda, han elevado el prestigio de la investigación científica, en cuyo manejo y para cuya ayuda se ha hablado reiteradamente en el Parlamento y han puesto patente, de modo rotundo, el reflejo decisivo de los avances investigadores en el desenlace de la guerra. El Estado ha acudido también a la aportación creciente con que la industria ha costeado las Asociaciones, siendo actualmente del orden de un millón de libras la ayuda anual del Estado a esta finalidad.

La Asociación tiene, sin embargo, un obstáculo en cuanto difunde a todos sus miembros los progresos alcanzados. Sus programas investigadores recogen las necesidades planteadas por los representantes de toda la industria; allí puede llevar cada cual sus iniciativas, pero, si tienen éxito, pasarán a beneficiar a todos los asociados.

En Inglaterra no existía hasta hace poco ninguna institución que, independientemente de la industria, pudiera servir a cada empresa sin que la iniciativa de una de ellas pasase a conocimiento de las demás. En julio de 1947 ha sido inaugurado por Sir Stafford Cripps el *Fulmer Research Institute,* en Stoke Poges Bucks. El objeto de esta Institución es establecer laboratorios e instituciones a disposición de los que emprendan trabajos de investigación; pero los resultados quedan de la exclusiva propiedad de aquellos que los han subvencionado. Tres son, según Cripps, las normas necesarias a estos centros: contar con personal e instalaciones de primera categoría, mantener los resultados de la investigación de la propiedad de quienes la patrocinan y no proponerse obtener beneficios. Más de 1.400 entidades oficiales y privadas han presentado sus problemas a esta Fundación.

Este es el tipo de Institución que existe en Norteamérica, por ejemplo, con la Fundación Armour, ligada al Instituto de Tecnología de Illinois, pero con toda independencia; con el Instituto Mellon, que fue estudiado por el Coronel W. C. Devreux, presidente de aquella Institución inglesa. Así funciona, como ejemplo europeo, aunque limitado a un campo restringido, el Laboratorio de Mecánica del Suelo de Delft, en Holanda, al cual acuden las Sociedades privadas o el Estado mismo con problemas de construcción, de cimentaciones y firmes, abonando los servicios que en un país de suelo tan inconsistente tienen que ser muy extensos y muy amplios.

Hoy Inglaterra se ocupa intensamente de multiplicar e intensificar su potencia investigadora, convencida de que ésta es un factor de su potencia integral. Hay una tarea de reconstrucción de las devastaciones de la guerra; pero, además, existe el problema de dotar al país de equipos técnicos suficientes en número y calidad, y esto requiere, a su vez, dotar a esos centros del profesorado conveniente. En este nivel, Inglaterra considera necesario aumentar el número de técnicos y, por tanto, el de estudiantes, dando mayor capacidad a las Universidades y Escuelas Técnicas para la producción de científicos y de investigadores. Mientras la relación de población universitaria a población total es en Estados Unidos de 1 a 125, en Inglaterra es de 1 a 1.015, y es algo más favorable en Gales y en Escocia. Así, el presidente de la Universidad de Manchester impulsa un movimiento que tiende a aumentar el número de científicos y técnicos en la Gran Bretaña. Y se consulta a las Universidades acerca del límite del crecimiento de alumnado en los años venideros, al mismo tiempo que se trata de reorganizar las Escuelas Técnicas en relación con la enseñanza universitaria para lograr ese objetivo.

Antes de la guerra, los 50.000 estudiantes británicos se distribuían en esta forma: poco más de la quinta parte, en las tradicionales Universidades de Oxford y Cambridge; Londres alcanzaba 14.000; el resto de las Universidades inglesas, 12.000, mientras Escocia tenía 9.500 y Gales 2.800. Casi la mitad (22.512) estudiaban en las Facultades de Letras y las de Ciencias contaban con 7.767, las de Tecnología, con 5.288, y las de Agronomía, con 1.043; Ciencias y Tecnología representaban, por tanto, 15 y medio y 10 y medio por 100, respectivamente, proporciones que bajan en las Universidades tradicionales.

Este deseo de incrementar el número de estudiantes de Ciencias y Tecnología ha suscitado el temor de crear en el futuro una inflación, temor descontado por una visión optimista del crecimiento científico, sobre todo en la parte biológica por la multiplicación de las aplicaciones a la vida. "El objetivo inmediato debe ser duplicar cuanto antes la producción actual, creando anualmente un mínimo de 5.000 científicos"[93]. Y no es de este momento el cálculo de cuál deberá ser la producción precisa en situación normal.

Inglaterra, el país de la iniciativa personal y de la libertad universitaria, trata el problema con criterio de Gobierno que necesita movilizar todos los recursos para la vida y la defensa del país. Y en esta movilización incluye el desarrollo de las investigaciones científicas, pensando que si no alcanza, en ese terreno, el nivel que le corresponde, tiene en peligro su vida y su libertad. Y con esa finalidad se llega al hecho, nuevo en la vida inglesa, de actuar y ejercer presión sobre la Universidad misma. Se trata de la producción de científicos como de otra producción necesaria al país y se hacen los cálculos de la producción actual, de la que es necesaria y del número de científicos de que se podrá disponer en los años venideros.

El informe de la ponencia a quien se encomendó el estudio de esta cuestión recomienda que de los 18.000 estudiantes que anualmente ingresan en las Universidades británicas, por lo menos 11.000 deberán contar con ayuda económica estatal. Con lo cual el 61 por 100 de los estudiantes universitarios británicos disfrutarán de ayuda económica procedente de los fondos públicos.

La reacción de las Universidades a este influjo ha sido distinta, y mientras las tradicionales de Oxford y Cambridge parecen poco dispuestas al aumento que se busca, las de otras ciudades creen que pueden llegar a incrementar el 85 por 100 en el primer decenio de la postguerra, y se llega a la conclusión de que hacia 1955 se podrán preparar anualmente unos 3.500 científicos. En esta demanda de personal científico está incluido el aumento de profesorado que requiere la dilatación universitaria, 30.000 profesores universitarios y de escuelas secundarias exigidos por la reforma de estas enseñanzas. Los 4.000 profesores universitarios de antes de la guerra se han elevado a 5.500 en el año 1946-47, y deberán alcanzar la cifra de 10.000 en 1955.

Pero esta plétora escolar de la postguerra puede hacer descender el nivel, y una comisión nombrada por el *Nuffield College* señala que "hasta que nuevos recursos económicos puedan traducirse en edificios e instalaciones y pueda disponerse de más personal —o reclutarse en otros países—, el duplicar la población universitaria, como propone la comisión Barlow, no es posible, e incluso es excesivo el aumento en un 50 por 100 sobre el total de la anteguerra". Si el profesorado se forma con ligereza o si hay en el profesorado investigador un trasiego hacia una mayor actividad docente, la consecuencia habrá de ser la que ha señalado *The Times:* "Menos y menos formación, para más y más estudiantes".

La estampa de las instituciones inglesas, decoradas con bustos, medallones y lápidas conmemorativas de amplio mecenazgo fundador, ha sido variada en su realidad interna y, conservando todo el cuadro complejo de esa diversidad de instituciones, la realidad es que, por ejemplo, el 95 por 100 de los gastos de las Instituciones agrícolas investigadoras están costeadas por el Estado. Los tres Departamentos investigadores, el científico e industrial, el médico y el agrícola, determinan la distribución de subvenciones en función del trabajo encomendado a cada entidad. Algunas Universidades han pensado que esta protección pudiese llevar a un protectorado que mermase la libertad de la investigación y de la enseñanza universitaria, y Sir Henry Dale, presidente de la *British Association,* en la reunión celebrada en mayo de 1947, hizo la defensa de esa libertad de las Universidades, y pidió que se negasen a emprender investigaciones que hubiesen de mantenerse en secreto, aprobando una resolución que dice: "Esta conferencia recomienda al Consejo de la Asociación británica que se dirija a las autoridades competentes de todas las Universidades del Imperio Británico con las cuales está relacionada la Asociación Británica, rogándoles que bajo las condiciones normales de la paz no se imprima por sus departamentos científicos ningún trabajo de investigación si sus resultados han de permanecer en secreto".

Este problema de coordinar la investigación dirigida con la libertad investigadora produce puntos de vista diferentes. El informe del *Nuffield College* trata de esa colaboración entre la industria y la enseñanza superior, y aunque reconoce la posibilidad de que los laboratorios universitarios trabajen en temas industriales, se opone a todo lo que pueda ser encadenar la investigación universitaria a los intereses industriales, pues quedaría destruida, juzga, la libertad que necesitan las investigaciones fundamentales, el desarrollo fecundo de la Ciencia pura.

Una tentativa de esta vinculación de la Universidad con la industria la constituye el *Manchester Joint Research Council*, fundado en 1944 por el vicepresidente de la Universidad y el presidente de la Cámara de Comercio. Cada una de estas entidades designa 16 miembros, y aunque no emprenda por sí ningún tipo de investigación, fomenta la colaboración de la industria con la Universidad.

La Comisión de Subvenciones Universitarias mantiene también un criterio favorable a dicha libertad, pero encauzando a las Universidades hacia trabajos de interés para la industria o seguridad nacionales. De hecho se observa que las Universidades inglesas requieren hoy una ayuda estatal del 52 por 100, que rebasará el 60 por 100 en 1951-52, mientras que antes sólo ascendía al 34 por 100.

Francia. — La organización moderna de la investigación científica en Francia presenta direcciones distintas que han llegado a reunirse en el *Centre Nationale de la Recherche Scientifique*, creado en 1939. Antes existían organismos diferentes para la investigación pura y aplicada y hubo también dualidad para las dotaciones del material y de las publicaciones y para el sostenimiento del personal.

En 1901 se creó la *Caisse de la Recherche Scientifique*, que años más tarde se dividió en cuatro Secciones, dedicadas a subvencionar los trabajos de Ciencias biológicas, los de otras Ciencias, las publicaciones de carácter científico y las jurídicas y literarias. Para atender al personal investigador se creó en 1930 la *Caisse Nationale de Science*, que estableció la jerarquía de becarios investigadores, maestros de investigación y directores de investigación. Ambos organismos, el del personal y el de material, se unieron en 1935 con el nombre de *Caisse Nationale de la Recherche Scientifique* para vincular la administración central de la investigación a la del Ministerio de Educación Nacional y dotarla de un cuadro de funcionarios y también para instituir un cuerpo de ayudantes técnicos.

En 1933 se había creado el *Conseil Superieur de la Recherche Scientifique*, dividido en Secciones dedicadas a las Ciencias matemáticas, mecánicas, químicas, biológicas, naturales, históricas y filológicas, filosóficas y sociales, con la finalidad de coordinar las investigaciones, estudiar sus cuestiones de orden general y atender a la utilización de los créditos.

Con el precedente de una *Direction des Inventions* para la defensa nacional creada en el Ministerio de Instrucción Pública durante la guerra de 1914-18, convertida en 1919 en *Direction des Recherches Industrielles et des Inventions*, se establece en 1922 el *Office National des Re-cherches Scientifiques et des Inventions*, para coordinar y estimular las investigaciones de todo orden y desarrollar especialmente las aplicadas, y asimismo para asegurar los estudios exigidos por los servicios públicos y ayudar a los inventores. Y en 1938 se instituye el *Centre National de la Recherche Scientifique Appliquée*, que viene a suceder al *Office*.

Se veía la necesidad de ligar la investigación$_t$ pura y la aplicada, pero "las tentativas hechas en este sentido, de las que la más importante fue la institución de una Subsecretaría de Estado para la investigación científica (del 5 de junio de 1936 al 23 de junio de 1937 y del 14 de marzo al 11 de abril de 1938), no pudieron impedir que organismos de orígenes diferentes, diversamente constituidos, tuviesen vida propia. La creación por el Decreto de 19 de octubre de 1939, completado por el de 22 de octubre de 1939, del *Centre National de la Recherche Scientifique*, es la primera etapa de una fusión progresiva de servicios hasta entonces independientes; la nueva organización reemplaza a la vez a la *Caisse Nationale de la Recherche Scientifique* y al C. N. R. S. A.; toma las atribuciones de una y del otro".

"La Orden del 2 de noviembre de 1945 fija la relación íntima de la investigación pura y aplicada dentro de un solo establecimiento en el que la unidad orgánica esté asegurada por un Comité Nacional, reuniendo a los sabios e investigadores más representativos de la Ciencia francesa.

"En dicha Orden se definen las atribuciones del C. N. R. S. Sus artículos primero y segundo dicen:

"Artículo primero: El *Centre National de la Recherche Scientifique* es un establecimiento público dotado de personalidad civil y de autonomía financiera.

"Está colocado bajo la autoridad del Ministro de Educación Nacional.

"Artículo segundo: El *Centre National de la Recherche Scientifique* tiene por misión desarrollar, orientar y coordinar las investigaciones científicas de todo orden.

"Está encargado particularmente:

"1.º De efectuar o hacer efectuar, ya por propia iniciativa, ya a petición de los servicios públicos o empresas privadas, los estudios que representan un interés reconocido para el avance de la ciencia o de la economía nacional.

"2.º Fomentar y facilitar las investigaciones emprendidas por los servicios públicos, la industria y los particulares, otorgar con este fin gratificaciones a las personas que consagran a las investigaciones gran parte de su actividad, reclutar y remunerar colaboradores con el fin de ayudar a los investigadores en sus trabajos.

"3.º Subvencionar o crear algunos laboratorios de investigación pura y aplicada o ampliar los que existen, facilitándoles especialmente la compra de instrumental y utensilios, y de una manera general las adquisiciones mobiliarias o inmobiliarias útiles al progreso de la ciencia.

"4.º Asegurar la coordinación de las investigaciones llevadas a cabo por los servicios públicos, la industria y los particulares, estableciendo una relación entre los organismos y las personas que se consagran a estas investigaciones.

"5.º Redactar informes en los laboratorios públicos o privados sobre las investigaciones que realizan y los recursos de que disponen.

"6.º Asegurar, ya directamente, ya por suscripciones o concesión de subvenciones, la publicación de trabajos científicos dignos de interés.

"7.º Conceder subvenciones para misiones científicas y para estancia de investigaciones en los laboratorios o centros de investigación franceses o extranjeros.

"8.º Organizar y controlar una enseñanza preparatoria para la investigación en las condiciones fijadas por un reglamento de administración pública."

El C. N. R. S. se ha ocupado de la formación de investigadores. "Parece que uno de los mejores medios de formar investigadores es este que realiza con todo cuidado el C. N. R. S. Consiste en preparar especialmente jóvenes investigadores entre los licenciados de las Facultades de Ciencias y los jóvenes ingenieros recién salidos de las Escuelas, completando su educación científica dentro de las especialidades a las cuales se dedicaron y formándoles en las técnicas de la investigación. Se considera que son precisos dos años de adaptación especial y de asistencia a los diferentes laboratorios para permitir a los principiantes realizar, de una manera útil, las investigaciones personales.

Una enseñanza preparatoria a la investigación va a ser organizada en el C. N. R. S. El programa de enseñanza prevé la elección correspondiente a las amplias actividades de los laboratorios de investigación pura y aplicada, como física molecular, electrónica, genética, astrofísica, etc.

Es natural que el alumno pueda escoger los estudios para los cuales se siente mejor preparado. Es inútil formar investigadores que no encontrarán nunca nada.

Durante el primer año de su preparación, los alumnos investigadores deberán seguir los cursos de un nivel elevado correspondiente a la materia escogida. Estos cursos serán explicados por diversos investigadores experimentados para familiarizar al alumno con la diversidad de métodos. Durante el segundo año visitarán los laboratorios extranjeros, en los que serán admitidos como alumnos.

Los alumnos de enseñanza preparatoria a la investigación recibirán del C. N. R. S. una gratificación que les permita desenvolverse, y podrán ser admitidos en seguida, según la materia escogida, como *attachés de recherches* y como ingenieros, en los laboratorios".

Un Decreto de 1945 ha asimilado las categorías del personal investigador a las de la enseñanza superior; tras el período de becarios *(stargiares de recherches)* puede pasarse a *Attaché, Chargé, Maître y Directeur de recherches*, que equivalen, respectivamente, a Asistente, Jefe de trabajos, Maestro de conferencias y Profesor de Facultad, en la enseñanza superior.

Pero el C. N. R. S. desea formar investigadores principalmente para las cátedras de la enseñanza superior y para la industria.

"El personal del C. N. R. S. no puede componerse únicamente de investigadores. Además de los cuadros administrativos ha sido necesario crear los auxiliares de laboratorios y todos aquellos que de una manera o de otra ayudan al investigador en la realización de su tarea material.

"Los cuadros de técnicos del C. N. R. S. están formados de esta manera:

"1.ª categoría: *agent technique,* correspondiendiente a un obrero.

"2.ª categoría: *aide-technique,* correspondiente a un técnico.

"3.ª categoría: colaborador técnico, correspondiente a un *agent de rnaitrise.*

"4.ª categoría: *Directeur technique,* correspondiente a un ingeniero"[94].

La importancia de la investigación sobre problemas de Ultramar ha sido reconocida por Francia con la creación del *Office de la Recherche Scientifique Coloniale,* institución cuyo principal empeño consiste en la formación de investigadores. Para lograrlo se han establecido dos Escuelas, una metropolitana en Bondy, otra en Adio-podbumé-Abidj an (Bas Cote d'Ivoire). En ambas se cursan, sucesivamente, los dos años de formación. La institución funciona mediante subvención del Estado y de los Gobiernos de Ultramar, donde existen, igual que en la Metrópoli, diversos centros y organismos con ella conectados[95].

Estados Unidos[96].—El sacudimiento de la pasada guerra mundial puso en tensión máxima la gigantesca potencia multiforme de Estados Unidos. Y el progreso técnico que ya tenía allí línea de vanguardia, espoleado por los apremios de la lucha, dio lugar a grandes avances en todas las materias relacionadas con la guerra, que, por otra parte, son cada día más amplias. Los progresos técnicos han hecho crecer de modo dramático la extensión de la guerra, y a su vez esta extensión es un incentivo poderoso de interisos avances en las más diversas materias. El carácter de una investigación así desarrollada es un completo entronque con los planes bélicos, una exigencia de eficacia inmediata; es decir, una investigación a un mismo tiempo práctica y rápida. La guerra ha puesto de manifiesto que el nivel científico señala la altura del desarrollo industrial, y que esta potencia industrial es básica, a su vez, para la impulsión de la guerra; pero, además de este efecto mediato de la densidad científica, han sido los descubrimientos directos los que han saltado de los laboratorios investigadores a las aplicaciones bélicas.

Esto está patente a los ojos de todos, pero alguno se pregunta si es conocida la realidad de los "millones de sobres de paga de los salarios en tiempos de paz, que están llenos gracias a que la industria proveyó de empleos a innumerables americanos". También esto, dice Bush, es de agradecer a la Ciencia. "En 1939, millones de personas estaban empleadas en industrias que no existían al final de la guerra anterior —la radio, acondicionamiento de aire, el rayón, otras fibras artificiales y las materias plásticas son ejemplos de productos de estas industrias. Pero todo esto no marca el fin del progreso, es, por el contrario, el comienzo, si usamos ampliamente nuestros recursos científicos. Se pueden formar nuevas industrias manufactureras, y muchas industrias anticuadas pueden ser modernizadas y nuevamente ampliadas, si seguimos estudiando las leyes de la naturaleza y aplicamos los nuevos conocimientos a fines prácticos.

"Los grandes adelantos de la agricultura se basan también en las investigaciones científicas. Las plantas que son más resistentes a enfermedades y adaptables a estaciones cortas, la prevención y cura de infecciones de ganados, el control de los insectos dañinos, mejores fertilizantes y la mejora de la agricultura práctica, todo ello brota de la cuidadosa investigación científica...

"Nuestra población aumentó de 75 a 130 millones en los años 1900 a 1940. En algunos países los aumentos comparables han sido acompaña dos de miseria. En este país el aumento ha sido acompañado por abundante abastecimiento de comida, mejores condiciones de vida, más recreo, una vida prolongada y mejor salud"[97].

Bush atribuye este éxito a tres factores: la libre iniciativa de un pueblo vigoroso, la herencia de enormes recursos naturales y los avances de las ciencias y sus aplicaciones.

El testimonio de Bush tiene autoridad máxima. Vannevar Bush ha dirigido los trabajos de la O. S. R. D. *(Office of Scientific Research and Development)*, la organización que hizo posible la mayor movilización de poder científico en la historia del mundo, según la opinión del presidente del *Massachusetts Institute of Technology*, Dr. Karl T. Compton. La figura de Bush culmina como autor de diversos inventos técnicos de máxima valía —entre éstos el llamado cerebro mecánico—, y también como miembro de las organizaciones dedicadas a entroncar la contribución científica en los planes de la guerra.

Pero si el avance científico influye no sólo en la decisión de la guerra, sino en la elevación de la paz; si la salud, la prosperidad y la seguridad están influidas por el progreso científico, éste no puede dejar de ser considerado por la política nacional. De ahí arranca lo que se llama *política científica*, y los planes para dar estructura permanente y estatal a la investigación científica, La investigación queda entonces como uno de los objetivos del Gobierno del país: "No hay corporación dentro del Gobierno —

dice Bush— que esté encargada de la formulación y ejecución de una política nacional de ciencia." No existen Comités fijos en el Congreso que estén dedicados a este importante tema. Y no suplía el vacío existente del *President's Scientific Research Board*.

El esfuerzo de la guerra debe seguir impulsando la actividad científica dedicada al bienestar del país. Por eso el presidente de los Estados Unidos, Roosevelt, se dirigía al Dr. Bush, en noviembre de 1944, con unas preguntas entre las que figuraban las siguientes:

¿Qué puede hacer el Gobierno ahora y en el futuro para prestar ayuda a las actividades investigadoras realizadas por organizaciones públicas y privadas? ¿Es posible formular un programa eficaz para la localización y preparación de jóvenes norteamericanos bien dotados para la labor científica, de modo que quede asegurado en este país el porvenir de la investigación en términos comparables a los realizados durante la guerra?

El Dr. Bush contó con el asesoramiento de unas doscientas personalidades científicas norteamericanas, distribuidas en comisiones para estudiar cada una de las preguntas formuladas. En su contestación hay afirmaciones como las siguientes:

La seguridad militar y económica de la nación se basa en la Ciencia. Hay escasez de personal científico. Debe apoyarse la preparación de personal y la realización de investigación básica fundamental en *Colleges* y Universidades. Se necesitan fondos federales para aumentar los ingresos de los *Colleges*. La mayor ayuda que el Gobierno federal puede prestar a la Ciencia es contribuir a la preparación de sus científicos, aportando fondos para becas y pensiones. Debe crearse una Junta científica apolítica, libre de todo partidismo, encargada de desembolsar fondos para tales fines, institución que se conocerá con el nombre de Fundación Nacional de Investigaciones Científicas *(National Science Foundation)*. Las patentes sólo deben desempeñar un papel secundario, ya que la investigación pura y la preparación del personal científico son los puntos en que hay que hacer hincapié.

El informe del Dr. Bush era la contestación al deseo de que al cesar la guerra no remitiese la tensión de trabajo que existía durante la lucha.

De una parte, es evidente no ya la penetración del poder público en la investigación, sino un reconocimiento de que la investigación aborda problemas públicos de primer orden. Según Bush, "como quiera que la sanidad, el bienestar y la seguridad son asuntos propios del Gobierno, el progreso científico es y debe ser de interés vital para el Gobierno. Sin progreso científico la sanidad nacional sufriría; sin progreso científico no podríamos abrigar ninguna esperanza de mejorar nuestro nivel de vida o de que se aumentara el número de empleos para nuestros conciudadanos, y sin progreso científico no podríamos haber conservado nuestra libertad contra la tiranía. Pero hay que salvar la libertad." Y añade Bush: "Mas hemos de proceder con cautela al transportar los métodos que han dado resultado en tiempo de guerra a las condiciones harto distintas de la paz. Hemos de suprimir los rígidos controles que hemos tenido que imponer y recobrar la libertad de investigación y aquel sano espíritu de competencia científica, tan necesario para la expansión de las fronteras del saber científico.

"El progreso científico en un amplio frente resulta del libre juego de intelectos libres que trabajan en materias o cuestiones de su propia elección y de la manera que les dicte su curiosidad de explorar lo desconocido".

Existe ya una literatura científica norteamericana mostrando el crecimiento investigador durante la guerra, en nuevas armas y controles, en nuevos explosivos e impulsores, en medicina militar, en formación del personal, en energía atómica, literatura que tiene el tono vivo de unos autores que han sido científicos de combate, que han hecho la guerra desde la Biología, la Geología, la Física o las Matemáticas, y no sólo desde unos laboratorios de retaguardia, sino también con las mismas expediciones militares.

Este florecimiento rápido de las aplicaciones no se hubiese podido producir sin la existencia de un depósito enorme de ciencia fundamental, acumulada por el libre y sereno desarrollo de la ciencia europea. Son los informes norteamericanos los que así lo ven, y se recuerda que cuando se le ha preguntado a Szilard[98] cuál era la causa del desarrollo de la ciencia europea se había limitado a contestar: el sosiego. De ahí la tendencia americana a destacar la necesidad del cultivo de las investigaciones fundamentales, llevadas a cabo sin un fin práctico.

"Estadísticamente está comprobado que importantes y muy útiles descubrimientos resultaron a consecuencia de empresas que se habían emprendido con otros fines; por tanto, los resultados de una investigación particular no pueden ser predichos con exactitud. La ciencia básica conduce a nuevos conocimientos. Provee capital científico. Crea los fondos de los que la aplicación práctica de los conocimientos debe ser derivada"... "Hoy día es más verdad que nunca que la ciencia fundamental es la que marca el paso del progreso técnico"[99].

En 1930 y 1940 los gastos para las investigaciones científicas sufragadas por la industria y el Gobierno —investigación aplicada en su mayor parte— han pasado de seis a diez veces más que los gastos de investigaciones de Universidades, Institutos y Escuelas, en donde está principalmente localizada la investigación pura. Esto resulta alarmante y acentúa esa importancia que hay que otorgar a las investigaciones fundamentales, y se pide que el Gobierno fortalezca y ayude con fondos públicos tales instituciones. El Dr. Bush señala que hay que hacer hincapié en esos dos problemas: la investigación pura y la preparación del personal científico. Se recuerda, por lo que al personal se refiere, las palabras del presidente Conant: "... en cada sección del vasto campo de investigaciones que comprende la palabra "Ciencia", el factor limitativo es el factor humano. Tendremos adelantos rápidos o lentos, en una dirección u otra, y este avance depende del número de hombres de primer orden que desempeñan el trabajo en cuestión... Así vemos que, en último análisis, el futuro de la Ciencia en este país será resuelto por nuestra política de la educación básica..."[100].

Bush propuso la creación de una Fundación Nacional de Investigaciones para desarrollar y fomentar un programa nacional de investigaciones básicas y de educación científica, dedicada a subvencionar investigaciones fundamentales en organizaciones desligadas de cualquier interés comercial y a desarrollar la capacidad científica de los jóvenes americanos, mediante becas, subvenciones, contratos de larga duración.

Y esta propuesta ha sido ley en 1950 al crear la *National Science Foundation,* compuesta de un Consejo Nacional de Ciencias y un director.

Según la *National Science Foundation Act of 1950,* la Fundación está autorizada:

1.—A formular, desarrollar y establecer un programa nacional para el fomento de la investigación pura y de la formación en ciencias.

2.—A iniciar y prestar ayuda a la investigación científica pura en las Ciencias Matemáticas, Físicas, Médicas, Biológicas, de Ingeniería y otras, concertando contratos u otros convenios (inclusive subvenciones, empréstitos u otras formas de ayuda), para la realización de tal investigación científica pura y a valorar la influencia de la investigación sobre el desarrollo industrial y sobre el bienestar general.

3.—A requerimiento del Secretario de Defensa, a iniciar y a apoyar la investigación científica con respecto a materias relativas a la defensa nacional, concertando contratos y otros convenios (inclusive subvenciones, empréstitos u otras formas de ayuda), para la realización de tal investigación científica.

4.—A conceder, según se determina en el artículo 10, becas y pensiones de licenciados para ampliación de estudios en las Ciencias Matemáticas, Físicas, Biológicas, Médicas, de Ingeniería y otras.

5.—A fomentar el cambio de información científica entre los hombres de ciencias de los Estados Unidos y países extranjeros.

6.—A valorar los programas de investigación científica emprendidos por órganos del Gobierno federal y a coordinar los programas de investigación científica de la Fundación con los emprendidos por individuos aislados y por grupos de investigación públicos y privados.

7.—A establecer las comisiones especiales que el Consejo considere en su día necesarias para los fines de esta ley; y

8.—A establecer un registro de personal científico y técnico y un centro de información sobre todo el personal científico y técnico de los Estados Unidos y sus territorios y posesiones.

El Consejo Nacional de Ciencias ha de constar de veinticuatro vocales designados por el Presidente de los Estados Unidos y el Director de la Fundación como vocal nato. Dichos vocales serán figuras destacadas en las ciencias puras, médicas, ingeniería, educación o negocios públicos. Para la designación de estos vocales se invita al Presidente de los Estados Unidos a tener en cuenta las recomendaciones sometidas por la Academia Nacional de Ciencias, la Asociación de *Land Grant Colleges and Universities,* la Asociación Nacional de Universidades Estatales, la Asociación de *Colleges* norteamericanos u otros organismos científicos o docentes. El cargo de vocal tendrá una duración de seis años, y toda persona que lo haya sido durante doce años consecutivos no podrá ser reelegida durante el plazo de dos años, a partir del final del año duodécimo.

La Fundación constará, en principio, de las siguientes Secciones: de Investigaciones Médicas; de Ciencias Matemáticas, Físicas y de Ingeniería; de Ciencias Biológicas y de Personal Científico y Educación, que tiene a su cargo la concesión de becas y pensiones a licenciados para ampliación de estudios. El número de estas Secciones se ampliará según criterio del Consejo. Existen también Comisiones de Sección y Comisiones especiales.

La Fundación podrá conceder sus becas y pensiones a licenciados por los plazos que señale para realizar estudios en Ciencias Matemáticas, Físicas, Médicas, Biológicas y de Ingeniería en instituciones norteamericanas o extranjeras elegidas por el titular de tales becas o pensiones.

Está previsto en la Ley que la Fundación no podrá hacer funcionar por sí misma laboratorios o instalaciones de ensayo de ninguna clase.

En el desempeño de su misión, la Fundación guardará unas normas generales: que el trabajo sea realizado por los organismos o individuos mejor capacitados; que refuerce las plantillas de colaboradores de los organismos, especialmente de los que no persiguen fines lucrativos; que se ayude a las Instituciones que puedan avanzar en la investigación pura y, finalmente, que estimule las investigaciones practicadas por individuos aislados.

Para el año fiscal, que termina el 30 de junio de 1951, se le ha asignado una subvención no superior a 500.000 dólares, y para cada año fiscal subsiguiente, otras no superiores a 15.000.000 de dólares[101].

La investigación soviética.—Rusia no cuenta con ninguna publicación explicativa de sus instituciones científicas. Se reconoce como casi imposible obtener de los numerosos Departamentos gubernamentales una lista seleccionada de los centros investigadores. Pero sabemos que el trabajo científico controlado por el Gobierno se realiza a través de la Academia de Ciencias o de alguno de los numerosos Ministerios, nombre que desde marzo de 1946 ha sustituido al de Comisarías del pueblo. El vocabulario de la Administración pública quedó privado, por decreto de esa fecha, de los términos "Comisario y Comisaría". La Academia de Ciencias y los Ministerios de Agricultura y Sanidad y de Enseñanza Superior gobiernan la mayor parte de la investigación científica. Existe también la Comisión estatal de planificación científica. Eric Ashby, profesor de Botánica en la Universidad de Manchester, hoy Vicecanciller en la de Belfast, pudo pasar un año en Rusia y nos ha dado datos interesantes sobre la Ciencia y los científicos en Rusia en un libro y varios artículos recientes. Siguiendo el modelo de la *Royal Society* de Londres, se fundó la Academia de Ciencias en 1725 por Pedro el Grande, y en 1925, reorganizada por los soviets, recibió el nombre de "Academia de las Ciencias de la U. R. S. S.". Abarca no sólo las ciencias experimentales, sino también Lengua y Literatura, Filosofía, Historia, Economía y Leyes. Está formada por 139 académicos de número y 198 miembros correspondientes. Los académicos, cuya edad media es de sesenta y cinco años, reciben cinco mil rublos de sueldo los de número y dos mil quinientos los correspondientes; tienen raciones generosas de comida y vestidos, pueden hacer compras en almacenes especiales, que tienen géneros que no existen en los almacenes corrientes; disfrutan de descuentos en las tiendas;

se les proporciona automóvil, piso confortable en la ciudad y se proyecta ofrecerles descanso estival en casitas de campo. El presidente de la Academia tiene sueldo, posición y privilegios de ministro. Vive en una residencia especial y dedica todo su tiempo a la Academia. Es reelegible, y su elección va acompañada por artículos de fondo en la prensa, que casi todas las semanas publica sus declaraciones y hace familiar su fotografía a millones de personas.

Cuenta Ashby que la Academia sostiene y gobierna 57 Institutos, 16 Laboratorios, 15 Museos, 31 Comisiones y Comités, 73 Bibliotecas, 35 Estaciones investigadoras y 7 Sociedades. En enero de 1945 su personal científico consistía en 4.213 investigadores y 600 estudiantes (aspirantes), además de un gran número de ayudantes técnicos, laborantes, bibliotecarios, secretarios y personal administrativo. Las Bibliotecas de la Academia contienen, según se dice, 10 millones de volúmenes. El presupuesto de la Academia para el curso 1945-46 fue de 200 millones de rublos. El presupuesto de la U. R. S. S. para investigaciones científicas en 1947 fue de 5.000 millones de rublos.

Agrupadas alrededor de la Academia de Ciencias, pero independientemente de ella, hay siete "filiales", Academias de varias Repúblicas. Son miniaturas de la Academia de Ciencias de la U. R. S. S. y están sostenidas por sus propios gobiernos.

Los 57 Institutos de la Academia están organizados en ocho Secciones: I, Ciencias físico-matemáticas. — II, Ciencias químicas. — III, Geología y Geografía. — IV, Biología. — V, Ciencias técnicas. — VI, Historia y Filosofía. — VII, Economía y Derecho. — VIII, Lengua y Literatura. Cada Sección se divide en Institutos, Laboratorios, Bibliotecas, Museos, Comisiones, etc. Así, la Sección de Biología posee 12 Institutos, dos Jardines Botánicos, cinco Laboratorios, cuatro Comisiones y tres Sociedades. Hay una gran desigualdad en la importancia de estos Centros: en algunos Institutos hay cientos de trabajadores, mientras algunos Laboratorios sólo ocupan una habitación.

Cada Instituto está regido por un director. Hasta abril de 1946 una misma persona podía ser director de tres o cuatro Institutos y recibía un sueldo por cada uno de ellos. Así, una misma persona llevaba la dirección del Jardín Botánico de Moscú, de la Exposición Agrícola del Instituto de Hibridación y de la Estación Experimental del Estado para el Cultivo de Cereales en Moscú. En los últimos años los sueldos de los profesores y directores de Institutos han sido casi triplicados, pero un director no puede cobrar más que un sueldo por sus varios cargos, aunque sí recibir el correspondiente de las Academias a las cuales pertenece.

Otra característica de la dirección de los Institutos científicos soviéticos es que no hay límite de edad para la jubilación. Es una idea muy divulgada el creer que la Rusia moderna está manejada por hombres jóvenes. En la Ciencia, en todo caso, esta opinión es infundada. La Ciencia está en manos de hombres viejos. El académico Bach, hasta la fecha de su muerte, a los noventa años (mayo de 1946), fue director del Instituto de Fisiología Vegetal y del Instituto de Bioquímica. El académico Joffe, que tiene setenta y siete años, es director del Instituto Físico Técnico y del de Agronomía Física. El académico Stern, que cuenta sesenta y nueve años de edad, es director del Instituto de Fisiología y profesor de la Facultad de Medicina de Moscú. El académico Obruchev, que pronunció un discurso en las sesiones académicas sobre geología soviética en 1945, cuenta ochenta y tres años. El académico Varga, que dirige las investigaciones sobre Economía, tiene setenta y seis. El académico Zelinski, que es aún prominente en los círculos científicos moscovitas, tiene ochenta y cinco. (Edades referidas al año 1947.)

Un hombre lo bastante joven para haber empezado su educación universitaria ya bajo el régimen soviético, debe ahora contar alrededor de los cuarenta y cinco años, edad suficiente para tomar la dirección en la Ciencia soviética. Con todo, sólo trece hombres nacidos en el siglo xx han sido elegidos académicos; seis de ellos son filósofos o economistas, uno es explorador y sólo seis son científicos.

Los Institutos investigadores están divididos en laboratorios pequeños, casi autónomos, cada uno con su dirigente y cuatro o cinco ayudantes. Así, el Instituto de Fisiología Vegetal tiene 10 laboratorios. El jefe de cada uno es profesor o doctor. Los ayudantes son personal titulado, licenciados los modernos y con categoría de doctor los antiguos. Hay, además, aspirantes y candidatos y un laborante, que por lo menos tiene un grado de Enseñanza media. Hay abundancia de personal administrativo: un secretario, que con frecuencia es responsable de las actividades políticas del Instituto, y dos o tres mecanógrafas que están esperando algo que hacer, a pesar del enorme trabajo superfluo de informes, presupuestos y teneduría de libros que existe aun en los mejores Institutos científicos.

Gran parte del trabajo de oficina gira en torno al plan. Cada Instituto necesita un plan quinquenal y un plan anual. Los planes se redactan con gran detalle y se publican. Al final del año y del período de los cinco años el Instituto tiene que declarar la parte que ha realizado. La prensa aplaude a los que han cumplido o rebasado el plan, y critica despiadadamente a los que no lo han llevado a cabo. Ashby tiene la impresión de que el plan en la investigación pura es más un estorbo que un beneficio. Para la investigación aplicada equivale a las peticiones de la industria en un país capitalista. Para las" investigaciones de la Academia el plan, en el mejor de los casos, es superfluo, y en el peor un obstáculo. La obligación de cumplir el plan del Instituto es tolerada como una molestia necesaria y, según malas lenguas, algunos científicos reducen al mínimo sus efectos, introduciendo como plan lo ya realizado en el año transcurrido. Por este sencillo procedimiento, el plan siempre se realiza. Sea cierta o no la murmuración, según Ashby, la idea es buena y puede recomendarse a los científicos que tengan algo que ver con burócratas.

Los Institutos están sometidos a las actividades del partido comunista. Sólo una minoría de investigadores son miembros del partido; pero todos están bajo la observación del mismo, ejercida por un agente desconocido. La investigación, como toda la vida académica, está sometida a la filosofía oficial del materialismo dialéctico. Hay quienes trabajan tranquilamente, como en cualquier otro país, sin preocuparse de la ideología política. Consideran que el régimen es algo duro, tan inevitable como el clima. Otros añaden a su trabajo científico el aditamento de unas frases fáciles de sacar de un material tan elástico como el materialismo dialéctico. Pero otros consideran que la Ciencia discurre efectivamente por esos principios desde los que hay que imponer una ideología en materia científica. Y así, Lysenko, el aldeano ucraniano, ha negado la Genética, porque, fundada por un agustino, con sus principios de constancia de los cromosomas, de líneas puras, de transmisiones hereditarias, rompía ese flujo amorfo, impreciso, que constituye el materialismo dialéctico. Y si Vavilov, con su enorme obra genética, quiso mantener los principios admitidos por todo el mundo científico, atreviéndose a enfrentarse con Lysenko, fue vencido en la discusión por la fuerza del encarcelamiento y de la muerte[102].

Todas estas noticias nos da Ashby, junto con otras muchas de carácter docente, en su interesantísimo libro *Scientist in Russia*[103].

También Huxley se ha referido a esta arbitraria intromisión de la ideología marxista en la investigación científica de Rusia. "Entre los acuerdos del Praesidium de la Academia de Ciencias figuran, por ejemplo, la abolición del Laboratorio de Citología, Histología y Embriología, dirigido por N. P. Dubinin, por "no científico e inútil' El laboratorio de Citología Botánica del mismo Instituto se cerrará por las mismas razones. Los seguidores de la genética morgano-weismanniana habrán de ser sustituí-dos por los partidarios de la biología progresiva michuriniana, ya que según una declaración explicativa en cierto número de Institutos de la Academia, la Genética formal no ha sido combatida con suficiente energía, ya que Lysenko "ha demostrado la inconsistencia de la teoría idealista reaccionaria de los seguidores del Weismannismo".

"Considerando los puntos de vista morganis-tas como 'completamente extraños a la concepción que el pueblo soviético tiene del mundo', y que "la ideología weismanniana-morganista es idealista y antipatriótica', nada sorprende el siguiente fragmento tomado de una declaración del *Praesidium*.

"La orientación materialista de Michurin en biología 'es la única forma de ciencia aceptable', ya que está basada en el materialismo dialéctico y sobre el principio revolucionario de modificar la naturaleza en beneficio del pueblo. La enseñanza idealista weismanniana-morganista es pseudocientífica porque está fundada sobre la noción del origen divino del mundo y admite las leyes científicas eternas e inalterables. La lucha con las dos ideas ha tomado el aspecto de la lucha de clases ideológica entre el socialismo y el capitalismo, en el campo internacional, y en menor escala, entre la mayoría de los científicos soviéticos y una insignificante minoría de científicos rusos, que todavía conservan rasgos de la ideología burguesa. Esto no es un compromiso. El Michurinismo y el Morgano-Weismannismo no pueden reconciliarse"[104].

El crecimiento de las investigaciones es un objetivo universal de primera línea, lleno de prestigio y de atención.

En la República Argentina encontramos, por ejemplo, el proyecto de ley de los senadores Loyola y Luco (diciembre de 1946) para crear el Instituto Nacional de Investigaciones Físicas y Químicas, dependiente del Ministerio de Justicia e Instrucción Pública; y el de los Senadores Mathus, Hoyos y Soler (septiembre de 1946) para crear el Instituto Superior de Investigaciones Científicas, como ente autárquico, dependiente directamente del presidente de la nación.

En los fundamentos de esos proyectos abundan las proyecciones deslumbrantes de esa investigación gigantesca que ha crecido en los países que en los últimos decenios han ido a la cabeza del progreso científico experimental y en los que el esfuerzo investigador aparece impulsado y sostenido en gran medida por empresas industriales.

No vamos a prolongar la fatigosa información del cuadro que la investigación científica ofrece hoy en el mundo, refiriéndonos a otras instituciones, como el organismo holandés *Toegepast Natuurwetenschappelijk Onderzoek,* T. N. O.; el *Instituto para a Alta Cultura,* de Portugal[105]; la *Fondation Universitaire,* de Bélgica; el *Consi-glio Nazionale delle Ricerche,* de Italia; el *National Research Council,* de Canadá. Lo dicho basta para evidenciar cómo la organización de la investigación científica constituye hoy un arduo problema que preocupa a todos los países que van a la cabeza de la civilización. Recogemos unos cuantos trozos de ese desarrollo científico, de ese crecimiento investigador multiforme, que es carácter firme de la actividad intelectual de nuestro tiempo.

España.— Existe una copiosa literatura dedicada a negar la capacidad de los españoles para la producción científica. El fundamento principal de esta tesis radica en el hecho de la escasísima participación española en el gigantesco desarrollo científico, que tiene lugar en el siglo XIX. De él arrancan nuevas ciencias, otras adquieren su sólida cimentación, se suceden descubrimientos rotundos y avances continuos, y en toda esa magna elaboración investigadora apenas se aprecia la presencia de los españoles.

Frente a este hecho cabe señalar el valor de las figuras —poco divulgadas— que impiden sostener tal generalización. Es más cómodo y más brillante el camino de los juicios globales que el estudio analítico de figuras insignes, individualidades muy destacadas aún en un cotejo mundial de la producción, de las que algunas fueron culminación aislada —caso de Ferrán, el primero que vacuna con bacterias al hombre—, y otros fundadores de escuelas científicas actuales: Codera en el arabismo, Torroja[106] en la Geometría, Hiñojosa en la Historia del Derecho[107].

En el campo del Derecho, en la segunda mitad del siglo pasado, se producen en España leyes que constituyen —algunas inician— la estructura jurídica del país, con tan aquilatada valoración que hoy seguimos por sus cauces esenciales. En cuarenta y cinco años se establece toda una legislación fundamental, aparte de leyes como el Concordato (1851) y la Constitución (1876)[109].

La historia de la Geología en el pasado siglo ofrece figuras de primera línea, de altura verdaderamente internacional[85]. Nombres como los de Lucas Mallada, Luis Mariano Vidal, Jaime Almera pueden parangonarse con los geólogos europeos de la época. Y no se trata de excepciones: con ellos pueden enumerarse docenas de geólogos eminentes que en el Instituto Geológico y en la empresa del Mapa Geológico, en la Universidad y en el Seminario de Barcelona, constituyeron nuestra actual Geología.

En veinte años, a través de todas las dificultades, de la falta de estudios previos, de las deficientísimas colaboraciones, de la necesidad de visitar los más apartados lugares, se elaboró el Mapa Geológico de España.

Mallada describe aquel período en su discurso de ingreso en la Real Academia de Ciencias, en 1897:

"¡Qué movimiento, qué hervor en aquel período de vertiginosa actividad, gracias al incansable celo, a la sabia dirección de Fernández de Castro! Por aquellos días, en que se distribuían los volúmenes ultimados y la imprenta componía los originales del tomo siguiente, unos compañeros redactaban sus Memorias y sus notas y preparaban sus planos y sus dibujos, en tanto que otros recorrían miles de kilómetros por toda España. Tal vez se ganó en extensión más que en profundidad; pero todas nuestras montañas, todos nuestros valles, todos nuestros ríos y arroyos, todas nuestras llanuras se cruzaban sin sosiego ni descanso por una juventud a la que alentaba y enardecía tan entusiasta director. Recuerdo, entre otros años, aquellos en que, decidido a publicar su gran Mapa, faltando antecedentes para diversas provincias, nos encomendó a mis compañeros, Sres. Cortázar y Gonzalo y a mí el visitar con la mayor celeridad posible las comarcas más atrasadas. No se borrará de mi memoria el feliz período en que los tres subalternos anduvimos media España, aquel incesante caminar en todas direcciones, aquel afán ele acopiar materiales, aquel desasosiego, aquel vigor ante los cuales una provincia era poca cosa para nuestros bríos y cada uno de nosotros se crecía con bríos y con arranque para atravesar continentes. El mundo entero nos parecía pequeño para nuestra ardiente fantasía.

"Ello es que con el concurso de otros individuos del Cuerpo de Minas y por la feliz coincidencia de que varios geólogos extranjeros practicaran al mismo tiempo investigaciones muy importantes en diversas provincias, la copia de datos acumulados para el conocimiento de nuestro suelo se hizo de tal cantidad, agrandó tanto, que pocas naciones civilizadas nos habrán adelantado proporcionalmente en el progreso de nuestra ciencia durante estos últimos veinticinco años. Otro período de igual intensidad, si fuera posible, nos colocaría entre los países que más adelantada tuviese su Geología. ¿Cabe mayor elogio a la memoria de Fernández de Castro? ¿Hay otro ramo del saber humano que en tan corto tiempo haya progresado tanto en España?"[110].

Así pudo escribir un geólogo francés: "Algunas personas poco familiarizadas con el progreso de las Ciencias en el extranjero, se imaginan que España permanece fuera del movimiento científico y que la Geología particularmente está completamente descuidada"... "A sus ojos, ésta sería un campo inculto, una tierra nueva, *térra incógnita,* donde todo estaría todavía por descubrir. Nada más contrario a la verdad"[111].

Ahora bien, ¿cómo fue posible esta actividad científica en el campo de la Geología?

En 1818, cinco ingenieros iban pensionados a la Escuela de Minas de Freiberg por iniciativa de Elhuyar; desde 1788 a 1850 habrían salido unos treinta pensionados. Se había fundado en Almadén una Escuela de Minería en 1777; en 1828, en la Dirección General de Minas, en Madrid, había una cátedra de Química, y en 1833 se constituye en la de Madrid la Escuela de Ingenieros de Minas. En 1850 se constituye definitivamente la Comisión encargada del Mapa Geológico de la provincia de Madrid, que fue ampliado luego a toda España, y constituyó en 1870 la Comisión del Mapa Geológico de España, base del Instituto Geológico y Minero de España.

Existían órganos del trabajo científico y hubo una producción científica ejemplar. Cuando se daban condiciones para un desarrollo científico, el desarrollo científico se producía. Sin esas condiciones puede haber en alguna materia trabajos aislados, espíritus investigadores; al margen del ambiente en que trabajan, la privación de medio restará altura, pero elevará el mérito y será prueba evidente de la capacidad del factor humano.

Esto lo podemos ver en el campo de la Botánica. La muerte prematura de Cavanilles y el destierro de Lagasca acarrean una decadencia. Al margen del Jardín Botánico de Madrid, con Colmeiro y sus continuadores, Reyes Proyer y Lázaro Ibiza, se alzan, en Cataluña, Costa y su escuela regional; en Aragón, Lóseos, Pardo Sastron, Echeandía, Zapater; Pau, en Valencia; en Andalucía, del Amo y Mora y Pérez Lara; en Galicia, el P.

Merino; en lo forestal, la obra ingente de Laguna. Asombra el empuje de aquellos farmacéuticos, aislados en sus pueblos, en relación y correspondencia con los más altos botánicos extranjeros. Allá en 1886, a orillas del pequeño Río Martín, en Samper de Calanda, se recibía en la casa en que nació y en que murió Loscos, el pésame que Willkomm enviaba desde Praga. Decía: "Era el botánico más celoso y más benemérito de toda España en nuestros días"[112].

Es más sencillo no tener que fijarse más que en dos nombres, uno de Letras y otro de Ciencias experimentales, que se adentran ya en nuestro siglo, Menéndez Pelayo y Ramón y Cajal, y considerar todo lo demás como planicie yerma. La misma categoría de estas figuras favorece la vulgar visión de tomarlas como excepciones.

Sin embargo, aunque se hiciese el estudio de nuestros científicos de la pasada centuria habría que reconocer la pobreza de la contribución española al progreso de la investigación. Esto, sin embargo, no basta para sustentar la teoría de una incapacidad racial. Frente a esta hipótesis se alzan muchos hechos; por ejemplo, la realidad rotunda de la actuación de los españoles que han ido a trabajar a centros científicos de otros recibía en la casa en que nació y en que murió Lóseos, el pésame que Willkomm enviaba desde Praga. Decía: "Era el botánico más celoso y más benemérito países. Un monumento de erudición y literatura pesa menos para el que busca la verdad, que esta cadena de hechos formada por el trabajo de nuestros pensionados en el extranjero.

Los españoles comenzaron, ya hace años, a penetrar en los Institutos investigadores de otros países y a demostrar, día a día, que no existe ninguna tara mental, ninguna divergencia intelectual que desvalorice su actividad científica. Esto que se lee en unos segundos corresponde a centenares de testimonios. Es frecuente que los pensionados reciban propuestas de incorporación a los centros extranjeros donde trabajan; allí alcanzan consideración, éxitos, que, en lo que tienen de humano, muchas veces quedan en la región ele las satisfacciones íntimas y entran en el sólido e interno fraguado de la personalidad científica. Veinte años de desfile de extranjeros por un destacado laboratorio, no había producido el resultado que encontraba prontamente un español, con la sorpresa admirativa del profesor que le dirigía. Se repiten hechos de esta índole, pero no se catalogan ni exhiben. El hallazgo va a una nota o artículo monográfico y lo conocen los pocos especialistas de la materia. Lo que tuvo de triunfo queda en la relación privada y un día quizá lo extrae, como recuerdo, la conversación amistosa. Por otra parte, como no se descubre América cada día, es natural que estos numerosos testimonios sean casi siempre modestos. Y el pequeño tapiz tejido poco a poco con estos hilos reales no es fácil que alcance la brillantez de unas rápidas pinceladas efectistas, que con ligereza señalen lo contrario.

La producción científica, eso sí, no depende sólo de cualidades intrínsecas del factor personal. Hay que formar este personal mediatamente en los estudios superiores, de modo inmediato en la práctica misma de la investigación. Se necesita,, además, documentación científica, instalaciones, material.

Si comparamos la situación de los estudios universitarios y de las instituciones científicas durante el siglo XIX en España y en los países que han impulsado la investigación, el contraste aparece patente.

Como hay aquí apasionado interés por la política, los vaivenes y cambios, revoluciones y reacciones de otros países encuentran en España europeo reflejo. Como existe un afán político de ordenación jurídica, y paralelamente hay Facultades de Derecho, se produce una amplia obra legislativa fundamental, de categoría equiparable a la de otros países europeos. Hay preocupación por la investigación geológica y salen pensionados, vienen profesores extranjeros, se crean aquí órganos de esa investigación y la Geología marcha por cauces de altura, comparable a la de las naciones que mejor la cultivan. Pero el conjunto de la Ciencia, que carece de vínculos inmediatos y visibles con una actitud omnipolítica, corrió otra suerte.

Las cosas se pueden hacer por variados procedimientos aceptables. El desarrollo científico puede ser obra de entidades diversas, de corporaciones autónomas, de sociedades privadas, o puede llevarse a cabo con el empuje de un poder pú blico centralizador, absorbente. Pero es difícil que se realice si está a cargo de un poder público, absorbente, asolador de la personalidad de las Universidades, que estructura la Instrucción Pública como una rama de la Administración y la pasea por diversos Ministerios (Fomento, Interior o Gobernación, Secretaría del Estado y del Despacho de Comercio y Obras Públicas, Gracia y Justicia, Comercio o Fomento) para convertirla, al fin, en Ministerio independiente, por el que desfilan con rapidez los gobernantes que comienzan, como corresponde a la categoría de "entrada". No hacer ni dejar hacer.

Cuando las Universidades e Instituciones científicas alemanas, inglesas, francesas, establecen cátedras, dotan experiencias, multiplican enseñanzas, dan los pasos concretos y precisos que exige la vida científica, aquí la "Junta creada por la Regencia para proponer los medios de proceder al arreglo de los diversos ramos de la Instrucción Pública", los representantes del progreso, informan en 1813 por la pluma de Quintana sobre lo que debe ser la enseñanza, con retórica vaguedad, alejada de todo aliento de producción científica.

[113]"El orden —se nos dice— exige que todo se haga a su tiempo: se abren los surcos de un campo antes de ponerse a sembrarle, se traza la planta de un edificio antes de proceder a su construcción. Así, es preciso determinar y fijar antes las bases generales de la instrucción pública que arreglar y completar uno por uno los elementos que han de componerla".

Una visión "extensiva" de la enseñanza elemental rebaja el interés que había de promover el progreso científico. Se establece una oposición entre dos cuestiones distintas y se proclama que de las "tres enseñanzas, la primera es la más importante, la más necesaria, aquella en que el Estado debe emplear más atención y más medios"; que todos sepan "leer, escribir y contar" es más importante que la existencia de "muchos Arquímedes, Sócrates y Horneros". Y así, al tratar de la enseñanza superior, llamada tercera, hay que decir que, como se extiende a menos individuos, "puede considerarse como particular".

La idea de la ciencia como producto del trabajo investigador no aparece por parte alguna; la ciencia es un bien que ya tenemos y que hay que distribuir lo más posible. Parece, sin embargo, que se va a levantar una organización mágica, ambiciosa, de toda la enseñanza, cuando con inconsciente optimismo se dice que: "Hasta la desolación espantosa que ha sufrido la Península por la opresión de sus feroces enemigos, destruyendo los antiguos establecimientos de instrucción, o por lo menos dejándoles sin acción y sin recursos, da como allanado el camino para, proceder libremente a la reforma y disminuye la resistencia que las instituciones antiguas, cuando están en vigoroso ejercicio, oponen a su mejora o a su supresión".

Pero llegamos a la enseñanza superior, tercera, y nos encontramos con que se afirman dos Facultades, "la Teología y el Derecho con los estudios auxiliares, y los estudios comunes a una y otra". Una "innovación —continúa informando la Junta— nos ha parecido que convenía hacer en estos estudios mayores, que es separar de ellos la enseñanza de la Medicina y colocarla en Colegios o Escuelas especiales".

Pero, ¿y las demás Ciencias? "El resto de las facultades y profesiones que corresponden a la tercera enseñanza se dará en los colegios y las escuelas particulares que hay ya fundados particularmente para ellas o que se pueden instituir de nuevo. En la mayor parte de los Colegios, ya conocidos, la planta de estudios y sistema de enseñanza están fundados sobre buenos principios, y, que, por consiguiente, no había necesidad de tocar a ellos.

"En cuanto al número y localidad de estos Institutos se asignan cinco grandes escuelas a la Medicina y a la Cirugía reunidas, cinco a las. Nobles Artes, cinco a la enseñanza del Comercio, tres a la Astronomía y Navegación, dos a la Agricultura experimental, dos a la Geografía práctica, una a la Música, otra a la Veterinaria."

Por encima de esa tercera enseñanza, el criterio será restringido en el más alto grado.

"Si los más de los que estudian lo hacen para procurarse una profesión, hay bastantes también que estudian con sólo el objeto de saber, y es preciso a éstos ampliarles las enseñanzas de manera que puedan dar el alimento necesario a su curiosidad y sus talentos en cualquier ramo a que hayan de dedicarse. Pero como esto verdaderamente es un lujo de saber, no conviene multiplicar los Institutos de esta naturaleza, que necesariamente son muy costosos. Basta que haya uno en el reino, donde todas las doctrinas se den con la ampliación y extensión correspondiente a su entero conocimiento, y adonde puedan ir a beberías los que tengan la noble ambición de adquirirlas por entero... Allí (en la capital del reino) tendrán siempre un centro de luces a que acudir..."

Lujo de saber, centro de luces, noble ambición de adquirir por entero el conocimiento de todas las doctrinas. La riqueza del lenguaje no tiene, en esa singular cima universitaria, la más leve acogida para el espíritu investigador, tan ajeno a considerar el saber como un lujo, que puede ""beberse" y adquirirse por entero.

Sin embargo, expuestas ya todas las enseñanzas, se llega a tratar de las pensiones en los "medios y dirección de instrucción pública".

"Quizá se advertirá —se nos confiesa— que no *se* ha alargado tanto la mano como al parecer pedía esta clase de disposición. Pero hemos tenido presente que estas pensiones son premios, y los premios, para ser estimados y producir su afecto, no deben prodigarse mucho; hemos también reflexionado que el Estado, en proporcionar gratuita la enseñanza a todos los ciudadanos, hacía todo lo que debía y podía en favor de la instrucción; que cualquiera otro costo sería un exceso de generosidad y un gravamen desigual entre las atenciones públicas, y por lo mismo injusto; y, en fin, que las excepciones en este punto debían de ser pocas, y sólo en favor de aquellos talentos eminentes de cuya aplicación y cultivo se esperasen con razón bellos y colmados frutos".

Para una visión personalísima, alejada de toda consideración de objetivos científicos, los pensionados deben ser excepciones, premios que sirven para la "emulación" de "discípulos sobresalientes".

Los gobernantes del siglo de las luces no recordaban que en el medioevo otro gobernante, Alfonso X el Sabio, había dicho que: "de los ornes sabios los regnos y las tierras se aprovechan".

211

A los maestros de tales discípulos sobresalientes se les recompensa en otra forma: "hemos creído que una disminución de los años de enseñanza concedida a los maestros que un tiempo determinado hayan dado más discípulos sobresalientes, era el premio más a propósito para recompensar su habilidad y sus desvelos". ¡Buen premio, quitar el mando al general victorioso l Menos mal que "en el caso de que todavía quieran seguir en su útil y digna ocupación podrá, desde entonces, y mientras duren en la enseñanza, señalársele un aumento de dotación igual al tercio de la jubilación que han de disfrutar después, consiguiéndose así el recompensarles sin perder tan pronto los buenos efectos de su laboriosidad y de su celo".

Todavía la organización de la ciencia va a dar un paso más; va a establecer el "grande cuerpo científico", con el nombre de Academia Nacional, en la capital del reino; este cuerpo científico se define "como conservador, perfeccionador y propagador de los conocimientos humanos". ¿Ni aun ahí, como ideal, se va a proclamar la ambición creadora de ciencia? Pues no. El informe de Quintana, incluido en sus *Obras completan* bajo el sintomático epígrafe de "Literatura", no alude con esto a una visión investigadora de las ciencias particulares, sino a una culminación enciclopédica que "no se limita a esta ciencia, a este arte, a este talento; todos los abriga, en los progresos de todos se emplea... A ella irán a con firmarse y robustecerse los ensayos inciertos de la Ciencia que comienza... y ella conservará los descubrimientos sublimes y los principios grandes que la coronan y perpetúan".

Principios, sublimidades, totalización de saberes heterogéneos, unificados por una retórica extensiva, superficial, común. José Manuel Quintana, redactor del famoso informe de 1813, Presidente luego de la Dirección de Estudios, Presidente, al fin, del Consejo de Instrucción Pública, el hombre que interviene decisivamente en los proyectos de reforma de enseñanza para sustituir el oscurantismo por el progreso científico, tiene a su vez una visión superficial, extensiva, retórica del problema científico.

Estos planes renovadores no llegan a implantarse hasta que —ocho años después— el Decreto de 29 de junio de 1821 da el reglamento general de Instrucción pública. Es en esa Universidad Central (que crea el art. 78) en donde, además de la segunda y tercera enseñanzas, se añadirán (art. 79) las siguientes cátedras:

"Una de Cálculo diferencial e integral; dos de Física; dos de Mecánica analítica y celeste; una de Óptica; dos de Astronomía; dos de Zoología; una de Anatomía comparada; dos de Botánica; una de Agricultura experimental; dos de Mineralogía, en sus dos ramas; dos de Química; una de Ideología; una de Historia general de España; una de Derecho político y público de Europa; una de estudios apologéticos de la Religión; una de Disciplina eclesiástica general y de España; una de Historia del Derecho español"[114].

Pero aun esta institución esporádica de unas cátedras no llegó a ser efectiva; derogada la reforma, el plan Calomarde de 1824 establece cuatro Facultades mayores: Teología, Leyes, Cánones y Medicina.

Tentativas y vaivenes, esterilidad: fracasa en 1843 una propuesta de plan inspirado en el de 1821, y no se atreven —progresistas— a implantar esta reforma, ya decretada quince años antes, ocho después de su elaboración.

¿Cómo llegará la política a la investigación si no alcanza a la enseñanza, susceptible de enfoques más populares y oratorios? Entonces, escribe Pío Zabala refiriéndose a las primeras Cortes ordinarias reunidas con arreglo a la Constitución de 1837: "como tantas otras veces después, las pasiones políticas, ganosas de mejor palenque donde ventilar sus pleitos de ambición, hicieron caso omiso de las cuestiones relativas a las instrucción pública para enfrascarse en debates, si de harta menor importancia para el país, más ocasionados a producir las complicaciones y cambios apetecidos por el inquieto partidismo"[115].

La que se dice Facultad de Filosofía —se aclaraba en 1842 en un artículo sobre "Reforma de Universidades"[116]— supone lo que ahora llamamos un Instituto de segunda enseñanza.

El proceso centralizador, absorbente, siempre al margen de cualquier estímulo investigador, sigue en la misma importante reforma de 1845. Ahora son también cuatro las Facultades mayores: fusionadas Leyes y Cánones y separada Farmacia de Medicina, quedan Teología, Jurisprudencia, Medicina y Farmacia.

"En la organización de las Facultades atiende principalmente el proyecto a lo que exige el ejercicio de las profesiones; es decir, a los estudios necesarios para la licenciatura. Esto es lo que interesa a la generalidad de los concursantes; a, esto se dirigen sus afanes, y es, por tanto, lo únicamente indispensable en los establecimientos donde aquellas facultades se enseñan. En más elevada esfera se presentan los estudios que conducen a las regiones superiores de la ciencia? pero su perfección queda limitada a muy pocas personas que, o bien por dedicarse al profesora do necesitan más vastos conocimientos, o bien guiadas por el ansia del saber aspiran a penetrar sus más recónditos arcanos. Para estos estudios reserva el nuevo plan el grado de Doctor, que dejando de ser mero título de pompa, supondrá mayores conocimientos y verdadera superioridad en los que logran obtenerlo. Extender este grado y los estudios que requiere a todas las Universidades, hubiera sido un gasto, sobre imposible, innecesario. Basta para ello una Universidad; y hasta ha de ser aquella en que con mayores medios, más perfección en la enseñanza, se reúnan todas las facultades, todas las ciencias para formar un gran centro de luces que la iguale con el tiempo a las más célebres de Europa, convirtiéndole en norma y modelo de todas las de España. Esta Universidad sólo puede existir en la capital de la Monarquía".

Las mismas ideas centralizadoras, uniformistas, de la vida universitaria; la misma visión del doctorado como costoso y singular remate decorativo; igual ausencia del problema de la producción investigadora.

Las disciplinas más abiertas a la investigación científica, más necesitadas de desarrollo, con menos carácter profesional, Filosofía y Ciencias, no llegan aún a constituir Facultad mayor; es en 1847, cuando, al fin, se establece la Facultad de Filosofía dividida en Secciones: Literatura, Ciencias filosóficas, Ciencias físico-matemáticas y Ciencias Naturales; Secciones que llegan a constituir Facultades distintas, de Filosofía y Letras y de Ciencias Exactas, Físicas y Naturales, en la Ley de 1857.

Cuando la tercera Sección del proyecto ve que "en vano se daría a los estudios la organización más sabia; en vano se crearían numerosos establecimientos, si faltan profesores idóneos que se dediquen con celo y constancia a su importante ministerio", para nada se piensa en la formación de los profesores, no hay más que una cuestión de mejora económica para que "estén rodeados de aquel decoro y prestigio que debe acompañar a los dispensadores del saber, a los encargados de cultivar lo más noble de las facultades del hombre".

La legislación de la segunda mitad del siglo pasado continúa sin tocar el tema de la investigación. En 1859, al publicarse el R. D. de 22 de mayo, que contiene el Reglamento de las Universidades del Reino, de los 227 artículos, hay uno solo, el 100, dedicado a los ejercicios prácticos que requieren algunas asignaturas de las Facultades de Medicina, Farmacia y Ciencias: "los Catedráticos de estas asignaturas propondrán al Decano respectivo la forma en que han de cumplir los alumnos con estas obligaciones y los ayudantes que bajo su dirección superior han de vigilarlos y doctrinarlos"; pero hay todo un capítulo, el 3.º, con nueve artículos dedicados a las Academias que han de reunirse "todos los jueves lectivos, y en las que un alumno leerá un discurso cuya duración no exceda, de veinte minutos ni baje de quince, sobre un tema que se le habrá dado con quince días de anticipación; en seguida le harán observaciones, otros tres discípulos designados con la misma antelación, debiendo durar un cuarto de hora la discusión con cada uno; después se permitirá, por espacio de una hora, que usen de la palabra sobre la cuestión los alumnos que la pidan, no consintiéndose discursos que excedan de diez minutos; y, por último, uno de los Catedráticos resumirá la discusión llamando la atención sobre los defectos en que hayan incurrido los actuantes".

Se enseña a saber decir, no a saber hacer.

Pero no se crea que se implantan los estudios de las Facultades de Filosofía y Letras y de Ciencias de modo eficaz. En el R. D. de 14 de marzo de 1860 se dice: "No generalizado todavía el estudio de las materias que constituyen la Facultad de Ciencias Exactas, Físicas y Naturales, y siendo muy pocos los alumnos que a ella se dedican, es forzoso dejar el planteamiento del período de la Licenciatura en las Universidades de Distrito para cuando el Gobierno pueda ofrecer ventajas positivas a los que sobresalgan en tales conocimientos"... "La de Filosofía y Letras se halla planteada en todas las Universidades de distrito hasta el grado de Bachiller". (Solamente en Sevilla se completa hasta el período de la Licenciatura)[117].

Pasa el tiempo y se consolidan los criterios, abundan las ideas. Un Decreto de 2 de junio de 1873 reorganiza la enseñanza de las Facultades de Filosofía y Letras y de Ciencias, y a los tres meses y ocho días, el 10 de septiembre,, se suspende la ejecución del Decreto. Algo análogo pasa en Derecho, Farmacia y Medicina en 1884; el 16 de enero un R. D. reorganiza los estudios y a los nueve días se suspende su ejecución.

El desquiciamiento de la enseñanza se sigue trasluciendo en múltiples ocasiones. Un Decreto de 22 de abril de 1877 dice textualmente en su artículo 4.º: "Precederán al examen de las últimas asignaturas del período de estudios de la Licenciatura, desde junio de 1878, el examen y aprobación de todas las del año preparatorio". Otro del 17 de marzo de 1882 se refiere a "la costumbre que hace treinta años imperaba, a modo de ley, de nombrar profesores a todos los incluidos en terna, sin distinción de lugar", y dispone que "los opositores a cátedras de Universidades, Institutos y Escuelas especiales y de Bellas Artes que hayan sido propuestos en primeros lugares de las ternas y no hubiesen obtenido el correspondiente nombramiento para las mismas serán colocados en las vacantes de igual asignatura que ocurran en los establecimientos de la misma clase de enseñanza, siempre que no hayan ingresado en el Profesorado oficial mediante nuevos ejercicios".

Podría tal vez creerse que ésta es una severa visión del siglo XIX, realizada desde el rigor científico de nuestro tiempo. Pero no es así. Los elementos de contraste nos son proporcionados por el nivel de la ciencia española en un período inmediatamente anterior y por la situación de la ciencia europea de aquel entonces.

Menéndez Pelayo [118] ha dicho refiriéndose al fin del siglo XVIII: "Lo que entonces se hizo por el progreso de las ciencias nos abruma y nos humilla con la comparación. Ya no enviamos a ninguna parte, con lujo y pompa regia, expediciones de astrónomos, de geodestas y de naturalistas para determinar la figura de la tierra; para levantar en las regiones ecuatorianas los primeros observatorios; para revelar a Europa la flora de Méjico, la del Perú y la de Nueva Granada. Ya no se crean parques de aclimatación zoológica como los de Orotava y Sanlúcar de Barrameda. Ya no salen de entre nosotros químicos que descubran el platino, el tungsteno y el vanadio; ni matemáticos que creen nueva ciencia como Lanz y Betancurt crearon la Cinemática. Ya no es estudio de moda el de la Botánica como en tiempos de Carlos IV, cuando hasta la turba cortesana acudía a oír de los elocuentes labios de Rojas Clemente la exposición de sus arcanos"

Mientras la reforma de 1845 tropieza aquí con grandes resistencias, y las antiguas Universidades consideran las Facultades de Medicina y Filosofía, según un término famoso entonces como "la vil canalla" del mundo universitario, los mismos Boletines oficiales de Instrucción Pública informan sobre el estado de la enseñanza universitaria en otros países. En 1842, por ejemplo, aparece un informe sobre las Universidades belgas de Gante y Lieja, "que se componen de cuatro Facultades: Facultad de Filosofía y Letras; Facultad de Ciencias Matemáticas, Físicas y Naturales; Facultad de Derecho; Facultad de Medicina. En la Facultad de Filosofía y Letras se enseñan las literaturas orientales, la literatura griega, latina, francesa y flamenca; antigüedades romanas, Arqueología; Historia antigua, Historia de la Edad Media y la del país; Historia de las literaturas modernas; Filosofía (Lógica, Antropología, Metafísica, Estética o teoría de lo bello, Filosofía moral, Historia de la Filosofía), Historia política moderna, Economía política, Estadística; Geografía física y etnográfica"[119]. Por aquel entonces en la Facultad de Filosofía de la Universidad Literaria de Barcelona se explicaban las siguientes materias: "Elementos de Matemáticas, Lógica y principios de Gramática general y Aplicación de la Geometría al dibujo lineal; Matemáticas, Física experimental, Nociones de Química y de Geografía físicomatemática; Filosofía moral y Fundamentos de Religión, Literatura e Historia, idioma griego, Retórica y Latinidad"[120]. Todavía, pues, la Facultad de Filosofía sigue siendo aquí un centro de enseñanza elemental, cuando en otros países posee rango universitario.

En 1855 se sigue escribiendo como a principios del siglo "si la civilización consistiese en que un corto número de individuos posea el conocimiento de ciertas ciencias que, por su utilidad o brillantez, merecen justa preferencia, mientras la gran mayoría de los ciudadanos permanece en la más crasa ignorancia, las Universidades serían, indudablemente, sus verdaderos representantes. Mas no sucede así; y débese entender por civilización la masa de luces que se halla esparcida por toda la nación desde las clases ínfimas hasta las más elevadas, participando todas de sus beneficios proporcionalmente a las necesidades que tienen y a destinos que les están reservados en la sociedad a que pertenecemos. No habrá, pues, verdadera civilización en un pueblo, por más que se envanezca con algunos teólogos, juristas o médicos eminentes, si, en cambio, las clases populares no aprenden a leer siquiera, y las demás, cuando saben algo, no pasan de aquellos rudimentos más indispensables para los usos comunes de la vida"[121].

Además del factor humano, la investigación necesita estar al tanto de lo que hacen los demás países; es decir, información bibliográfica. La investigación lleva consigo la importancia de las revistas científicas. No basta el libro, la obra de conjunto en la que se recoge la labor madura de los años; hace falta tener en cuenta cada año, cada mes, los pequeños resultados de los trabajos en marcha. ¿Qué revistas científicas, qué bibliografía investigadora existía en España en toda esa época? Recuerdo que hace unos veinticinco años, para trabajar en algunas Universidades españolas, se tenía que estar pendiente de las colecciones de unas revistas fundamentales que existían sólo en Madrid; pocos años antes, esas colecciones no existían ni aun en Madrid; pocos años después se encontraban en las distintas Universidades, en las que crecía el trabajo investigador. Basta ver como índice global, y especialmente bibliográfico de la situación, el carácter de las tesis doctorales que se presentaban hasta una época que raya en nuestro siglo.

La investigación necesita también instalaciones, laboratorios, instrumentos, medios materiales diversos. ¿Qué había entre nosotros de todo esto durante el pasado siglo?

La visión es desconsoladora. ¿Con qué instalaciones se contaba aquí para fomentar la investigación, no ya fuera de la Universidad, sino en ella misma, y no en remoto tiempo, sino en fecha bastante próxima?

Ramón y Cajal, allá por el año 1894, decía: "Qué desencanto al llegar a nuestro Madrid, donde, por incomprensible contraste, se ofrecen la máxima cultura española con los peores edificios docentes. Habituada la retina a la imagen de tantos esplendores y grandezas, infundíame tristeza pensar en nuestra ruin y antiartística Universidad, en el vetusto y antihigiénico Colegio de San Carlos, en las lobregueces peligrosas del Hospital Clínico, en el liliputiense Jardín Botánico del paseo de Trajineros y en el Museo de Historia Natural, siempre errante y fugitivo ante el desahucio de la Administración"[122].

En 1936 decía Cabrera en su discurso de ingreso en la Real Academia Española: "Para ofrecer una imagen eficiente del pasado y el presente de la Física española, yo traigo a la memoria de aquellos entre vosotros que lo conocieron el barracón levantado en el patio del viejo Convento de la Trinidad, sede del Ministerio de Fomento, donde se alojaba el único laboratorio de Física de que disponía la Universidad Central"[123].

Impone pensar que, por ejemplo, la enseñanza universitaria de la Química tuvo en la Facultad De Zaragoza los primeros laboratorios efectivos, eficientes. Pues esa Facultad de Ciencias de Zaragoza, avanzada de las más, fue organizada por tres profesores que han sido maestros de nuestra generación.

Pero al retraso de la creación legal de estas enseñanzas hay que añadir que la realidad venía mucho más tarde que las disposiciones administrativas impresas. Desde 1781 a 1796 la Sociedad de Amigos del País quiso crear en Zaragoza estudios químicos. Los autorizó Godoy en la Escuela de Ciencias Naturales, que dirigió Jordán de Asso. La cátedra de Química creada en el papel en 1808, tuvo su primer laboratorio oficial en 1874. Pero el Estado se ocupaba más de la enseñanza media, y los gabinetes de Física, Química e Historia Natural del Jardín Botánico se incorporaron al Instituto de Segunda Enseñanza. La Escuela de Química, que brotaba y vivía con empuje local, se aplicaba ya a la técnica: al blanqueo de los lienzos, a los curtidos, a la industria alcoholera, a combatir el mildiu, el oidium y la erinosis; formulaba instrucciones que se difundían por los pueblos. Al calor de la Facultad de Medicina surgió la Escuela Universitaria de Ciencias, cuyos estudios se hicieron oficiales en 1872. Las cátedras oficiales de Ciencias en Zaragoza eran las del preparatorio de Medicina. Se autorizó la ampliación provisional de los estudios en 1882-83. Ante las dificultades que surgían allá donde se debía promover este desarrollo, Zaragoza tuvo y sostuvo "su" Facultad de Ciencias desde 1882 a 1892.

Mientras se disponía por R. O. de 15 de marzo de 1882 que los Profesores de las nuevas cátedras desempeñarían su labor "sin remuneración alguna", aumentaba el número de inscripciones universitarias, el interés por los estudios establecidos.

En 1887-93, cuando se construía el magnífico edificio de las Facultades de Medicina y Ciencias, trató de suprimirse la Facultad de Ciencias —R. D. de 16 de julio de 1892—. Hubo exaltación de los estudiantes frente a esa medida, y el 18 de octubre de 1893, tercer centenario de la Universidad, se abrieron las nuevas aulas. En septiembre de dicho año se estableció la Facultad de Ciencias con plenitud y se dotaron oficialmente sus cátedras[124].

En esa época, sin pensiones en el extranjero, iba a París y a Copenhague el impulsor de la Escuela de Química, D. Bruno Solano, para traer a su laboratorio estudios y técnicas de fermentación alcohólica, selección de levaduras, etc.

El 29 de mayo de 1897, unos dieciséis meses después de que Róntgen descubriese las radiaciones que llevan su nombre, en la Facultad de Farmacia de Granada —alejada del "centro de las luces"—, el profesor Bernabé Dorronsoro desarrollaba su última lección del curso, una conferencia experimental, en la que mostraba diversas radiografías obtenidas con el aparato adquirido en París con dinero que el profesor tuvo que adelantar[125].

Pero *primum vivere*... ¿Cómo iba a arraigar una investigación universitaria si el profesor había de gastar sus fuerzas en las más indispensables exigencias de la organización de la enseñanza?

En la época de nuestros estudios universitarios, una Facultad de Ciencias como la de Barcelona, con toda la amplitud de sus Secciones, contaba con un solo laboratorio. Son profesores actuales, compañeros nuestros, quienes han organizado la diversidad de laboratorios que hoy tiene aquella Universidad.

Faltaban las condiciones elementales de desarrollo; faltaban los medios materiales, instrumentales, bibliográficos; faltaba la formación docente. ¿Cómo iba a producirse la investigación? ¿Para qué achacar a un factor personal intrínseco, de carácter, la deficiencia o ausencia de una investigación que carecía de los más elementales factores de desarrollo?

A principios de siglo se regula administrativamente la posibilidad de otorgar pensiones, que, según un Real decreto de 10 de julio de 1901, habían de ser una anual para cada Facultad, de Derecho, Medicina y Farmacia; otra, por turno, para cada Sección de las Facultades de Ciencias y Filosofía y Letras; otra para las Escuelas Normales Centrales, y otra, también por turno, para la Escuela de Ingenieros. La pensión se concedía por oposición ante un tribunal designado por el Claustro de Profesores de la Facultad o de la Escuela respectiva. Para obtenerla se exigía la nota de sobresaliente en el doctorado y premio extraordinario en el doctorado o en la licenciatura (o en los ejercicios de final de carrera). Comprendía la cantidad fija de 4.000 pesetas por un año y los gastos de viaje en segunda.

Este régimen de pensiones tuvo diferentes modificaciones y fue una de las tareas que determinaron la constitución de la Junta para Ampliación de Estudios e Investigaciones Científicas en 1907.

El presupuesto inicial de esta organización revela esa finalidad predominante, expresada también en el nombre de la institución[126].

La Junta estableció también becas y ayudas para realizar trabajos de investigación dentro de España.

La Junta para Ampliación de Estudios organizó la investigación científica reuniendo los trabajos de Filología, Historia, Arqueología y Arte en el Centro de Estudios Históricos; Geología, Botánica y Zoología, en el Instituto (Museo) Nacional de Ciencias, al que se agregó una Comisión de Investigaciones Paleontológicas y Prehistóricas; sostuvo el Instituto Cajal y varios laboratorios biológicos aislados (de Fisiología general, cerebral, de Histología, de Bacteriología, de Anatomía microscópica); estableció el Laboratorio de Matemáticas y el Instituto Nacional de Física y Química. Estos Institutos y Laboratorios radicaban en Madrid. Fuera creó la Misión Biológica de Galicia. Y tuvo una vida breve la. Escuela Española de Historia y Arqueología en Roma. Es natural que la constitución y desarrollo de estos centros alcanzase importancia creciente y su actividad pasase a ser la principal tarea de la Junta.

En noviembre de 1939 se creó el Consejo Superior de Investigaciones Científicas en el que se cuenta "en primer término con la cooperación, de las Reales Academias, que durante largos años han mantenido el espíritu tradicional de la cultura hispánica, y, por otra parte, con la Universidad que, en su doble cualidad de escuela profesional y elaboradora del desarrollo científico, ha de considerar a la investigación como una de sus funciones capitales". Y se enlaza con los centros de la ciencia aplicada "para aprovechar, en beneficio de la riqueza y prosperidad del país, todas las energías físicas y biológicas de nuestro territorio"[127].

Una de las normas fue "conservar lo que cada uno ha sabido constituir"; otra, "no disociar de la Universidad los centros investigadores"[128].

No sólo no disociar, sino asociar. La Fundación Nacional para Investigaciones Científicas y Ensayos de Reformas, creada por Decreto de 13 de julio de 1931, incluía como primero de sus fines "el fomento de la investigación científica pura y aplicada"; su relación con las Universidades se limitó a subvencionar cinco cátedras de diversas materias en Facultades de Ciencias y Medicina. Hoy existen Institutos del Consejo en todas las Universidades españolas; aparte de la de Madrid, hay más de un centenar de Secciones investigadoras distribuidas en las Universidades.

Se busca, en un afán de amplitud integradora, "que todas las vocaciones de investigación puedan concurrir a esa labor sin que sea obstáculo su clasificación administrativa o su situación geográfica"[125].

La amplitud quizá alcance la crítica de algunos de los que están dentro; la estrechez, la de los que están fuera. Tiene peligros la amplitud; menores que la casta, el grupo, el cuerpo. Hay que abrirse con confianza, hay que otorgar créditos morales que movilicen a quienes estén en condiciones y en disposición de trabajo; el tiempo se encarga de señalar las partidas fallidas. Movilidad para extender y movilidad para excluir, para mantener lo vivo y apartar lo inoperante. Naturalmente, hay que salvar la selección; pero sin incurrir en el exterminio. El verdadero espíritu religioso, universal, católico, lleva a las más abiertas y dilatadas perspectivas; y no como vaga generalización ideológica, sino como concreta actuación, nutrida de abnegación íntima y de caridad difusiva.

Hay empresas humanas, intelectuales, que parece deberían ser muy amplias y, sin embargo, llevan a la estrechez; por egoísmo, por supervaloración propia, por visión excesivamente personal que identifica la excelencia científica con el yo.

No se puede desconocer que, además de la Junta, hubo profesores en distintas Universidades que, con el empuje de su esfuerzo, primero establecieron con seriedad sus enseñanzas, las dotaron de los necesarios medios de trabajo, y sobre la base de esta docencia solvente, eficaz, puesta al día, iniciaron y desarrollaron la investigación en distintas direcciones. Así, por ejemplo, en Arabismo, Historia medieval, Coloidequímica, Química industrial, Electroquímica, Cristalografía, Helmintología hay que contar con la obra personal de investigadores denodados.

El criterio centralista —divergente de lo universitario— que orientó la actividad de la Junta para Ampliación de Estudios impidió la incorporación de estos valores, que no eran de

Madrid -—como no pueden ser las Universidades, excepto una—. Y su importancia se ha hecho patente.

Cuando el Consejo Superior de Investigaciones Científicas ha vinculado a investigadores de todo el país, el crecimiento de la labor científica ha sido considerable. Y se podrá elogiar la sensibilidad, el espíritu de justicia, la amplitud de este proceder del Consejo. Pero no se le puede atribuir la formación de aquellos investigadores que existían ya con anterioridad, y que en la medida que no son *haber* del Consejo, son *debe* de la Junta.

Todos conocen y reconocen la obra investigadora de la Junta. Prejuicios centralizadores impidieron que se abriese a cuantos valores fructificaban en la amplitud del país. Estos, asistidos con ayuda y conexión, hubieran podido rendir más. Todavía en 1948 se puede escribir por un partidario de ese criterio estrecho, plagado de injustificadas exclusiones: "Desgraciadamente, en España será precisa durante algún tiempo una cierta centralización cultural, por no estar la cultura intelectual lo bastante diseminada por la Península, salvo en contados lugares, los cuales, además, no se comunican sino a través de la capital"[130].

Pero en el discurso inaugural de la VI Reunión de la Real Sociedad Española de Física y Química, Gómez Aranda decía: "Es digno de destacar el hecho de que el 45 por 100 de las comunicaciones presentadas proceden de Madrid y el 55 por 100 de provincias. Si consideramos la evolución de estos porcentajes a través de los datos estadísticos de reuniones anteriores, veremos cómo se pasa del predominio casi total de los investigadores de Madrid, predominio que se mantiene muy destacado hasta la Reunión de San Sebastián, a la situación actual en que, sin haber disminuido, ciertamente, la actividad investigadora de los Centros de Madrid, prepondera sobre ella la de los investigadores que actúan en todo el resto del ámbito nacional. Este hecho, queremos insistir en destacarlo, es trascendental. Es la primera consecuencia de la acertada política —por muchos conceptos acertada, pero quizá en primer lugar por éste— del Consejo Superior de Investigaciones Científicas, al fomentar y promover el desarrollo de Centros de investigación científica» en todos aquellos puntos del territorio nacional en que las circunstancias han creado un clima apto para su establecimiento o donde se ha considerado conveniente promover afición a la investigación científica sobre asuntos concretos. Estoy seguro de que el desarrollo de los Centros de investigación dispersos por toda España han de proporcionar días de esplendor a la ciencia y a la técnica española"[131].

El conjunto de las investigaciones científicas que desarrolla el Consejo se distribuyó inicialmente en seis Patronatos: dos dedicados a las ciencias del espíritu; dos a la biología animal y vegetal; uno a las ciencias de la materia inorgánica, y otro a la investigación técnica. Posteriormente se establecieron dos nuevos Patronatos para vincular los Institutos de estudios locales y los de carácter mixto. Cada Patronato reúne los Institutos de las ciencias afines. El Instituto es la unidad de trabajo que se diversifica en secciones, y junto a su delimitación doctrinal posee un área nacional, tiende a reunir a los investigadores de la misma materia esparcidos en el país.

En su comienzo contaba el Consejo con dieciocho Institutos. Su número actual, sin contar los dedicados a estudios locales, es de ochenta y tres. Algunos de ellos son antiguas Secciones de los anteriormente establecidos, que han alcanzado el desarrollo adecuado para convertirse en Instituto independiente.

Una de las áreas nuevas en la organización de la investigación española ha sido la técnica, que tiene en el Consejo, juntamente, entronque y personalidad propia. Por su volumen, por la naturaleza de sus problemas, requiere la investigación técnica esa personalidad, pero su enlace con las demás actividades científicas no es una ofrenda lírica a un ideal de unidad de las ciencias, sino una realidad plasmada en la continua y creciente conexión de los trabajos científicos que se llaman aplicados y puros.

La amplitud de los Institutos del Consejo en las personas y en la geografía ha permitido la amplitud en el objeto de las investigaciones. Se ha recogido todo cuanto existía y se le ha dado crecimiento. Pero, además, se han ocupado extensas áreas a las que no había llegado la organización del trabajo científico. Precisamente esas zonas no cultivadas parecen haber atraído especial atención. Es cierto que sin personas preparadas no se puede establecer una investigación solvente, pero" cuando hay ciencias carentes de ese personal hay que estimular su formación. La investigación no puede abandonarse a un desarrollo de vegetación espontánea, sino que ha de promover la implantación de nuevos cultivos necesarios. Se dice muchas veces, y así es, que la aplicación deriva de la ciencia general.

Una finalidad de la Fundación Nacional para la Investigación Científica y Ensayos de Reformas era "la atracción de las industrias y de los intereses privados para que coadyuve a las investigaciones científicas que más directamente les afectan"[132]. Pero salvo alguna iniciativa personal aislada, la investigación técnica en relación con la industria no ha sido planteada hasta la constitución del Patronato "Juan de la Cierva", Patronato de investigación técnica. En la labor de este Patronato del Consejo Superior de Investigaciones Científicas hay que valorar no sólo sus realizaciones," sino, además, la oscura tarea cimentadora, la superación de las dificultades generales de la investigación y de las de carácter específico de este campo de trabajo: falta de tradición, exigencias de utilidad, sobre todo dislocación en el cultivo de la ciencia y la técnica: inhibición universitaria en la técnica, fijación de la técnica en docencias especiales. El Patronato tiene Institutos propios, establece Departamentos de investigación técnica en Institutos generales, subvenciona, en éstos, trabajos determinados, ayuda a la misma investigación pura.

Pero acaso no se considera bastante entre nosotros el beneficio que la ciencia general recibe por la influencia del campo de atracción de la técnica.

Bajo esta influencia, las ciencias biológicas, por ejemplo, no podrán permanecer en una mera actividad sistematizadora, y se apreciará la fecundidad de lo funcional, de esa convergencia de aspectos que capta con creciente aproximación la complejidad de los hechos biológicos.

Hay orientaciones científicas que parecen aisladoras y otras que se relacionan e intersectan. Y en esos cruces de direcciones de trabajo existen espléndidas zonas de fecundidad investigadora. Duclaux ha escrito que "el éxito de una doctrina nueva no consiste tanto en el desarrollo que ella puede tomar en sí misma como en los servicios prestados a las demás ciencias"[133].

Cualquier exclusivismo hacia la investigación técnica o hacia la pura resultaría hoy debilitante del conjunto científico.

Y es el rápido crecer de la investigación técnica el que está forjando con amplitud y prisas la profesión de investigador.

VI. Finalidad de la investigación

Situación de la ciencia en el mundo moderno

A lo largo de todas esas realizaciones, cuya referencia podría dilatarse larga, muy largamente, fluyen notas comunes, constantes, propias del trabajo intelectual de nuestra época.

La investigación está más que orientada, atenazada, por dos ramas opresoras, articuladas por esta paradoja: necesidad y dominio. Nunca un mundo tan extensamente necesitado, hambriento y sin cobijo, desplegó en manifestación tan gigantesca la fuerza trituradora e irresistible de su poder. Nunca un mundo tan lleno de descubrimientos urgió tantas asambleas internacionales de alimentación, tantas organizaciones de abastecimientos y, al mismo tiempo, tantas reuniones sobre energía atómica. De una parte, el agobio de la nutrición insatisfecha, alambicada en suministro de calorías calculadas, cuadros de deficiencias y carencias, y, de otra, la explosión de una energía asombrosa, desbocada, que una vez suelta por el hombre va hasta donde no se sabe, hasta muchísimo más lejos de donde se hubiera querido.

Por ahí van las grandes preocupaciones de esta hora. El mundo ve que falta el trigo básico del sustento personal y sobra la energía pavorosa de los átomos destrozados. Aquél hace falta para vivir; ésta, para dominar, y también para no ser dominado. Y así el contenido de la investigación científica actual crece vigorosamente en esas direcciones: Física y Biología agigantan sus contornos. Ya no se trata de progreso de las ciencias, sino del servicio de unas necesidades apremiantes. Para ello la doble presión que solicita con agobio y pone, no ya en tela de juicio, sino en juicio condenatorio, el libre afán científico y lo lleva conducido por planes y demandas a plazos apremiantes, mientras, por el otro lado, vierte el caudal de su protección sobre una ciencia que debe renunciar a preguntar y dedicarse a responder.

La nueva investigación ha pasado de constituir un privilegio a formar un servicio; desde la cumbre de la cátedra ha bajado al taller. El investigador, antiguo aristócrata del saber, es ya el profesional que contrata su trabajo. Profesionalizar la investigación tiene su anverso y su reverso.

La nueva investigación es, esencialmente, el desarrollo de la investigación anterior, con sus mismos caracteres fundamentales, con las mismas exigencias de mentalidad, de inteligencia penetrante, de impulso reflexivo, de continuidad laboriosa, de dedicación entusiasta. Pero en el campo abierto del crecimiento científico, en el juego libre de las inteligencias humanas, actúan intensamente nuevas fuerzas, o fuerzas viejas excitadas y mucho más potentes; fuerzas económicas y políticas, empresas privadas e intereses nacionales.

Sir Henry Tizard ha sostenido que los conocimientos alcanzados por las ciencias físicas se acumulan con mayor rapidez de la que pueden aplicarse a la industria, y ese remanso de saber no utilizado ha de inclinar a una dedicación hacia las aplicaciones de lo conocido, más que dilatar los límites de la Ciencia. El saber científico avanza mucho más que su conversión en práctica, e Inglaterra necesita esa ingeniería que aplica, mucho más que la Ciencia pura. Al referirse a la energía atómica, dijo: "No creo que nadie sea lo bastante precipitado para profetizar qué descubrimientos de verdadera importancia industrial resultarán de las investigaciones en curso; pero sí afirmaré que la producción de fuerza a base de uranio no puede reportar a Inglaterra dentro de veinte años los beneficios económicos que le reportaría la aplicación práctica de los métodos ya conocidos de economizar carbón"[134].

Apremio y necesidades del momento dan al movimiento investigador un tono en el que no sólo no aparecen las ciencias del espíritu, sino que en las mismas ciencias de la naturaleza se rebaja el valor de lo puramente científico ante la conveniencia de sacar rendimiento actual a los conocimientos poseídos. Pero hay quienes proclaman esa vinculación. E. U. Condón, director del *Bureau of Standars* de Washington, en la reunión celebrada por el Consejo de Laboratorios Comerciales de América, en diciembre de 1947, terció en la discusión sostenida en Estados Unidos acerca de si las llamadas ciencias sociales deben ser integradas o no en la organización de la investigación científica proyectada. Condón terminó con estas palabras: "Las ciencias, como todas las actividades humanas que buscan la verdad, requieren ambiente libre, un ambiente, sobre todo, libre de temor, de arbitrariedad y de tiranía. Lo que persiguen las ciencias no es, fundamentalmente, otra cosa que la busca de verdades. En último análisis, todas las actividades del hombre están subordinadas a lo que suceda en su espíritu, a su bienestar espiritual, porque *¿qué aprovecha al hombre si gana el mundo y pierde su alma?"*[135].

En la sesión inaugural del Consejo Superior de Investigaciones Científicas, celebrada en octubre de 1940, el Ministro de Educación Nacional, profesor Ibáñez Martín, señaló las dimensiones que otorgamos a nuestra Ciencia, como esfuerzo de la inteligencia para la posesión de la verdad, como aspiración hacia Dios, como unidad filosófica, como realización del progreso, Ciencia de valor universal, "a cuyo universalismo responden en cadena trabada los eslabones apretados que forman como su entraña y contenido". Y junto a ese valor universal de nuestra Ciencia trazó su valor nacional como aglutinante para la unidad política, como forjadora del espíritu nacional, como servicio del interés público personalizado en el Estado, como impulsora del servicio de la Patria, y para esa finalidad se había creado el Consejo Superior de Investigaciones Científicas, orientado por "esa síntesis y armonía del valor universal de la Ciencia representada en nuestra tradición, y el sentido nacional de una actividad científica puesta por entero al servicio de los intereses actuales de la Patria". Y marcó luego las dimensiones científicas de la labor del Consejo: el mundo inorgánico, el mundo de la vida, las ciencias del espíritu, cultivados cada uno de estos grandes sectores por Institutos especializados.

La enumeración de los Institutos distribuidos en diversos Patronatos atestigua esa extensión completa en la que ninguna dirección científica queda excluida. No se trata, por tanto, de una de esas instituciones tanto más polarizadas y estrechas cuanto más vinculadas a una concepción o a una realidad totalitaria de la política nacional. Cuando vemos que el mayor reconocimiento que se realiza en el mundo de las ciencias del espíritu es discutir si pueden penetrar en la organización de una institución científica, aquí se planta el árbol de la unidad de las ciencias. Y ese símbolo ha sido realizado con obras. Basta considerar el conjunto de libros y revistas. Basta ver cómo en los altos de la calle de Serrano se eleva la sede central del Consejo y junto a ella la historia española realizada en el mundo, la Física y Química que inquieren la intimidad de la materia; las ciencias que investigan todo eso que podemos comprender en la designación planta y suelo, desde la estructura de donde arranca la tierra cultivable hasta los mecanismos de la nutrición y reproducción vegetales. Allí están las Ciencias Naturales, las Culturas modernas, la Pedagogía y la Filosofía; naturaleza, cultura, espíritu que acaba por trascender de todas las limitaciones y necesita un templo, del Espíritu Santo, en el que un relieve del ábside representa el poder de la Creación, dos imágenes simbolizan la elevación de la sabiduría humana hasta las cimas de la santidad, y los rojos mármoles forman como el pedestal de las figuras que reciben el fuego de amor de Pentecostés. Poder, Sabiduría, Amor.

La investigación es la vida de la Ciencia. Pero en el mundo hay otras cosas y otros valores que no son la Ciencia: por encima de la vida de la Ciencia está la ciencia de la Vida. Por encima de la diversidad profesional y de la diversidad investigadora está la unidad de lo humano, y el investigador, antes que investigador, es hombre. La ciencia de la Vida tiene sus problemas hondos. Quizá tengan superficial solución temporal en días de euforia y de brisas halagüeñas; pero hay que pensar con universalidad y con permanencia. Ninguna investigación ha podido extirpar de la tierra la universalidad del dolor; ninguna fórmula científica puede explicarnos la finalidad del dolor. No sale de los libros algo que nos explique para qué sirve el desgraciado, el enfermo incurable. Y en vano podrá llegar a reducirse ésta o aquella lepra o desgracia material ; la realidad es que la cantidad de sufrimiento que lleva consigo la humanidad no disminuye con la civilización.

La investigación tiene importancia; pero hay otras muchas cosas en qué pensar y en qué actuar. El mundo necesita algo más que saber: necesita alegría, alegría honda, capaz de superar todas las crisis y todas las angustias, superior a la enfermedad y a la muerte, efluvio de alegría jugosa, que es don divino traído a los hombres de buena voluntad en la noche de Belén.

La investigación es anhelo de un más allá, insatisfacción de lo conocido y de lo dominado, deseo de caminar buscando verdades. Y las verdades son caminos para la Verdad. Como a los Magos de Oriente, la luz lleva a la Luz.

En el mundo hay dos hechos de muy destacado relieve: de una parte, el asombroso desarrollo científico moderno; de otra, el insospechado nivel alcanzado por la tragedia y el dolor humanos.

Una época de intelectualismo ha desplegado, en efecto, todo el curso de una actividad gigantesca y fecunda. A la lucidez de sus descubrimientos, al fulgor deslumbrante de los acontecimientos científicos, en que ha sido pródigo el siglo XIX, siguió la sistematización colectiva de los estudiosos: una labor investigadora cada vez más ordenada, más rica en operarios, más dotada de instrumentos, más ambiciosa de objetivos, más profunda y más dilatada.

La Universidad alemana constituyó su profesorado con figuras científicas que honda y pacientemente iban elaborando la Ciencia en crecimiento; cada cátedra pasaba a ser un Instituto investigador: revistas de estrecha especialización irían recogiendo el goteo continuado de los laboratorios y archivos hasta formar caudales bibliográficos que iban surcando el área del conocimiento para modelar nuevas ciencias, como los ríos que abren y fertilizan valles y vegas. Y si a ese trabajo cada vez más potente se le dota de estas dos condiciones, continuidad y solidaridad, se comprende la magnitud de la construcción alcanzada. Una voraz exigencia de investigación científica constituía órganos específicos dedicados exclusivamente a esta tarea ingente.

Con mayor o menor sistematización, el desarrollo científico seguía cada vez más alto en otros países. De las Instituciones inglesas surgían trabajos decisivos: Universidades, Sociedades, Fundaciones, un rico florecimiento de entidades científicas llevaba el pensamiento inglés a triunfos sucesivos en las ciencias experimentales.

El prodigioso crecimiento de riqueza y población de Norteamérica, aquellas oleadas de emigraciones colonizadoras que estaban constituyendo un país gigantesco, establecieron sus Universidades, que aprendieron rápidamente la técnica europea.

De cada foco de cultivo científico salían extranjeros que inocularían en su país la inquietud de esta magna fermentación intelectual, o serían los mismos tejidos trasplantados para un pronto desarrollo de las enseñanzas importadas; así, en pocos años, Japón se vinculaba a la corriente investigadora mundial. Diversas naciones constituían sus organismos para incorporarse a ese movimiento científico dominante.

Son los años de exaltación intelectual. La inteligencia, triunfadora, ratifica sus conquistas, tomadas como partida para avances ininterrumpidos. Y esa culminación trasciende a la vida y la encauza y la absorbe. Cualquier otro valor humano queda relegado ante el dominio de lo intelectual. La inteligencia fue llamada a presidir una nueva etapa. Cuando pasaron los flujos y reflujos de la revolución dieciochesca, vino el triunfo arrollador de lo intelectual. El progreso científico fue la gloria de un período orgulloso de crecimiento, exaltado de saber. Todo lo que se sabe habrá que cernerlo severamente por el cedazo racionalista. El trabajo científico prendía en hervor las Universidades, los Institutos, las Sociedades y Academias. El auge de la investigación estaba modelando un mundo nuevo. ¿De qué podrá presumir el hombre con más halago que de "cerebral"? Destrozadas las inconsistencias del romanticismo, el hombre se siente fortalecido en su posición racionalista, halagado en su engreimiento de frío pensador. El amor era el "hazmerreír" de las encuestas juveniles intelectuales; arrumbado en el ridículo, lo que importa es entender, conocer, saber. El corazón había pasado al reino de lo cursi. Si la inteligencia estaba edificando un mundo nuevo, era justo que lo gobernase. Por otra parte, la inteligencia es ancha en sus objetivos y todas las materias podían venir a que las abarcase y redujese. La religión, la moral, la belleza, el arte, todo podía ser formulado en términos exclusivamente intelectuales. La inteligencia volcaría en la noche del pasado todo cuanto no dominase; lanzaría sus legiones sobre todos los campos para alumbrar ciencias nuevas, para penetrar y extender y elevar los conocimientos en la gloria de un renacer pluridimensional, realizador de los más insospechados descubrimientos. Los hombres dedicados a esas tareas, llamados ya intelectuales, formarían como una casta privilegiada con sus fueros y sus prerrogativas, con sus libertades y sus exclusivismos. Si existía una sola culminación humana, la elaborada por la inteligencia, es natural que la mujer no se considerase al margen de este supremo valor.

Pero la humanidad no se siente feliz; no sólo eso; se siente defraudada. Desde una y otra cima del mundo del saber, brotan voces que contrastan, junto al desarrollo científico, la ausencia del progreso moral. El auge científico aparece junto a la negrura de la desgracia. A la "ilustración" ha seguido el "oscurecimiento", al brillo confiado de la *Aüfklamng* la pavorosa negrura del *Verdunkelung* con que las ciudades se protegen de los bombardeos. Y esa negrura se quisiera ver atravesada por algún rayo de bondad. Las Universidades pletóricas, los Institutos investigadores en siembra progresiva, las revistas densas y continuas, las reuniones científicas acuciantes y triunfadoras, todo aparece como un inmenso aparato que, al producir Ciencia, enseña a producirla a las nuevas generaciones, encauzadas por poderosos magisterios. Algunos se atreven a pensar que, junto a esa enorme forja que hace de cada hombre un intelectual, ¿dónde está la organización del bien que haga de cada hombre una buena persona? Y no hablemos de situaciones morales más altas: el heroísmo, la santidad, pasaron también a ser conceptos que la Ciencia discutía y definía, pero no producía. Sólo había un mal: el oscurantismo. Y un bien: la ilustración.

ORDEN FÍSICO Y DESORDEN MORAL

Existe un contraste entre el orden natural admirable, cada día más conocido por el asombroso desarrollo de las investigaciones científicas, y el desorden humano; entre el cosmos de la naturaleza y el caos de la sociedad y de las naciones.

Carrel ha escrito que: "Aprendiendo el secreto de la constitución y de las propiedades de la materia, hemos logrado el dominio de casi todo cuanto existe sobre la superficie de la Tierra, excepto nosotros mismos.

"La ciencia de los seres vivientes, en general, y la del individuo humano, en particular, no ha hecho tan grandes progresos" [136].

Muchas veces el trabajo intelectual se desarticula y desequilibra, se derrama por visiones subjetivas discordantes, ricas en pugnas y antagonismos; por culturas partidistas y fragmentarias, polarizadas, reacias a integraciones ecuménicas, a convergencias comprensivas, a la objetividad de los cultivos trabajosos, hechos de roturaciones y siembras, de luz y de agua, de lentos crecimientos y finos metabolismos, en los que se conjuga la imperfección humana con los impulsos de superación. "La objetividad es la primera condición de la unidad" [137].

Frente a las deformaciones nacionalistas hay que proclamar lo que nuestro país enseñó al mundo: no somos completamente extranjeros en ninguna tierra habitada por hombres, y al mismo tiempo somos, en nuestro propio país, aquel divino extranjero, portador de valores eternos, que cruza el mundo de lo limitado con aspiraciones infinitas. Se ha erguido un mundo intelectual y se ha desquiciado el mundo moral: esa inteligencia balbuciente, juzgada como incapaz de aprehender los objetos en su realidad precisa, ha levantado gigantescas estructuras coordinadas y en marcha, monumentos de coincidentes armonías, culminación de una objetividad científica, que luego, independizándose con rebeldía, ha salido de cauce en desbordamientos catastróficos.

Han sido los "descubrimientos", no las emanaciones subjetivas, las que han ido levantando un edificio, cuyo estilo no se podía prever. Lo han impuesto las realidades existentes "descubiertas". A pesar de la inundación subjetivista, firmes sillares reales han ajustado construcciones enhiestas en el mundo del conocimiento, las ciencias han seguido edificando en el piélago de la "crítica", pero el orden moral, puesto al parecer a salvo en la lancha de la razón práctica, ha crujido en desquiciamiento desolador.

Pío XII ha expuesto el contraste con lucidez lacónica y efusión paternal: "Vuestra Ciencia ¿no es un brillante reflejo de la ciencia divina escondida, que habla y resuena desde el seno de las cosas? Y, sin embargo, en manos de los hombres, la Ciencia puede cambiarse en hierro de dos filos que sana y mata. Dad una mirada a los campos y a los mares ensangrentados, y decid después si era para esto para lo que Dios omnisciente y benigno hizo al hombre semejante a sí, lo redimió de la culpa y lo renovó con celestes favores, y si le dio tan alto entendimiento y tan cálido corazón para no ver en el hermano sino un enemigo" [138].

"Vosotros contempláis tal orden universal, lo medís, lo estudiáis, y veis que no puede ser fruto de ciega y absoluta necesidad, y tampoco del azar o de la fortuna; el azar es un parto de la fantasía; la fortuna es un sueño de la humana ignorancia"[139].

Esta visión del orden natural tiene la más serena confirmación en la historia científica de los tiempos modernos.

La contemplación del desarrollo científico de nuestro siglo marca un interés creciente por la forma y disposición de las cosas. Un período químico analítico nos había dado la composición, y una visión materialista creía ver agotado así el concepto real de las cosas. Pero los objetos, como las ciudades, no tienen sólo reunión de partes más simples, agregaciones de elementos, sino además un plano, un orden de distribución, unas posiciones centradoras de otras. No nos interesa sólo lo que hay, sino cómo está. La Química ha tendido sus puentes hacia la Física, la composición ha tendido sus puentes hacia la estructura. Y la palabra estructura llena el lenguaje científico moderno. Estructura del átomo, estructura de los cristales, estructura de los complejos, estructura de las células, de los cromosomas.

Pasamos de lo amorfo a lo ordenado, a un orden que resulta de la integración de objetos discontinuos. La Química habla de átomos, la Biología, de células y cromosomas, y hasta la Física proclama la discontinuidad de la energía. Aquella visión imprecisa y gelatinosa que ha dominado en la Biología evolucionista ha sido sustituida por la admirable arquitectura de la Genética, rica en precisiones y repujada de detalles. Se ve en las cosas una estructura, un orden, un plan, el desarrollo de un pensamiento creador.

"Seguramente no hay problema que interese y ocupe hoy tanto a los más eminentes escrutadores del mundo natural —físicos, químicos, astrónomos, biólogos y fisiólogos— y hasta a los modernos cultivadores de la filosofía natural, como el tema de las leyes que rigen el orden y la acción de la materia y de los fenómenos que se operan en nuestro globo y en el universo"[140].

He ahí otra vez el contraste entre las maravillas del mundo natural y el caos del mundo de las humanas rebeldías. Pero el orden no es el colapso o el simplismo; no es la mecánica envoltura de lo inoperante. Hay un orden, una cristalización, que es la muerte. Un líquido puede enfriarse progresivamente, alcanzar la temperatura de solidificación y cristalizar, pero también se le puede hacer saltar esa zona de temperaturas y entonces se solidifica amorfo. T. B. Luyet nos ha mostrado que si esto se hace con algunos seres vivos, el paso por esa ordenación molecular del sistema es la muerte; mientras que una brusca congelación paraliza, interrumpe la vida, pero no desarticula la estructura vital, no impone un orden mortal, y con una rápida elevación de temperatura vuelve la actividad. Si se orilla ese paso por la cristalización, el proceso es reversible y la vida no se extingue a temperaturas muy bajas. Pero si hay cristalización hay muerte [141].

Un día, Uesküll asiste a un concierto. Mengelberg dirige una sinfonía de Mahler. Junto a él un joven sigue la melodía con la partitura abierta, embebido en la lectura musical. Uesküll no entiende qué aditamento puede traer la lectura a lo que está entrando a raudales por la vía directa del oído. Y pregunta al joven músico, y éste le explica que "la voz de un hombre o de un instrumento es en sí un ser, pero merced al punto y contrapunto con otras voces se funde en una forma superior, que por su parte continúa elevándose, aumentando en belleza y riqueza, para ofrecernos como totalidad el alma del compositor. En la lectura de la partitura puede seguirse el engrandecimiento y ramificación de las diversas voces que, semejantes a las columnas de una catedral, sostienen la bóveda universal. Solamente así puede verificarse la forma plural de la obra de arte interpretada.

"Estas palabras, expuestas con gran convicción, despertaron en mí —dice Ueskull— la idea de si quizá la finalidad de la Biología sería la de escribir la partitura de la naturaleza"[142].

Cuando necesitamos hacernos un traje, escribe el mismo Ueskull, vamos al sastre y éste nos toma medida, pero a nadie se le ocurre pensar que la araña ha tomado la medida a la mosca para hacer una tela que en la distancia y en la disposición y en la elasticidad y en el revestimiento de sus hilos converge a una finalidad, a la no fácil tarea de atrapar las moscas.

"Todo lo que llamamos en sentido elevado inventar —ha escrito Goethe—, descubrir, es actuación, ejercicio significativo de un sentimiento originario de la verdad que, largamente desarrollado en silencio, conduce de improviso con la velocidad del rayo a un conocimiento fecundo. Es una revelación que, viniendo de dentro, se manifiesta ante lo externo y hace presentir al hombre su semejanza con Dios. Es una síntesis de mundo y espíritu que da el más radiante testimonio de la eterna armonía de la existencia" [143].

"Porque los atributos invisibles de Dios resultan visibles por la creación del mundo, al ser percibidos por la inteligencia en sus hechuras; tanto su eterna potencia como su divinidad" [144].

En las cosas humanas, en el mundo intervenido por la libre actividad del alma humana, una fuerte inquietud busca un orden. En amplias latitudes ha quebrado una constitución basada en una masa amorfa, individualmente integrada por un contrato social. La diversidad de empujes producidos por la suma de voluntades individuales se resuelve aplicando las leyes de composición de fuerzas. Cuando un vector tiene una dirección de x grados a la derecha y otro de y grados a la izquierda, la resultante es la diagonal del paralelogramo. Pero la diversidad de empujes se multiplica y hay que ir realizando las sucesivas composiciones. Esta mecánica parece perfecta pero las dificultades aumentan, la demagogia atrae, las divergencias se ensanchan, y a medida que el ángulo de los vectores es mayor, la resultante tiene menos valor.

Y llegó el momento de la oposición, de las fuerzas contrarias, de la imposibilidad del paralelogramo, de que sobre la diversidad dispersa triunfe la fuerza única, buena o mala. Y cuando los países han recorrido este proceso, han buscado un orden y una estructura. Sistemas de estructura nacional, orden europeo, sociedad internacional, deseos de pasar de la fracasada amorfía de los individuos o de las naciones a una estructura. Pero las estructuras que descubrimos en la naturaleza son la obra de Dios, en la que refulge juntamente su omnipotencia y su omnisciencia, y en estos intentos de las estructuras sociales entra esta voluntad humana, que arrastrada por la pasión, *embravece las naciones y hace que los pueblos maquinen vanos proyectos*[145].

Hay países que quieren vivir sólo de principios; otros sólo tienen en cuenta conclusiones. Estos, escépticos o dispersos en lo básico, actúan a *posteriori,* necesitan palpar el resultado de la experiencia, las derivaciones de los hechos; por eso están expuestos a llegar tarde. Y los primeros, firmes en lo fundamental, si se quedan en los principios, si hacen de ellos bandera que se enarbola más que vida que crece, trazan teorías por el panorama del país, sin preocuparse de que sea montañoso o llano, húmedo o árido, indiferentes a todo dato peculiar, a toda noticia concreta, a toda complejidad real, que exija elaboración y pueda perturbar la altura del vuelo; así se esterilizan los principios que no llegan a trabar relación con las realidades en que debieran arraigar.

La crisis del cientifismo

La quiebra íntima y anárquica a que nos llevó todo el moderno proceso, corrosivo del orden cristiano, la deshumanización de los valores humanos para erigirlos en idolillos independientes, no en constituyentes de la personalidad humana subordinada al orden divino, hizo emerger a la Ciencia como uno de los mitos de la restauración pagana. Da lástima o risa leer esas obras del siglo XIX en las que se asegura el bienestar de la humanidad por el progreso de la técnica.

El progreso del género humano era una consecuencia natural del progreso científico. Claramente lo exponía ya Fichte en su cuarta conferencia sobre el destino del hombre y el destino del sabio: "El fin de todo conocimiento humano es el ya indicado:

cuidar que por medio de ellos las naturales disposiciones humanas se cultiven, y se desarrollen, y así se nos revele el verdadero destino del sabio: vigilar el progreso general del .género humano y el constante fomento de dicho progreso. Procuro, señores, no dar rienda suelta a mis sentimientos ante la idea que aquí expongo: el período de la fría investigación no ha terminado aún. Pero quiero indicar de pasada lo «que haría aquel que quisiera detener dicho progreso de las ciencias. Y digo haría porque no sé si tales personas existen. Del progreso de las ciencias depende inmediatamente todo el progreso del género humano. Quien detiene aquél, detiene éste, y quien detiene éste, ¿cómo habrá de ser juzgado por sus contemporáneos y por la posteridad?"[146].

Y Charles Richet profetizaba todavía en 1923: "No cesaré de repetir con toda la energía de una convicción profunda desarrollada por la reflexión: el porvenir y el bienestar de la humanidad dependen de la Ciencia. Tanto peor para nuestras sociedades humanas si no han comprendido esta verdad evidente" [147].

Las memorias de una poderosísima institución que gasta cifras gigantescas cada año en trabajos científicos en todo el mundo, a principios de siglo señalaban que la felicidad de la humanidad vendría, sobre todo, desarrollando la Física, la Química y la Medicina. Pero llegó la guerra mundial del catorce, y fallidos aquellos pronósticos, se pensó que la humanidad necesitaba equilibrio y esparcimiento, pasto de literatura clásica. Acabada la reciente hecatombe, no sé qué pensamiento se tendrá sobre lo que la humanidad necesita.

Junto al progreso científico no ha corrido el progreso moral. Más aún, el mismo progreso científico ha llegado ya a extremos que no favorecen el bienestar humano, sino que lo llenan de inquietud y de pavor entre los mismos hombres de ciencia. Hoy son ya en primer término los científicos descubridores los que se apartan consternados de los efectos que pueden producir los hallazgos a que llegan.

"En 1942 las investigaciones habían avanzado hasta el mismo grado aproximadamente en Alemania y en América. Se sabía que era posible, en principio, obtener no sólo una fuente de calor y energía para fines pacíficos, sino también una bomba con un poder destructivo previamente desconocido" [148].

La prensa nos contaba cómo Robert Hutchins, canciller de la Universidad de Chicago, describía aquella tarde del 16 de julio de 1945, en la que en el pabellón de Metalurgia de la Universidad se reunía un grupo de investigadores, fijo el pensamiento en que aquella mañana, a las cinco y media, había estallado en el Distrito de Nuevo Méjico la primera bomba atómica. Y ese mismo día, antes de anochecer, 65 miembros de la Facultad de Ciencias de Chicago se dirigían al Presidente de los Estados Unidos para que no pudiese ser usada la bomba atómica. Después de cinco días se trasladaron dos miembros de ese grupo a Washington, porque la carta no había tenido contestación. El 6 de agosto se incorporaba el arma atómica a la guerra mundial. Una densa cortina de recelos, tejida por secretos y espionajes, envuelve el problema. Joliot Curie ha escrito: "El secreto en materia de investigaciones fundamentales presenta peligros evidentes y considerables. Retrasa el desarrollo de la Ciencia. Instaurar el método del secreto es cortar las fuentes, es dividir la producción, detener el curso del progreso. Es también suscitar la carrera de los armamentos. En la ignorancia de lo que hace el vecino se imagina uno que ha encontrado el arma decisiva y se esfuerza por crear un arma más terrible aún" [149].

Otro día se nos habla de los 4.000 técnicos que trabajaban en la preparación de armas biológicas en el Estado de Maryland: veintitrés enfermedades de guerra han sido cultivadas y su extensión puede hacerse rápidamente desde aviones laboratorios. Hay materias tan tóxicas que bastan ser usadas en cantidades muy pequeñas para extirpar todo rastro de vida en extensiones gigantescas y en continentes enteros.

La humanidad observa que todo ese desarrollo magnífico del saber humano no ha llevado las inteligencias hacia concordancias del pensamiento, sino a discordias y luchas, y que los avances materiales han puesto al servicio de la pugna humana medios aterradores.

Al lado de todo el portentoso desarrollo científico hay que considerar el segundo hecho a que aludíamos: la tragedia y el dolor humanos. Los horrores y devastaciones de los países barridos por contrapuestos huracanes de odios no alcanzaron nunca nivel tan alto. Sería demasiado superfluo tratar de insistir en este hecho gigante, múltiple, que llena al mundo de tristeza y de ruina.

¡Qué contraste entre la maravilla del descubrimiento y su dedicación, entre el instrumento y su servicio! Y eso aun sin considerar consecuencias aterradoras. Diríase que el gigante desarrollo científico, puesto de manifiesto en la diversidad de un mundo de aplicaciones técnicas, podría simbolizarse por aquella torre Eiffel que se alzó orgullosa en la Exposición Universal para ser soporte —así la hemos visto al anochecer— de un anuncio luminoso de coches. Subir tan alto para proyectar sobre París las luces de una marca de fábrica. ¡A qué servilismo no ha tenido que descender, al paso de los años, la diosa razón!

En un ambiente de curanderismo supersticioso y de neurastenias delicuescentes y transmigratorias se ha destacado qué cosas se llegan a creer.

Ashby comenta el sensacionalismo propagandístico en que vive la ciencia rusa, y escribe: "Mientras este entusiasmo por el progreso de la Ciencia se mantiene en Rusia, el científico soviético goza de la sensación de estar en el pináculo de la gloria. Pero, ¿cuánto durará este entusiasmo? ¿Se evaporará como se evaporó el optimismo de los científicos Victorianos? ¿Sobrevivirá a la inevitable desilusión de los rusos cuando se den cuenta (como nosotros —los ingleses— nos la hemos dado ya) de que los químicos y los ingenieros pueden proporcionar casi todas las amenidades de la civilización menos la paz y la satisfacción?" [150].

El papel de la inteligencia

En el mundo se ventila hoy el valor de la inteligencia, el valor positivo y constructivo de la inteligencia. Porque existe un orden natural admirable y un desorden humano catastrófico, y si la inteligencia ha colaborado en el desorden, hay que exigirle afirmaciones fecundas. La inteligencia ha de servir para algo más que para exhibir engreimientos, para lucir agilidades, para suscitar inquietudes, para organizar catástrofes, para acotar parcelas exentas de contribución al bienestar social.

La fijeza no parece ser componente esencial de las posiciones intelectuales. Hay defectos que diríase se difunden con más facilidad entre especiales cultivadores de la inteligencia; uno es la veleidad. Un día las clases intelectuales de una región desdeñarán la lengua vernácula y la considerarán confinada a un uso plebeyo. Pero otro día caerán en el exclusivismo opuesto. En las gentes que no presumen de intelectuales no surgen esos conflictos y no hay vaivenes. En ellas se encuentra muchas veces lo que Sánchez Agesta señala como una finalidad de la enseñanza universitaria: "la *formación de un criterio*, de una potencia de comprensión y de con ducta"[151]; pueblos de juicio agudo, de madurez mental, de reflexión y enraizamiento, en contraste con la inconsciencia bullanguera y plástica de zonas que se consideran muy cultas.

Hay inteligencias que saltan con excesiva ligereza entre la rebeldía y el servilismo y trazan itinerarios que incluyen, tranquilamente, lo antípoda. A veces, la noble aspiración del espíritu hacia una visión idealizada choca con una realidad plagada de deficiencias, y viene el viraje. Pero también el cambio se puede producir por móviles más prosaicos y terrenos. El genio podrá tener inquietud, pero no basta la inquietud para que exista el genio. La cooperación —exigencia crecientemente destacada de la investigación científica— impone disciplina, norma común, cauces, respeto, sociabilidad, y hay quienes piensan que basta saltarse todo esto para alcanzar la categoría de figuras.

El sólido trabajo científico no se aviene con esos brotes de impaciencia devastadora; más bien desarrolla ese "fondo constitutivo del hombre que una y otra vez endereza irresistiblemente todo su obrar a los mismos fines, haciendo que los problemas acometidos en la juventud, entre la inconsciencia y el presentimiento, encuentren luego solución en edad avanzada"[152].

La inteligencia ha de seguir su estricto camino monográfico en las investigaciones. Pero al mismo tiempo, ha de entroncarse en una sociabilidad integradora.

Hoy se escuchan ya muchas voces lamentándose de que la Ciencia amenace con destruir a sus mismos creadores. Tom Harrisson ha escrito: "Hasta 1945 la Ciencia era considerada generalmente como un "maravilloso" bien que nos distinguía de nuestros antecesores"... "La Ciencia ha desilusionado a muchos de otros sistemas de opiniones y creencias. Actualmente la Ciencia misma está llegando a ser objeto de desilusión"[153].

No es extraño, pues, que ante la hecatombe universal, expresión de la hecatombe espiritual en que ha vivido el mundo en años de paz humana —estadísticas de suicidios, divorcios, crímenes de las grandes urbes del mundo—, las voces más diversas emplacen a la inteligencia y proclamen su responsabilidad.

Oigamos, por ejemplo, a un escritor americano:

"La incapacidad del hombre para hacer frente a sus crisis, a sus consecuencias, como es la guerra, tiene su origen en la falta de responsabilidad intelectual. El intelectual, el hombre que posee la serenidad que es menester para enfocar los problemas de su tiempo, se ha mostrado en el nuestro como un irresponsable, como un individuo que rehúye el enfocamiento de los problemas que son vitales para una determinada época histórica. Perdido en malabarismos intelectuales, ha considerado los problemas de su tiempo como problemas que le son ajenos, problemas dignos del "hombre de la calle", sobre los cuales no ha querido detenerse. La consecuencia ha sido la que ahora vivimos: el "hombre de la calle" ha resuelto estos problemas a su manera, y esta su manera ha resuelto ser contraria a los intereses del intelectual que se había despreocupado de ellos. El intelectual ha perdido todo el prestigio, nadie cree en él, la confianza ha pasado al demagogo que agita las pasiones. La inteligencia ha perdido su puesto, dejando su lugar a las pasiones. Ahora se trata de que ésta, la inteligencia, recupere su lugar, una vez que se ha mostrado lo que pueden causar las pasiones sin el freno de la razón. Pero para ello es menester una inteligencia responsable, que enfoque los problemas de su tiempo y trate de resolverlos" [154].

La realidad es mucho más grave de lo que indica este escritor uruguayo. No es que la inteligencia, entretenida en vuelos distraídos, haya dejado el campo a las pasiones; es que se ha convertido en su sierva. Hoy la demagogia está servida por la inteligencia; se "organiza" el "desorden". El caos actual no es el producto espontáneo de una inhibición intelectual, sino el fruto sazonado de una civilización superracionalizada.

Calvo Serer ha expuesto que en el Congreso de Filósofos celebrado en Bremen en octubre de 1950, Leisegang señalaba que "el más alto valor del Congreso había sido la discusión, ya que no ise había salido de lo rigurosamente filosófico, entendido como ejercicio estrictamente racional, distinto del que intenta explicar las concepciones del mundo...

... "Si la Ciencia no puede contestar a la cuestión de finalidad y la filosofía tampoco, ¿dónde habremos de buscar la deseada respuesta?" [155].

¿Para qué sirve la inteligencia? ¿Cómo ha podido seguir esos caminos?

En un primer trayecto, la inteligencia ha ido a aumentar los conocimientos y se ha dilatado la llamada Ciencia pura, y luego, cuando esos conocimientos se han hecho más detallados y concretos, han brotado sus aplicaciones. Sin que se puedan separar rigurosamente las llamadas Ciencia pura y aplicada, hay claramente dos móviles humanos en su desarrollo: un simple deseo de conocer y un estímulo de utilidad.

El recorrido de la inteligencia por cada una de estas trayectorias puede ser muy diverso.

La inteligencia puede caminar por esas múltiples sendas del conocer, movida por concentrada soberbia, ansiosa de vanos derrames exhibicionistas, con firme aspiración a ser un escaparate de conocimientos cuya refulgencia deslumbre y ofusque al ingenuo transeúnte. Todo confluye entonces en el engreimiento, y el centro de las cosas y de los hechos diríase que pasa por el área ridícula de una planta humana. En la casual convivencia de un departamento de ferrocarril oí una vez a un viajero, formado al parecer en el estudio del Derecho, esta curiosa teoría, formulada con aires de descubrimiento. En la sociedad —venía a decir— hay dos casos: las personas son superiores a los cargos o los cargos son superiores a las personas. Si ocurre lo primero, brota la altanería, la independencia, la disconformidad rebelde. Si lo segundo, se produce la mediocridad, el conformismo, la adaptación acomodaticia.

Pero las personas son superiores a los cargos cuando la miseria de su visión y la miopía de sus alcances no ven en el trabajo una misión y un servicio, cuando la pobreza intelectual y moral es incapaz de hacer prender en la tarea de cada día llamas de ideal, ofrendas que pueden elevarse hacia los más altos valores.

"Vuestra cultura, por alta que sea —decía el Papa a los universitarios—, no os hace, por sí misma, mejores que vuestros hermanos que veis en oficios más modestos" [156].

El mundo puede verse como basamento de pequeñeces —como uno de esos ricos pedestales sobre los cuales vemos la insignificancia de una estatua—, o puede verse como hilera de problemas que estimulan el trabajo de la inteligencia humana y que si tienen algún valor superior al de una serie de complicados acertijos, será el de mostrar la grandeza del poder creador.

La Ciencia ha sido llevada por rutas de desorientación y también convertida, a veces, en parapeto de sectarismo.

La corrosión del pensamiento español quiso tomar posiciones montañosas centrales para nutrir corrientes de naturalismo. Quiso emponzoñar la montaña con el vaho de sectarios clubs. Pero avanzó poco y ascendió menos. En la reconquista de nuestros días, desde el primer momento, el Guadarrama fue baluarte de España, y durante muchos meses, límite de una patria renaciente. Antes, en los días delicuescentes, en plena batalla de ideas, que precedió a la de las armas materiales, Pemán había dicho: "el siglo pasado quiso hacer de la Historia Sagrada, Historia Natural; nuestra misión es hacer de la Historia Natural, Historia Sagrada".

La misma Ciencia, al ser cultivo de la verdad, se ha ido encargando de romper los mitos edificados a su costa y a aquella cultura general, vaga, amorfa, difusa, que erigió los Ateneos y formó los profesores engreídos y los rotundos oradores retóricos, siguió, en nuestro siglo, la concienzuda y dispersa especialización que trabaja con denuedo y esfuerzo y empuje y medios e inteligencias incomparables, y, con todo, no llega a descifrar la intimidad de un átomo o de un cromosoma. Fracasó el enciclopedismo aparatoso y le siguió un especialismo humillador y modesto. Pero este especialismo disperso necesitaba convergencias, objetivos trascendentales, móviles altos. Necesitaba substancia religiosa. Si no, la inteligencia, perdido el norte de su finalidad más alta, cambia el estudio que lleva a Dios por el que lleva a endiosarse; cambia la técnica que puede derramarse en vías de caridad entre los hombres, por la que hace de los hombres máquinas que un día chocan y se aniquilan. Soberbia y odio.

El mundo vive tiempos gravísimos, gravedad de la que no nos damos cuenta con su mera enunciación general, porque para percibirla necesitamos traer a la memoria el recuerdo de amistades —personas, familias— desgarradas por el dolor, por el hachazo de las pérdidas o por el cierzo helado de las incertidumbres. Pero aunque no fuera así, aunque ya no estén los cañones emplazados donde antes estaban las terrazas del refinamiento, en las orillas plácidas de los grandes ríos europeos —donde las antiguas ciudades apilan sus escombros—, aunque no entrase en juego la reacción del alma conmovida, bastaría la seriedad de la inteligencia para decir que no se puede seguir haciendo devorar al mundo los frutos amargos y tóxicos del diletantismo intelectual.

Hay el justificado cansancio de un intelectualismo egoísta, petulante, inquieto viajero de ida y vuelta... "El siglo XIX —dice un escritor español— sacrificó la igualdad a la libertad, y el siglo XX está sacrificando la libertad a la igualdad, sin que en un caso ni en otro la libertad y la igualdad se hayan realizado tampoco"[157].

Aunque no moviesen el dolor y la ruina, bastarían las veleidades intelectuales —siempre dispuestas a retoñar— para sentir cansancio ante ese vaivén de exhibiciones, ante ese intelectualismo que exige comparecer a los ojos de la pública atención admiradora, para lucir su agilidad en un toreo sin toro. Porque si éste sale, eso ya no incumbe a la exquisitez de las "inteligencias puras": no es eso, no es eso; ni lo uno, ni lo otro.

La Ciencia, el poder y la caridad

La Ciencia se ha desconectado de la finalidad esencial. Dios es caridad, y en la órbita teocéntrica el bien es el valor decisivo, la caridad "no pasa jamás": "es la más excelente de las virtudes culminantes"[158]. Los científicos se han desentendido de sus deberes para con Dios y para con los hombres; han llegado a constituir la seudociencia atea y, despreocupados del bienestar colectivo, aislados en torres de marfil, han hecho no pocas veces del trabajo investigador un medio de cultivo de la soberbia y del egoísmo. Han querido desconectar la Ciencia, dejarla al margen de las necesidades y de los dolores de los pueblos.

Como dice el cardenal Mercier, "considerando la Creación, atribuimos su primer origen al Poder del Padre, el orden a la Sabiduría del Verbo, y las bellezas a la Bondad del Espíritu Santo"[159].

Poder, Sabiduría, Amor. Poder que engendra la Sabiduría; Poder y Sabiduría, de los que brota el Amor.

Se desgarró la Cristiandad unida con un solo Pastor, y ya hemos visto el proceso de la rebeldía. Libre examen para la religión divina y ciega aceptación para la política humana. Era preciso poder interpretar libremente la Biblia, la divina revelación, para acabar aceptando con fanatismo mitos de la voluntad o del fatalismo, libros de combate, armas de lucha política.

Y así esa posición hegemónica de una Ciencia independiente está siendo batida. El curso de las ideas y de las realizaciones culturales, al apartarse de Dios, sufre un replegamiento egoísta y suicida. En cuanto el pensamiento se dirige hacia el antropocentrismo, se entroniza la diosa razón. El saber ha creído que podía desentenderse de ser tributario del bien: ha querido levantar su Babel, desligarse de toda dependencia y de todo reconocimiento divinos y de todo deber de caridad, y, de una parte, la humanidad entera sufre la tragedia de esa crisis moral, pero, además, de otra parte, un saber que no ha querido servir, una altivez que no ha querido doblegarse ante Dios ni acercarse, amorosa, al prójimo, ve derrumbarse su pretendida independencia. El hombre, desde la altura de la posición científica, desdeñó todo lo que fuese ordenación de la voluntad: hacia el bien.

Ya Santo Tomás advertía que en esta vida el amor debe ser el fin del conocimiento[160]. Y es que "el camino seguido por la ciencia humana llevaba la sentencia en su misma soberbia. Hace quince siglos lo había profetizado ya genialmente San Agustín. La Ciencia, decía el obispo de Hipona, si no se subordina a la sabiduría divina —que es también amor y belleza—, termina en una avaricia intelectual, en una concupiscencia del espíritu, mortal para el alma. El Papa, en el Radiomensaje de Navidad ele 1941, se vio obligado a recordar al mundo con inmensa amargura unas palabras del gran filósofo cristiano, porque "si a la fuerza plasmadora del orden material no se juntare una suma ponderación y un sincero propósito en el orden moral, se cumplirá sin duda alguna la sentencia de San Agustín: *Bene currunt, sed in via non currunt. Quanto plus currunt, plus errant, quia a via recedunt.* (Corren bien, pero no corren por el camino. Cuanto más corren, más se equivocan, porque se apartan del camino)".

La historia de la Humanidad, con ríos de sangre y de odio, con ingentes ruinas de ciudades y de almas, está dando un doloroso testimonio del fin a que conduce un espíritu que alardea de independencia absoluta.

La Ciencia ha llegado a ser un factor eficaz de guerras decisivas, un agente poderoso del nivel industrial, del estado de salud, del grado de suficiencia material, de la producción agrícola, de la distribución de salarios, del bienestar económico; es decir, la Ciencia es un instrumento asombroso de poder, y entonces está claro que no puede tener una órbita independiente, y que el poder, que mientras la vio pobre y débil la protegió con ufanía de mecenazgo, con orgullosa generosidad que admira, pero desde muy arriba, al darse cuenta de su crecimiento, superior a lo que pudiera presentir la imaginación, al calibrar de cerca la potencia de la Ciencia, la ha ligado y la ha articulado a sus más directas actividades, y hoy los grandes Estados hablan de una política de la Ciencia, y la Ciencia se entronca en el servicio del poder, de los Estados, de las empresas. Y si la inteligencia hizo caricatura del amor, hoy el poder de los grandes Estados, el dinero de las grandes industrias, hace caricatura de la Ciencia como tal; es decir, de aquella Ciencia libre, abierta, derramada por todos los horizontes, incitada por todas las curiosidades, palpitante en todos los problemas.

Gustavo Colonnetti, Presidente del *Consiglio Nazionale delle Ricerche,* da testimonio de esto cuando escribe: "Los descubrimientos científicos han revelado poco a poco todos los secretos de la naturaleza, de tal manera, que se han abierto al hombre insospechadas posibilidades de influir sobre el mecanismo mismo de los fenómenos naturales y de someterlos a sus exigencias y servicios.

"Y el hombre ha aprendido a servirse de estas posibilidades para satisfacer lo que es su insaciable deseo de poder. Y los progresos de la ciencia y de la técnica se han transformado demasiado a menudo en instrumentos de opresión y de destrucción.

"Está fuera de duda que los vínculos de dependencia recíproca que han venido así a crearse entre la ciencia y la industria y la ciencia y el arte militar hayan servido después para dar a la investigación científica un impulso más vigoroso y para poner a su disposición medios financieros más amplios. Pero es igualmente cierto que la investigación, alimentada e inspirada por movimientos de finalidades utilitarias, se ha encontrado bien pronto rodeada de barreras y vínculos que tienden a hacerse cada vez más gravosos y rígidos, a medida que crece el interés económico o bélico de sus realizaciones" [161].

Aquella avidez de conocer, aquel viajar por el mapa de todas las ideas, sin fronteras de utilización, de valor práctico, de aplicaciones inmediatas, aquel monumento dilatado en todas sus dimensiones, Ciencia a la que no había que llamar pura, porque era la Ciencia con ambición de totalidad, con pretensiones de finalidad en sí misma, parece pertenecer ya a otra época. La fe en lo sobrenatural era insoportable: la razón lo era todo; la Ciencia había de ser absolutamente libre. Y de aquella Europa del libre examen y del racionalismo han tenido que emigrar científicos de primera línea, proscritos por un poder que arrebata a la Ciencia sus proclamados atributos totalitarios. Y es en la tierra que logró ser isla y mantener su rica tradición universitaria, donde aquellas instituciones libres, de economía propia, de autonomía plena, crecen bajo un régimen de subvenciones estatales dirigidas y sienten la fundada e ineficaz alarma que da el pensar que quien paga manda. Y es la investigación capital problema político del continente nuevo y poderoso, convencido de que si con la Ciencia ganó la guerra, con la Ciencia ha de ganar la paz y las guerras futuras. Y no hay que hablar, porque eso ya no es Ciencia, de aquella humanidad esclavizada que vive bajo un poder que ha decretado a las inteligencias el materialismo dialéctico y proscribe toda idea y hasta toda documentación experimental que se oponga a la doctrina oficial. La inteligencia, sierva del poder.

Se quiso erigir un trono a una verdad que, con alarde de independencia, cortados todos los vínculos, había desprestigiado la caridad.

Pero "esta Ciencia, apóstata de la vida espiritual, que se hacía la ilusión "de haber adquirido plena libertad y autonomía porque había renegado de Dios, se ve hoy castigada con la más humillante esclavitud, al haberse convertido en esclava y casi en automática ejecutora de criterios y órdenes para los cuales no tienen valor alguno los derechos de la verdad y de la persona humana" [162].

La inteligencia se ha erguido frente al amor, pero luego ha sido sojuzgada por el poder. En un primer período, la inteligencia se ha erguido como supremo valor independiente, ha despreciado el amor, ha negado el bien, ha excluido de sus horizontes aquel ideal de las virtudes evangélicas que Pasteur proclamó en la Academia de Ciencias de París. Pero en una segunda etapa, la inteligencia cae bajo la servidumbre del poder. El poder, la fuerza, ha uncido a su marcha a la Ciencia con desprecio de todo lo que significa misericordia. En la nueva apreciación de valores la debilidad es el defecto, y la fuerza, la perfección. El poder como tal, en sí mismo, sin idea de servicio, sin verterse y difundirse hacia la verdad y el bien, se constituye en término supremo al que ha de ser tributaria la Ciencia. Una inquietud creciente corroe las entrañas del poder para asegurar la fidelidad de la inteligencia, instrumento de supremacía. La inteligencia, neutra ante el magno problema del bien y del mal, encastillada en su soberbia, no. puede persistir en su egoísta inhibición, y pasa a ser sierva del poder. Y si bien tiene arranques y empujes de libertad, cada vez necesita más de medios técnicos, de organización instrumental, de ayuda y protección. Estrechas alianzas de poder y ciencia, de riqueza y de investigación, se disputan el dominio del mundo. Y el puro saber va quedando relegado a oasis académicos, Universidades e Institutos investigadores, donde todavía sopla la llama del estudio sin pensar en incendios bélicos.

No hace falta acudir a la Historia, bastan las noticias recibidas en la brevedad de nuestro vivir para ver lo efímero de los poderes del mundo, la caída de los fuertes, el aniquilamiento de los fuertes y de los débiles, la quiebra de las más alambicadas previsiones, las crisis incubadas en el seno mismo de los triunfos.

En las horas de incertidumbre, de soberbia, de exaltación o de hundimiento, vencidos y vencedores de hoy —acaso vencedores y vencidos de ayer— han encontrado siempre un lugar desde donde se les habla y se les tiene algo que decir.

Sobre el mapa desgarrado y atormentado del mundo, entre homenajes y violencias, entre respetos y calumnias, sigue firme aquella ciudad, aquella Roma eterna, no porque la Historia haya fijado allí ya en la antigüedad una capitalidad ecuménica, ni porque las oleadas del arte hayan depositado en cada época ingentes sedimentos de maravillas, ni porque la geografía la vea en el centro de los florecimientos mediterráneos, ni porque tierra y mar, pinos y mármoles, luz de nitidez y proporción de armonía confluyan en aquella zona de naturales encantos, sino porque allí, hace diecinueve siglos, hubo un mártir y desde entonces hay un sepulcro.

Pero junto a ese prevalecer de la Iglesia a través de todas las luchas y persecuciones —estabilidad de la piedra fija en medio del burbujeo del humano acaecer— está el carácter de la universalidad: en todos los tiempos, sí, y además en todas las posiciones. Quizá una internacional materialista llene la mente de un trabajador hambriento o rebelde; quizá una institución científica absorba plenamente la inteligencia de un investigador; quizá un ambiente brillante y actualísimo capte todas las inclinaciones de un político, de un periodista o de un escritor; quizá una situación de poder sature las aspiraciones de un deseoso de mando; quizá una estructura económica pueda aprisionar al espíritu de un hombre de negocios. Pero intentemos el cambio y veamos qué puede decirle el materialista al intelectual, o éste al hombre que vive de los sucesos del día, o el periodista al economista... Todo lo humano es fragmentario: la limitación es carácter fundamental de lo humano. Lo humano quiere suplantar lo divino, pero sin éxito de universalidad. Lo humano invade lo religioso y lo tergiversa, pero fracasa: no esperemos encontrar mahometanos en el centro de Europa o luteranos en la India. El mundo, con toda su diversidad, con todas sus razas, países, clases, tareas, no puede ser ordenado desde una estrechez excluyente. Sólo desde la altura única del Pontífice se divisa el mundo con un ángulo de visión tan amplio que abarca a todos los hombres. Desde allí se habla a los científicos, a los obreros, a los estadistas, a los que sufren, a los que fundan un hogar y a los que han perdido el que tenían, a vencedores y vencidos, a niños, a embajadores, a soldados... Y a cada uno la palabra propia, profunda, paternal. El conocimiento es fuente de amor. Hay un conocer en el que consiste la Vida[163]. Así, cuando tanto se habla de buscar la armonía de las naciones, es curiosa esa política de ciertos países que lleva a cambiar con frecuencia las representaciones diplomáticas, porque aunque es indudable que se prefiera que conozcan y comprendan, se piensa que no conviene al egoísmo nacional que lleguen a amar.

La época moderna se caracteriza por la ruptura de la unidad religiosa, de la unidad intelectual, de la unidad moral. Y esa ruptura, que es tanto como negar la unidad del hombre, la auténtica finalidad de la Ciencia, el destino de la inteligencia y del trabajo de los humanos, ha producido frutos bien patentes. Boerger ha escrito: "todas las conquistas materiales de nuestra época, conjuntamente con el constante aumento del *confort* como exponente de la elevación del nivel de vida en general, por cierto bien justificado, en el terreno de los valores espirituales, no han tenido otro efecto que el de incrementar la inquietud del alma. Las posibilidades de llegar al dominio soberano de las fuerzas antagónicas que agitan y conmueven al hombre moderno en lo más íntimo de su esencia como *homo sapiens*, parece alejarse cada vez más. Nunca tal vez, como hoy, estamos en condiciones de palpar e interpretar en su verdadero alcance la palabra de aquel gran pensador de Occidente que fue San Agustín sobre la inquietud de nuestro corazón, que sólo a través del contacto con Dios, o sea con las cosas del Más Allá, llega a encontrar la armonía con lo infinito,, paz y tranquilidad" [164].

La verdad es mucho más alta y optimista de lo que quieren enseñarnos todos los pobres sistemas antropocéntricos. La verdad, fundamento de nuestra indestructible esperanza, es que por encima de todo está la omnipotencia del Bien infinito. Y sólo hay un poder sobre todo poder, el de quien es Verdad y Amor. Y nuestra pequeñez se engrandece y agiganta cuando nuestra inteligencia, lejos de encastillarse en la soberbia, negadora de la caridad, para caer en la servidumbre del poder, se rinde a ese amor que es capaz de otorgarle verdadero poder sobrehumano.

NOTAS

1. PAVLOV. — In bequest of Pavlov to the Academic Youth of his country. — «Science», 1936. — N.º 83, pág. 369.

2. PANIKER, Raimundo. — Investigación. En torno a un discurso. — «Revista de Filosofía». Instituto "Luis Vives", C. S. I. C., 1942. T. I, pág. 390.

3 FREEDMAN, Paul. — The principles of scientific research. — London. — Macdonald and Co., 1949. — Págs. 16-17.

4 Conferencia pronunciada en la sala de los Institutos de Física y Química, del C. S. I. C., el día 3 de diciembre de 1947.

5. RAMÓN Y CAJAL, Santiago. Reglas y consejos sobre la Investigación Científica. Obras literarias completas. — Madrid — M. Aguilar, 1947. — Pág. 503.

6. Her 1, 30

7. Sal 17, 2-3

8. BRAGG, Sir Lawrence. — *Giant molecules.* — «Proceedings of the Royal Institution of Great Britain». — Vol. XXXIV, parte III. — N.º 156, pág. 405.

9. DOBZHANSKY, Th. — *Vitalist evolution.* — «The Journal of Heredity», vol. 40, n.º 12, pág. 314.

10. Prov 11, 2s

11. Ríus MIRÓ, Antonio. — *Discurso inaugural del Curso 1949-50.* — Madrid. — C Bermejo, 1949 — Págs. 46-47.

12. RAMÓN Y CAJAL. — Op. y edic. eit, pág. 508.

13. HOÜSSAY, Bernardo A. — *Discurso (Libro Jubilar del Profesor Bernardo A. Soussay).* — «Revista de la Sociedad Argentina de Biología», 1934, vol. X. — Suplemento, pág. 90.

14. HOÜSSAY, Bernardo A. — *Recuerdos de un profesor y consideraciones sobre la investigación.* (Universidad de Buenos Aires, Facultad de Agronomía y Veterinaria. *El Profesor Bernardo A. Houssay.* Discursos pronunciados con motivo de su designación como Profesor Honorario. — Buenos Aires. — Imp. de la Universidad, 1939. — Págs. 22-23).

15. Mat 11,36.

16. V.: *La Investigación operativa en la guerra y en la paz.* — «Boletín de Información extranjera». Patronato «Juan de la Cierva», O. S. I. C, 1941, n.º 20, pág. 8.

17. DEMOLON, A.—*L'evolution scientifique et l'agriculture frangaise*—Taris, 1946.—Pág. 69.

18. Según ORTEGA Y GASSET *(Misión de la Universidad. Obras completas.*—Madrid, 1947.—Vol. IV, pág. 325), la enseñanza universitaria "aparece integrada por estas tres funciones:

I. Transmisión de la cultura.

II. Enseñanza de las profesiones.

III. Investigación científica y educación de nuevos hombres de ciencia".

SÁNCHEZ AGESTA *(La investigación y los fines de la Universidad,* «Arbor», 1950, n.° 50.—Págs. 193-194) juzga que aun cabe otra concepción "centrada en lo que Newman definió como educación liberal, que corrige, afina y pone en forma las facultades del hombre, dotándolas de la flexibilidad, el rigor crítico, la sagacidad, los recursos y la gracia que las pueden hacer fructificar en cualquier momento; que dota a la inteligencia de la facultad de considerar muchas cosas al mismo tiempo y como un todo, ordenándolas en un sistema, comprendiendo sus valores respectivos y determinando sus mutuas dependencias, como perfección del hábito intelec tual; en una palabra: formando un *criterio,* como potencia de una vida superior.

Con ello tendremos ya hasta cuatro concepciones de la misión de la Universidad y, en consecuencia, de la Universidad misma, que podemos definir brevemente:

A) Universidad como enseñanza profesional, como adiestramiento técnico, como poder sobre el mundo.

B) Universidad como centro de investigación y formación de investigadores, como elaboración de ciencia y adiestramiento para la ciencia.

C) Universidad como enseñanza de la cultura, como transmisora del sistema vital de las ideas de una época para poner a los hombres a la altura de su tiempo.

D) La Universidad como formadora de un criterio, de una potencia de comprensión y de conducta".

LAÍN ENTRALGO *(La Universidad. El Intelectual. Europa. Meditaciones sobre la marcha.*—Madrid.—Edic- Cultura Hispánica.—Gráf. Yagües, 1950, págs. 11-14) señala a la Universidad cinco distintos fines: "Uno, histórico, en sentido estricto o tradicional: la conservación y la transmisión de los saberes que hemos recibido, en cuanto a hombres pertenecientes a la tradición intelectual."... "Otro docente o profesional: la enseñanza de las disciplinas científicas que exigen la vida y el buen orden de la sociedad en que la Universidad existe." ... "Otro formativo, dando a esta palabra su sentido más plenariamente humano."... *Otro de investigación: la Universidad debe acrecentar poco o mucho, según la capacidad de sus miembros, el caudal de verdades técnicas que los hombres poseen."... "Otro, en fin, perfectivo. La perfección no atañe ahora a la grey discente 'stricto sensu', sino a la sociedad en torno." Y resume "transmisión del saber, docencia, investigación, formación humana, incitación; he aquí los fines de la institución universitaria."

La ley de Ordenación Universitaria de 29 de julio de 1943 define así a la Universidad española: "Corporación de maestros y escolares a la que el Estado encomienda la misión de dar la enseñanza en el grado superior y de educar y formar a la juventud para la vida humana, el cultivo dé la ciencia y el ejercicio de la profesión al servicio de los fines espirituales y del engrandecimiento de España". El Estado le confía la empresa espiritual de realizar y orientar las actividades científicas, culturales y educativas de la Nación.

La participación que la investigación debe tener en la Universidad ha sido discutida en «Arbor» por José Luis Pinillos, Alvaro d'Ors, Luis Sánchez Agesta y José Janini Cuesta. («Arbor», 1949, t. XIV, n.os 45-46; 1950, t. XV, n.° 50).

García Escudero ha escrito: "La Investigación tiene un campo en que es reina indiscutible: el Doctorado. Llevada despóticamente a la Licenciatura, es de consecuencias lamentables". *(La investigación y la Universidad.* «Arriba», 24 de mayo de 1950.)

19. «Diario de Sesiones». Cámara de Senadores de la Nación (República Argentina, 13 de diciembre de 1946, pág. 2540).

20. *General Education in a Free Society: Beport of the Harvard Commitees. – Londcm – (Oxford* University Press), 1946.

21.   Un destacado profesor holandés, que visitó el Consejo Superior de Investigaciones Científicas a principios de 1949 escribía en carta particular, 15 de febrero de 1949: "Hasta ahora mi contacto con los científicos españoles ha sido en extremo agradable. Mi estancia en Madrid y las repetidas visitas de mis colegas de España a esta Universidad, me han dado muchas ocasiones para comparar condiciones en lo referente a trabajos de investigación en su país y en el mío. Por otra parte, yo he intentado darme cuenta de qué modo puedo ser útil para el adelanto de la Ciencia en España. Dada la preparación de sus científicos, es evidente que mi cooperación no podrá ser muy considerable. He observado que les aventajamos nada

más en un punto: trabajamos en contacto directo con la economía nacional o regional y los problemas sociales. Esta es la única razón por la que nuestro trabajo es productivo en ambas ramas, científica y económica".

22. HOÜSSAY. — *Recuerdos de un profesor y consideraciones sobre la investigación*, págs. 21-22.

23. BOERGER, A. — *Investigaciones agronómicas.* — Buenos Aires, 1943 — I, 28.

24. "La reforma de 1911 —dice Orlando Ribeiro, refiriéndose a Portugal—, que renovó las bases fundamentales de nuestra reglamentación universitaria, señaló por vez primera el progreso de las Ciencias entre las funciones de la Universidad y las obligaciones de los profesores. Pero así como no fue preciso el nuevo estatuto para que surgiesen un Brotero o un Leite de Vasconcelos, tampoco fue suficiente la sola ley para transformar a todos los profesores en hombres de ciencia y mucho menos para que el espíritu científico animase toda enseñanza y asegurase el reclutamiento de ios nuevos profesores.

"Entre personas acostumbradas a considerar la información general y las cualidades de exposición como los requisitos esenciales del profesor universitario, no podía esperarse una completa comprensión de los espíritus insatisfechos y a veces irreverentes, que, reduciendo a su justo valor los elementos de la Ciencia conocida, les gusta ocuparse de los hechos desconocidos y añadir a la suma de los conocimientos transmitidos los resultados de la propia experiencia." RIBEIRO, Orlando. — *A Universidade e o espirito científico.* — Lisboa, 1949. — Págs. 13-14.

25. Algunos basan en el sello investigador la más estricta peculiaridad universitaria. *La investigación es la característica de la Universidad, que debe crear y propagar los conocimientos. Lo primero es crearlos, lo segundo divulgarlos. Las Facultades que no investigan son escuelas de oficios, subuniversitarias, marchan a remolque de las que lo hacen, de las que son tributarias sin reciprocidad". HOÜSSAY. — *Libro Jubilar del Profesor Bernardo A. Houssay.* (Dicurso citado, pág. 94.).

26. BAREER, Ernest. — *British Universities.* — London. — British Council. — Longmans Press and Co., 1949. — Pág. 33.

27. "Un país que depende totalmente de otros en lo que respecta a investigación científica básica es atrasado y tributario y no tiene independencia completa ni jerarquía superior; adelanta lentamente en la industria y es débil para afrontar la competencia mundial.

"Cuenta Alan Gregg, que Fritz Haber le preguntó si consideraba los Institutos de la Kaiser Wilhelm Gesellschaft como un adorno. Como respondiera que sí, le replicó: 'Alemania puede producir alimentos para nutrir 38.000.000 de habitantes; su superioridad tecnológica le permite exportar manufacturas con las que compra los alimentos para los otros 20.000.000. La investigación no es para nosotros adorno, es una necesidad' HOÜSSAY. — *Necesidad de fomentar la investigación científica.* «Ciencia e investigación», 1947. — Vol. III, n.° 7-8, págs. 291-292.

28. V.: «Boletín de Información Extranjera». Patronato «Juan de la Cierva», C. S. I. C, 1950, n.° 34, págs. 38-39.

29. V.: *American Universities and Colleges.* — Washington D. C— American Council on Education. — Menasha, Wis. — George Banta, 1948.

30. PAULSEN, F. — Überblick über die gesehiehtliche Entwic-klung der deutschen Universitáten mit besonderer Rüeksicht auf ihr Verháltnis zur Wissensehaft. *(Das Unterrichtswesen im Deutschen Reich. Die Universitáten im Deutschen Reich.* — Berlín — A. Asher, 1904. — Pág. 29). Es sabido que la Facultad de Filosofía incluía todo lo que nosotros agrupamos en las Facultades de Filosofía y Letras y de Ciencias.

31. 25 Jdhre Kaiser Wilhelm- Gesellschaft zur Fórderung der Wissenschaften. — Berlín. — *Julius Springer, 1936.* — T. I.

32. V.: *Le College de France (1530-1930). Livre jubilaire composé a l'occassion de son quatrieme centenaire.* — París. — Presses-Universitaires, 1932.

33. Según el último Anuario, el programa de los cursos para el año 1949-50 es el siguiente:

I. Ciencias Matemáticas, Físicas y Naturales: Matemática y Mecánica, Teoría de las ecuaciones diferenciales y funcionales, Física teórica, Física cósmica, Física atómica y molecular, Química nuclear, Química orgánica, Química-física aplicada a la Hidrología y a la Climatología, Geología mediterránea, Bioquímica general y comparada, Embriología comparada, Morfología experimental y endocrinología, Radiobiología experimental, Fisiología de las sensaciones, Neurofisiología general, Medicina, Aerolocomoción mecánica y biológica.

II. Ciencias Filosóficas y Sociológicas: Filosofía, Historia de la Filosofía de la Edad Media, Historia de las Religiones, Historia del Trabajo, Estudio del mundo tropical (Geografía física y humana), Sociología y Sociografía musulmanas, Psicología y educación de la infancia.

III. Ciencias Históricas, Filológicas y Arqueológicas: Gramática comparada, Civilización indo-europea, Filología y arqueología asirio-babilónica, Egiptología, Historia del Mundo Árabe, Historia del Arte del Oriente Musulmán, Civilización del Extremo Oriente, Lengua y literatura sánscritas, Lengua y literatura chinas, Historia y filología indochinas, Epigrafía y antigüedades griegas, Arqueología pateoacristiana y bizantina, Civilización romana, Historia de la Lengua latina, Literatura latina de la Edad Media, Geografía histórica de Francia, Lengua y literatura francesas de la Edad Media, Historia de la civilización moderna, Historia de la expansión de Occidente, Historia de las creaciones literarias en Francia, Historia de la Civilización italiana, Lenguas y literaturas de la Península Ibérica y de América latina, Lenguas y literaturas de origen germánico, Lenguas y literaturas eslavas, Historia de la civilización de América del Norte.

34. LYONS, U. – *The Royal Society 1660-1940.* – Cambridge, 1944. – Págs. 228-229.

35. RIDEAL, Eric K. – *The foundation of the Royal Institution.* – Proceedings of the Royal Institution of Great Bri-tain». – Vol. XXXIV, part. III, n.° 156, págs. 353-355.

36. HELLO, *Evmt – L'Homme. La vie. La Science. L'Arte.* – Montreal, Canadá. – Les Editions Varietés (s. a.). – Pág. 179.

37. Citado por José Luis G. Simancas Lacasa en su *Informe sobre la Enseñanza Secundaria agrícola en Inglaterra y Gales,* publicado en la «Revista Española de Pedagogía», del Instituto *San José de Calasanz" del O. S. I. C. (En prensa).

38. V.: «Boletín Oficial del Estado», 17 de julio de 1949.

39. CLARK, Robert E. D. – *The Universe: plan or accident* – Londres, 1944. – Pág. 184.

40. TWENHOFEL, V. H. – *Treatise on sedimentation.* Introduction. – Baltimore. – Williams and Wilkins, 1932. – Pág. xvm.

41. ROTH, Alfred. – *La nouvelle Architecture.* – Zürich. – 1946.

42. MASACHS, Valentín. – *El régimen de los ríos peninsulares.* Introducción. – O. S. I. C – Barcelona, 1948. – Pág. 23.

43. La creación legal de la Estación de Estudios Pirenaicos señala que "el Pirineo, con su asombrosa variedad de aspectos, ha sido abierto a la admiración nacional y extranjera, y ha servido de marco gigantesco de las enseñanzas universitarias"... *El caudal científico no podría cruzar aquella zona, rica en magnificencias y en interrogantes, sin hincarse en los problemas variadísimos que suscita, y así ha llegado a

perfilar, cada vez con más justeza, cauces de trabajo que tienen como objetivo el Pirineo".

44. Y.: *General Notes on the Preparation of Scientific Papers.* – Cambridge. – University Press, 1950.

45. MIRAL, Domingo. — *Bases para una pedagogía aragonesa* . – «Anales de la Universidad de Zaragoza», 1917. – Vol. II, págs. 11-12.

46. ALRAOZ ALFARO, Prof. – *Discurso. (Libro Jubilar del Profesor Bernardo A. Houssay.* – «Revista de la Sociedad Argentina de Biología», 1934. – Vol. X. Suplemento; pág. 66.

47. ORTEGA Y GASSET, José. – Asamblea para el Progreso de las Ciencias. *Obras Completas.* – Madrid, 1946. – T. I, pág. 106.

48. KERSCHENSTEINER, Georg. – *Esencia y valor de la Enseñanza Científico-Natural.* – Barcelona, 1930. — Pág. 138.

49. VAN DER VELDT, James A. – *Cuestiones de Psicología.* – Madrid, Inst. San José de Calasanz, O. S. I. C, 1947. – Pág. 1.

50. GAZIEL – *LCI eterna vicisitud.* – «La Vanguardia», 20 de agosto de 1916.

51. PASCAL, Blaise. – *Pensées sur la Religión et sur quelques autres sujets.* – París. – Delmas, 1947. – Pág. 201.

52. OTERO NAVASCÜÉS, José María. – Real Academia de Ciencias Exactas, Físicas y Naturales. *Discurso inaugural del Curso 1946-47.* – Madrid. – C Bermejo, 1946. – Págs. 58-

53. HUARTE DE SAN JUAN, Juan. – *Examen de ingenios para las ciencias.* – Madrid, 1930 – Vol. I (cap. 1,1575; III, 1594), 4, pág. 62.

54. SIMANCAS LACASA, José Luis G. – *Informes sobre la Enseñanza Secundaria agrícola en Inglaterra y Gales.* – «Revista Española de Pedagogía», Instituto "San José de Calalanz", O. S.1.0. (En prensa.)

55. LORA TAMAYO, Manuel. – *Organización actual de la investigación científica.* – Patronato *Juan de la Cierva". C. S.LC – Madrid, 1946. – Págs. 8-9.

56. TORROJA Y MIRET, Antonio. – Discurso de ingreso en la Real Academia de Ciencias Exactas, Físicas y Naturales. – Madrid, 1947. – Págs. 9-10.

57. «Science and the National Welfare». 1948. – 107, 2.

58. "Un determinado conjunto de circunstancias puede colocarlas accidentalmente en primer término. Ha habido momentos en que "tenían preferencia necesariamente las investigaciones a corto plazo de

aplicación inmediata y los trabajos de asesoramiento sacados de la reserva de conocimientos ya existentes, a expensas de investigaciones más fundamentales y de mayor importancia'. Además, hay que reconocer que el país había estado viviendo de este capital científico durante seis años y que por consiguiente en el período de la postguerra lo más urgente es la necesidad de reconstituir y completar el capital del conocimiento científico'". (Annual Repport of the Department of Scientific and Industrial Research for the year ending the 30th September, 1948 with a Review of the years 1938 to 1948, pp. 64 and Appendices, pp. 39). «Science Progress», *Notes: Science in Industry,* 1950; vol. XXXVIII, n.° 149, pág. 131.

59. SVEDBERG, Theodor. — *El hombre y la máquina.* — «Ar-bor», 1950. — T. XVI, n.° 54, pág. 212.

60. República Argentina. «Diario de Sesiones». Cámara de Senadores de la ¡Nación. Septiembre 28 de 1946; págs. 1660-1661.

61. "No es posible hacer investigaciones originales sin conocimientos científicos básicos previos. Si Pasteur fundó la bacteriología y la asepsia sin ser médico, es porque conocía la Química y la Física y sabía manejar el método experimental. Un médico o un agrónomo puede conocer bien las aplicaciones profesionales y sin embargo no ser capaces de descubrir nada nuevo, si desconocen los métodos de la Física, Química y otras ciencias fundamentales.

"Algunos alardean de prácticos y sólo se interesan por cosas aplicadas. Ignoran que no hay ciencias aplicadas, sino aplicaciones de las ciencias y que todos los descubrimientos importantes derivan de las investigaciones desinteresadas? que buscan la verdad por la verdad misma: así el radio, la asepsia, el tratamiento de la diabetes. El cáncer se combate con rayos X y radio, descubiertos por físicos y químicos que no pensaban en él, no por cancerólogos; y es probable que llegaremos a conocerlo mejor y curarlo, estudiando desinteresadamente la biología celular, el crecimiento, o el metabolismo intermedio." HOUSSAY. — *Recuerdos de un profesor y consideraciones sobre la investigación,* págs. 22-23.

62. GREILTNG, W. — *La Química conquista al Mundo.* — Barcelona, 1942. — Págs. 147-148.

63. TORROJA MIRET, Discurso eit., págs. 26-28.

64. ASHBY, Eric — *Scientits in Russia.* — Londres. — Peguin BooksLtd., 1947.-Pág. 78.

65. GREILTNG, *op. ext.,* pág. 187.

66. HOLMES, G. A.—*Revoluüon in Agricultiire.*—London.— Todd Publishing Co., 1946.—Pág. 22-23.

67. *Organization of 4-H Club Work.* U. S. Department of Agrieulture. Mise. Publ. N.° 320, 1948.

El número de socios en los 74.500 clubs 4-H y en los clubs para jóvenes excedía de los 1.615.000 en 1947, y se incremente en un 9 por 100 en 1948. Más de 12 millones de muchachos y muchachas han recibido una preparación del Club 4-H durante los últimos veinticinco años. En Missourir en 108 de los 114 condados del Estado se llevaron a cabo tales demostraciones, que cubrieron todas las ramas de la organización de la granja, la conservación del suelo y del bosque, el mejor uso de los recursos naturales. Se celebraron demostraciones similares en Arkansas, North Carolina y otros Estados... Véase *The Home Demonstration Agent,* U. S. Department of Agriculture, Mise. Publ. n.° 602, 1946; y *Report of the Secretary of Agriculture,* 1947, pág. 148; ídem,. 1948, pág. 165.

La atención prestada a esta labor de difusión no descuida la tarea de la formación científica. Una carta particular (18 junio 1949) desde Missouri, Universidad de Columbia,. dice: "Asistí aquí a la clausura del curso universitario. En Agricultura se formaron solamente en esta Universidad del Estado de Missouri —ya dotado de gran asistencia agronómica— 209 técnicos, de los cuales se especializaron 169 B. S. en Agricultura, 28 en Economía Doméstica y 12 en Silvicultura. La mayor parte, según me dijo el decano de la Universidad, tenían ya empleos oficiales. ¿Qué puede extrañarnos que los Estados Unidos tengan una agricultura tan progresiva?"

68. MAROTTA, F. Pedro.—*La Facultad de Agronomía y Veterinaria de la Universidad.*—Buenos Aires, 1944.—Pág. 507.

69. HOLMES, *op. cit,* pág. 21.

70. Reunión de la Asociación Británica para el Progreso de las Ciencias, 1949.

71. COMBER, N. M.—*Farming, Science and Education.* «The Advancement of Science», 1949.—Vol. II, n.° 21.—Pág. 293.

72. COMBER, art. cit., pág. 295.

73. Art. cit, pág. 300.

74. *Suggested Agricultural Policies for California.*—California State Reconstruction and Reemployment Commission, 1947.—Pág. 36-37.

75. BOERGER, Alberto.—*Agronomía.*—Consejos metodológicos.— Montevideo.—Barreiro y Ramos, 1946.—Pág. 495.

76. CASTILLEJO, José. — *Observaciones acerca del Instituto Cajal.* — Informe de 7 de octubre de 1932.

77. BORNEBÜSCH, O. H. — IV International Congress Soil Science. — Amsterdam, 1950. — Yol. I, pág. 184.

78. *Legislación y disposiciones de la Administración Central.* — «Colección Legislativa de España». Primera Serie. — 1935. Tomo CXLIII, vol. II. — Pág. 451.

79. HOUSSAY, *Recuerdos de un profesor y consideraciones sobre la investigación,* pág. 26.

80. II *Cor,* 3, 6.

81. DEMOLON, A. — *L'evolution scientiflque et l'agriculture française.* — París, 1946 — Pág. 69.

82. APPLETON, E. V. — *The Scientist in Industry.* — «Research» 1949. — Vol. 2, n.º 9, págs. 397-400.

83. MARAÑÓN, Gregorio. — *Vocación y Etica y otros ensayos.* — Buenos Aires, 1946. — Pág. 38. Col. Austral, 661.

84. Discurso pronunciado en el Instituto de Ingenieros Civiles el 21 de diciembre de 1945.

85. La Facultad de Biología en la Universidad de Moscú tiene por lo menos dieciséis cátedras, que son: Zoología de invertebrados, Zoología de vertebrados, Microbiología, Ictiología, Hidrobiología, Histología, Ecología animal, Geobotánica, Fisiología vegetal, Dinámica del desarrollo, Genética, Darwinismo, Antropología, Bioquímica, Plantas superiores, Criptógamas. Cada una de estas materias constituye un departamento virtualmente autónomo. Por ejemplo, no hay departamentos de Botánica con un profesor al frente. El profesor de Fisiología vegetal es independiente del profesor de Geobotánica, de la misma manera que un profesor inglés de Botánica es independiente del profesor de Zoología." V.: ASHBY, Eric. — *Scientists in Bussia.* — London.- Peguin Books Ltd., 1947. — Pág. 80.

86. "He aquí dos típicos programas de primer año. En la Facultad de Biología: Matemáticas, Química inorgánica y orgánica, Física, Biología, Geología, un idioma extranjero, instrucción militar, Marxismo-Leninisno y Constitución de Stalin. En la Facultad de Química: Matemáticas, Química general, Física, un idioma extranjero,

instrucción militar, Marxismo-Leninismo y Constitución de Stalin.".
V.: op. cit., página 81.

87. HOUSSAY, *El problema de las becas de perfeccionamiento.* — *Buenos Aires.* — Asoc. Arg. para el Progreso de las Ciencias, 1941.

88. "El segundo paso, y el más importante, para que las becas rindan sus frutos, es que al volver el becado se le proporcione una posición adecuada que le permita a su vuelta trabajar exclusivamente en la especialidad que estudió en el extranjero. Sin esta condición las becas son poco útiles". HOÜSSAY, *Recuerdos de un profesor y consideraciones sobre la investigación,* pág. 25.

89. V.: *Bericht der Notgemeinschaft der Deutschen Wissenschaft,* über ihre Tátigkeit vom 1 Márz 1949 bis zum 31 Márz 1950. — (S. 1.). — Wiedesbadener Graphische Betriebe. — 1950.

90. V.: *Noticias breves: Mancomunidad para la defensa de la Ciencia Alemana.* — «Arbor», 1950. — T. XV, n.° 51, págs. 395-399.

91. V.: *El Consejo Alemán de Investigaciones.* — «Boletín de In formación Extranjera». Patronato "Juan de la Cierva", C. S. I. C, 1949. — N.° 20, págs. 26-27.

La Deutsche Forschungsgemeinschaft. — «Boletín de Información Extranjera», Patronato "Juan de la Cierva", C. S. I. C, 1950. — N.° 36/pág. 33.

92. Y.: *Ciencia e Industria en la Gran Bretaña.* — Patronato «Juan de la Cierva», C. S. I. C — Madrid, 1949.

93. «The Barlow Report».

94. Y.: *Services française d'information.* — (Ministére de la Jeu-nesse des Arts et des Lettres). Notes Documentaires et Études, n.° 608. Le Centre National de la Recherche Scientifique. París. — Imp. S. P. L, 1947.

Según los datos publicados, el número de inscripciones para seguir los cursos ha ido aumentando, desde las 32 del año 1944 hasta las 64 de 1947. (Ministére de la France d'Outre-Mer. *Office de la Recherche Scientifique Coloniale. Rapport d'ac-tivitéspour les annéss 1946-1947.* París (s. a.).

95. Según el *Courrier des Chercheurs)* que ha comenzado a publicarse en 1949, los investigadores en formación durante el curso académico 1948-1949 son 59, repartidos en la siguiente forma: Genética vegetal, 10; Entomología agrícola, 5; Entomología médica o Veterinaria (a elección desde el segundo año), 6; Patología vegetal, 7; Edafología, 13,*

Física del Globo, 1; Oceanografía biológica, 2; Oceanografía física, 4; Botánica, 2; Fisiología Vegetal, 1; Hidrología fluvial, 3, y Ciencias Humanas (Antropología), 2. (Ministére de la France d'Outre-Mer. *Office de la Recherche Scientifique Coloniale. Currier des Chercheurs I*. París. Imp. Nationale, 1949).

96. V.: *Hacia una nueva organización científica en los Estados Unidos*. — Patronato "Juan de la Cierva". C. S. I. C—Madrid, 1947.

97. BÜSH, Vannevar. — *The Endless Horizom*. — Washington. — Public Affairs Press, 1946. — Pág. 41.

98. Y.: «Fortune», junio 1946. BÜSH, *op. cit.*

99. BÜSH, *op. cit.*

100. BUSH, *op. cit.*, pág. 81.

101. «Chemical and Engineering News», 22 de mayo de 1950, pág. 1729.

102. "Cuando las sesiones habían terminado, Lysenko hizo tin resumen y replicó en doce páginas de *Notas concluyentes*. Sus dos primeros párrafos, modelo de brillantes exposiciones de un orador que a menudo no se comprende fácilmente, produjeron sensación. Merecen un lugar especial de la historia de la Ciencia; por esta razón las imprimimos en letras de molde: 'Antes de proseguir con mis notas conclu-yentes, considero como un deber hacer constar lo siguiente: En una de las notas que me entregaron me hicieron la pregunta: ¿Cuál es la actitud del Comité Central del Partido con respecto a sus informaciones? Yo contesto: El Comité Central del Partido las examinó y las aprobó'.

"Ocurre por vez primera en el siglo xx que el contenido y concepto de la Ciencia ha sido juzgado no por experimentos y análisis rigurosos, sino por una decisión arbitraria de un órgano gubernamental inexperto". V.: «The Journal of Heredity», 1949, vol. 40, núm. 7, pág. 183.

103. Las investigaciones agrícolas, dependientes del Ministerio de Agricultura, tenían un presupuesto, en los años anteriores a la guerra, de 356 millones de rublos, para sostener, como indicamos antes, unos cien Institutos de Investigación y ochocientas sesenta y cinco Estaciones Experimentales, con una plantilla de 14.038 trabajadores científicos (7.892 de los cuales poseen una educación superior agrícola) y 25.469 técnicos y labradores. El personal científico se recluta de las noventa escuelas agrícolas.

Toda investigación agrícola tiene lugar en uno o en otro de los cien Institutos de Investigación científica. Unos pocos de estos Institutos abarcan todas las ramas de la ciencia agrícola, pero la mayor parte de ellos están dedicados a una rama especial de la producción vegetal o animal. El rendimiento de tantos laboratorios es enorme, y desde que cada Instituto de Investigación publica sus propias monografías y folletos, y, a veces, hasta una revista propia, todo el sistema padece una superfragmentación departamental aguda. La historia cuenta que el Instituto de Investigaciones de Cereales de Omsk estuvo tratando en vano, durante dos años, de obtener una información acerca del Instituto de Investigación Agrícola de Odessa; finalmente escribió al Agricultural Bureau de Londres y se le facilitó la información requerida sobre el trabajo en Odessa; y se pueden contar otras anécdotas como ésta, menos dramáticas, pero no menos fastidiosas para los Institutos a quienes concierne.

Un intento de coordinar y mejorar la investigación agrícola en Rusia fue el establecimiento en 1929, de la Academia Lenin de Ciencias Agrícolas para la Unión Soviética. Este organismo depende del Ministerio de Agricultura, pero tiene cierta autonomía, está proyectado según la Academia de Ciencias y puede conceder el título honorífico de académico a los agrónomos distinguidos (a cuyo título va unido un sueldo mensual de 1.500 rublos); dirige también algunos Institutos investigadores especiales y coordina toda la investigación de la ciencia agrícola. Bajo la inspiración de N. I. Vavilov, de la Academia Lenin, hubo un inmenso estímulo para la investigación agrícola en Rusia; pero bajo la presidencia de Lysenko parece que pasa un mal momento y no se la tiene en gran estima por algunos de los dirigentes científicos de la Unión Soviética.

El gran número de investigadores que existe en la investigación agrícola tiene un nivel que rebaja la calidad media de ésta. Pero hay unos hombres de primera línea que realizan trabajos de alta calidad. Hay una interesante organización para probar las nuevas variedades de producción que forma la Comisión Gubernamental para el Ensayo de Semillas. La Comisión posee unas mil estaciones de ensayo en toda Rusia, cada una de unos 200 acres- Está formada por doce miembros, y se reúne casi todas las semanas para estudiar las memorias de los Institutos de Investigación que tienen nuevas variedades ensayadas. Una muestra de la nueva variedad es presentada a la Comisión; se la planta en cada una de las estaciones de ensayo, junto con la variedad corriente en el distrito, durante tres o cuatro temporadas. Cada temporada se hacen observaciones acerca del crecimiento, resistencia a la sequía, al hielo, a las enfermedades, al cocimiento y cualidades de molturación, por el jefe agrónomo. Al cabo de cuatro años la nueva variedad es aceptada o rechazada en ciertos distritos. Entonces la Comisión publica un certificado de aceptación. La semilla se multiplica en las granjas del Gobierno; y cuando hay cantidad suficiente, el Gobierno publica un decreto ordenando que tantas hectáreas en tales distritos deben ser sembradas con esta nueva variedad. Hasta entonces no se conceden los premios al científico que dio lugar a la nueva variedad y al Instituto en el cual trabajó.

Este sistema funciona maravillosamente. Por una parte impide que nuevas variedades sean puestas en circulación prematuramente; por otra vence el conservadurismo de los granjeros, quienes, en Rusia como en otras partes, son reacios a probar nuevas variedades. El resultado del trabajo de la Comisión es que, en 1940, el 95 por 100 de las siembras efectuadas en la U. R. S. S. eran variedades recomendadas después de ser ensayadas por la Comisión.

104. V.: *The situation in biological science*. Proceedings of the Lenin Academy of Agricultural Sciences of the U. S. S. R. July 31-August 7, 1948.—New York.—International Publishers, págs. 629-636. HUXLEY, Julián.—Soviet Genetics: the real issue. «Nature», 1949, vol. 163, fase. n.0s 4155-4156; págs. 935-948 y 974-988.

105. Como muestra del interés por los problemas de la investigación en Portugal pueden citarse las deliberaciones en la Asamblea Nacional Portuguesa, durante los días 14-17 de marzo de 1950, comenzados con la intervención del Profesor Sousa da Cámara. (República Portuguesa, Secretaría da Assambleia Nacional. Diario das Sessóes, 1950, n.os 30-33),

106. Algunos científicos culminantes hicieron poco por ser conocidos. De Eduardo Torroja ha escrito Rey Pastor: "Fué su vida un modelo de austeridad y de modestia. Aquel su apartamiento de nuestro pobre ambiente científico y social, era consecuencia de la inadaptación al medio, de su espíritu exquisito, era modestia y era distinción.

"No frecuentó Ateneos; rehuyó títulos honoríficos; su nombre no circuló en la Prensa diaria, ni su retrato fue exhibido en las Revistas gráficas; huyendo temeroso del estrépito de la fama, que otros buscan y apetecen, alcanzó la distinción suprema de pasar sin ser notado por entre el tupido rebaño de la semidocta plebe, para atravesar la vida por el sendero apartado que prefieren los espíritus selectos". Pero dejó huella. "Todo ciudadano, desde el rincón de su especialidad, debe aportar su contribución al progreso del país, lanzando a la publicidad su caudal de ideas y experiencias. Y quien no entregue a sus sucesores, ampliada y mejorada, la herencia que recibió, no habrá cumplido su deber.

"Así supo llenar su altísima misión aquel gran patriota, conservador en política y revolucionario en la cátedra. Por su propio esfuerzo, y prescindiendo de reglamentos arcai eos, logró reformar radicalmente el plan de estudios geométricos, luchando siempre con todos los obstáculos de la tradición y la resistencia inerte de la rutina". (REY PASTOR, Julio. — Discurso leído en el acto de su recepción en la Real Academia de Ciencias Exactas, Físicas y Naturales. — Madrid. — Tip. Fortanet. — 1920 — Págs. 8 y 10.)

107. V.: PÉREZ EMBID, Florentino. — La X Reunión Plenaria del Consejo Superior de Investigaciones Científicas. — «Arbor», 1950, t. XVI, n.° 53, pág. 1.

108. Así, los Códigos Civil (1889), Penal (1870), de Comercio (1865), de Justicia Militar (1890); las Leyes de Minas (1895), de Aguas (1879); las de Enjuiciamiento Civil (1881), Criminal (1882), Contencioso Administrativo (1884, 1890, 1894 y 1898); las del Jurado (1888), la Orgánica del Poder Judicial (1870), la de Beneficencia (1899), de Ferrocarriles (1855 y 1877), de Administración y Contabilidad de la Hacienda Pública (1870).

109. SOLÉ SABARÍS, Luis. — Noel Llopis Liado. — Contribución al conocimiento de la morfoestructura de los catalánides. Prólogo de. — Barcelona. — Edit. Arie, 1947.

110. Discursos leídos ante la Real Academia de Ciencias Exactas, Físicas y Naturales en la recepción pública del Sr. D. Lucas Mallada y Pueyo, el día 29 de junio de 1897. — Madrid. — Imp. L. Aguado. — 1897. — Págs. 22-23.

111. HERNÁNDEZ SAMPELAYO, Primitivo, y J. Mª. Ríos. — Ahora hace cien años... Ojeada retrospectiva. — «Boletín del Instituto Geológico y Minero de España», 1948, t. LX, 20.°, tercera serie.

112. FOLCH Y ANDREÜ, Rafael. — Elementos de Historia de la Farmacia. — Madrid. — Irap. V.a de Izquierdo, 1927. — Pág. 573.

113. V.: QUINTANA, José Manuel. — Obras completas. — Madrid. — M. Rivadeneyra, 1867. — Biblioteca de Autores Españoles, 1.19.

114. Colección de los Decretos y Órdenes generales expedidos por las Cortes ordinarias de los años 1820 y 1821 — Madrid, 1822. — T. VII, págs. 373-374.

115. Zabala, Pío. — *Historia de España.* Edad Contemporánea — Barcelona, 1930 — Vol. II, pág. 212

116. «Boletín Oficial de Instrucción Pública». — Madrid. — 1843, t. IV, pág. 56.

117. 1 Art. 7.—Habrá Facultad de Filosofía y Letras hasta el grado de Bachiller en todas las Universidades del Reino, según prescribe el art. 130 de la citada Ley; pero en Sevilla-existirá hasta el grado de Licenciado por las especiales circunstancias de aquella Escuela.

"Art. 8.—Habrá Facultad de Ciencias Exactas, Físicas y Naturales hasta el grado de Bachiller, en las Universidades; de Barcelona, Granada, Santiago, Sevilla, Valencia y Valla-dolid; pero la de Sevilla se trasladará a Cádiz, donde existe Facultad de Medicina.

"Los Catedráticos que resulten excedentes podrán ser trasladados a otras Universidades literarias o a Institutos-de segunda enseñanza, en cuyo último caso continuarán percibiendo el mismo sueldo que antes disfrutaban, y conservando su puesto en el Escalafón de Facultades, con derecho a ocupar las primeras vacantes y ascender en categoría".

118. MENÉNDEZ Y PELAYO, Marcelino.—*Estudios de crítica literaria.* Cuarta serie. Esplendor y decadencia de la Cultura Científica española.—Madrid.—Tip. Revista de Archivos, 1907.-Págs. 333-34.

119. «Boletín Oficial de Instrucción Pública».—T. IV, página 278.

120 ídem.—T. I, págs. 117-118.

121. GIL DE ZARATE.—*De la Instrucción Pública en España.*— "Madrid, 1855.-Vol. H.—Pág. 163.

122. RAMÓN Y CAJAL, Santiago.—*Recuerdos de mi vida.*—Madrid.-— Imp. Nicolás Moya.—1917.—Vol. II, pág. 273.

123. CABRERA Y FELIPE, Blas.—*Evolución de los conceptos físicos y lenguaje.* Discurso leído en el acto de su recepción en la Academia Española. — Madrid. — Imp. C. Bermejo,, 1936.-Pág. 12.

124. V.: GREGORIO ROCASOLANO, Antonio de.—*La Escuela de Química de Zaragoza*— «Universidad», 1936, n.° 1, págs. 254-"287.

TOMEO, Mariano.—*Restauración de los laboratorios de la Facultad de Ciencias de Zaragoza.*— «Arbor», 1946.—T. V, n.° 13, págs. 99-112.

125. RODRÍGUEZ LÓPEZ-NEYRA DE GORGOT, Carlos, y José M.ª Clavera Armenteros.—*Primer siglo de la Facultad de Farmacia de Granada,* 1950.— Pág. 68.

126. La proporción entre el presupuesto total de la Junta y la cantidad destinada a pensiones en el extranjero sufre notables alteraciones. En las cifras siguientes puede advertirse con claridad:

AÑOS	TOTAL Pesetas	PENSIONES Pesetas
Inicial	328.000	150.000
1914	790.000	218.371,61
1918	810.000	139.677,06
1923/24	1.674.225	105.921,17
1927	2.119.034,53	186.633,77
1930	1.843.760	197.145,60
1932	3.080.468	295.640,95
1933	3.263.200	342.936,93

127. IBÁÑEZ MARTÍN, José.—*La investigación española.* — Madrid.—Pub. Españolas.—1947, 2 vol.

128. Ley de 24 de noviembre de 1939.

129. Reglamento del Consejo Superior de Investigaciones Científicas. Decreto de 10 de febrero de 1940.

130. JIMÉNEZ, Alberto.—*Ocaso y restauración.* Ensayo sobre la Universidad Española moderna.—Méjico, 1948.

131. GÓMEZ ARANDA, Vicente. — Discurso leído en el acto inaugural de la VI Reunión bienal de la Real Sociedad Española de Física y Química y III de los Institutos de Física y Química del Consejo Superior de Investigaciones Científicas. (20 de octubre de 1950.)

132. Decreto de 13 de julio de 1931, art. 2.° C.

133. DUCLAUX, M. J.—*Chimie colloïdale et Biologie.*—París.— Hermann et Cié.—Imp. Jouve et Cié.—1942, pág. 11.

134. Discurso inaugural de la Reunión de la Asociación Británica para el Progreso de las Ciencias, 1948.

135. CONDÓN, E. U.—*Science and the National Welfare.*— «Science». — Washington. — AAAS.—1948.—Vol. 107, páginas 2-7.

136. CARRELL, Alexis.—*La incógnita del hombre.*— Barcelona — Edit. Joaquín Gil.—Imp. Gráficas Marco, 1936.—Páginas 9-10.

137. MARITAIN, Jacques. — *El Doctor Angélico.* — Buenos Aires.— Dedebec—Imp. Amorrortu, 1942.—Pág. 54.

138. Discurso inaugural del VI Curso de la Pontificia Academia de Ciencias (30 de noviembre de 1941).

139. Discurso inaugural del VII Curso de la Pontificia Academia de Ciencias (21 de febrero de 1943).

140. Pío XII. — Discurso inaugural del VII Curso de la Academia Pontificia de Ciencias (21 de febrero de 1943).

141. LÜYET, T. B. — *Experiences sur la survie d'apres congela-tion dans l'air liquide*. Conferencia pronunciada en el Departamento de Bioquímica del Instituto Español de Fisiología y Bioquímica (Madrid, 5 junio de 1950).

142. UESKÜLL, J. von. — *Meditaciones biológicas. La teoría de la significación*. — Madrid. — Revista de Occidente. — 1942. — Págs. 125-126.

143. Zur Natürwissenschaft — Goethes Werke, Sophienaus-gabe, Allgemeine Naturlehre, II, vol. 11, pág. 128.

144. *Rom.*, 1,20.

145. Sal 2, 1

146. FICHTE, Johann Gottlieb. — *El Destino del hombre y el Destino del sabio*. — Madrid. — Imp. Fortanet, 1913 — Pág. 278.

147. RICHET, Charles. — Le *savant*. — París. — Hachette, 1923. — Pág. 127.

148. HAHN, Otto. — *New Atoms*. — New York. — Elsevier Pu-blishing Com., Inc. — 1950. — Págs. 55-56.

149. «Mundo», 1948. — N.° 440, pág. 195.

150. ASHBY, Eric. — *Modern Russia's contribution to Sciencie** «The Listener*, 1948. — Yol. XL, n.° 1.017. — Pág. 129.

151. SÁNCHEZ AGESTA, Luis. — Xa *Universidad y la enseñanza del Derecho.*^«Arbor», 1950, t. XVII, n.° 59, pág. 223.

152. LINDEN, Walther. — *Alexander von Humboldt Weltbild der Naturmssenschaft*. — Hamburg. — Hoffmann und Campe. — 1940. — Pág. 9.

153. HARRISSON, Tom. — *Science - God or Devil?* — eWorld Re-view». — London, junio, 1947, págs. 33-37.

154. ZEA, Leopoldo. — «Boletín de Información del Instituto de Estudios Superiores». — Montevideo, 1944. — N.° 9. (Sección "Lecturas".)

155. CALVO SERER, Rafael. — *¿Adonde nos conduce la Ciencia? La respuesta de tres Congresos alemanes*. - «A B C», 5 de diciembre de 1950.

156. Pío XII. — Discurso a la juventud universitaria y a los laureados de la Acción Católica Italiana. (20 de abril de 1941).

157. BERNACER, Germán.—*La ruta hacia la servidumbre*. «Economía Mundial», 24 de marzo de 1945.

158. I *Cor.*, 13, 8, 13.

159. MERCIER, Cardenal D. J.—*La vida interior*.—Barcelona 1940. - Pág. 327.

160. *Summa Theol.* I, q. LXXXII, art. 3.

161. COLONNETTI, Gustavo.—*Responsabilitá degli Homini di Scienza*.—«L2L Ricerca Scientifica».—1950, n.° 6, pág. 754.

162. Pío XII.—Radiomensaje de Navidad, 1943.

163. *Ioh.*, XVII, 3.

164. BOERGER, Alberto.—*Selección de Conferencias*.—Montevideo.—Barreiro y Ramos, 1949.—Págs. 33-34.

ÍNDICE

PREÁMBULO DEL EDITOR .... *i*
¿Quién fue José María Albareda? viii
El Prof. Albareda y el CSIC x
El Prof. Albareda y la institucionalización de la ecología en el CSIC xii
El Dr. Albareda y la institucionalización de la microbiología: Lorenzo Vilas xiii
El Profesor Albareda, la Bioquímica y la Biología Molecular en el CSIC xx
Cargos y nombramientos del Profesor Albareda xxi
Valoración de la figura de José Mª Albareda xxii
Fides et ratio en "Consideraciones sobre la investigación científica" xxv

JOSÉ MARÍA ALBAREDA, UN GRAN HOMBRE APASIONADO POR LA NATURALEZA, LA INVESTIGACIÓN Y LA VIDA lv

PREFACIO DEL AUTOR 1

I. *Diversidad y unidad de la investigación* 5
Tipos de investigación 5
Unidad del carácter investigador 9
Estudio 14
Orientación 16
Estímulo 19
Comunicación y reflexión. Empuje ascensional 21
Continuidad 23
Conservación y avance 26
Producción y crítica 28

 Espíritu realista 34
 Medios y personas 36
 Objetividad y vida interior 39
II. Investigación y docencia 43
 Funciones de la universidad 43
 Investigación y enseñanza 44
 Límites de la investigación 50
 Investigación y educación 53
 La universidad y la investigación 55
 Desarrollo de la investigación fuera de la
 universidad 60
III. Valor formativo de la investigación 73
 Amplitud de lo formativo 73
 Lo inmediato también es formativo 76
 ¿Qué es lo formativo? 78
 Aspectos de la naturaleza 79
 Lo universal y lo local 83
 La actividad investigadora y la formación 92
 El valor humano de la investigación 97
IV. La investigación y las profesiones 107
 Estudio y profesión 107
 La investigación como profesión 110
 La investigación en las profesiones 112
 Adecuación de la profesión 118
 Ciencia y eficiencia 123
 Investigación y agricultura 127
 Eficiencia 129
 Difusión 131

Carácter 135
V. La investigación científica como profesión..................143
   La vida del detalle 143
   La investigación y la sociedad 145
   La ciencia como profesión: Vocación, organización, retribución 146
   Vocación 152
   Organización 154
   Retribución 164
   El desarrollo mundial de la investigación 177
VI. Finalidad de la investigación..229
   Situación de la ciencia en el mundo moderno 229
   Orden físico y desorden moral 235
   La crisis del cientifismo...240
   El papel de la inteligencia 243
   La Ciencia, el poder y la caridad 249
Notas...257
ÍNDICE 277

LAUS DEO VIRGINIQUE MATRI

www.ingramcontent.com/pod-product-compliance
Lightning Source LLC
Chambersburg PA
CBHW020725180526
45163CB00001B/105